BASTEI
LÜBBE

Meagan McKinney

Bis die Liebe das Dunkel besiegt

Aus dem Amerikanischen von
Dorothee von der Weppen

BASTEI LÜBBE

BASTEI-LÜBBE-TASCHENBUCH
Band 11 858

1. Auflage 1992
2. Auflage 1993

Titel der amerikanischen Originalausgabe:
Till Dawn Tames the Night

Published by Arrangement with Dell Publishing,
a division of Bantam Doubleday Dell Publishing Group, Inc.

Printed in France
Einbandgestaltung: Roland Winkler
Titelfoto: John Ennis / Agentur T. Schlück
Satz: KCS GmbH, 2110 Buchholz/Hamburg
Druck und Bindung: Brodard & Taupin, La Flèche
ISBN 3-404-11858-8

Der Preis dieses Bandes versteht sich
einschließlich der gesetzlichen Mehrwertsteuer

Für Tommy
1. Januar 1990

Oh, sei still, mein Baby, die Zeit wird bald kommen
Und dein Schlaf wird genommen von Trompete und Trommel.
Deshalb sei still, mein Liebling, schlaf, noch kannst du
Denn der Kampf kommt, wenn du ein Mann bist und am Tage wirst wachen.

Sir Walter Scott
(1771–1832)

Der Pirat

Er denkt zuviel.
Solche Männer sind gefährlich.

Shakespeare: *Julius Caesar*

Prolog

1818
LONDON DOCKS

Heute nacht war nichts los am Green Serpent Yard. Obwohl die vergammelte Kneipe stadtbekannt war für ihren schlechten Gin – und für noch schlechtere Gesellschaft – war sie sonst bei Einbruch der Dunkelheit gerammelt voll. Hier trieb sich ein Pack herum, das kaum je außerhalb von Newgate gesehen wurde und das sich einen Dreck um die Qualität des Alkohols kümmerte. Aber heute nacht, seltsam genug, war kaum etwas los.

Nur eine kleine Gruppe von fünf Männern saß in der Ecke und trank. Die Männer saßen dicht zusammengerückt und sprachen im Flüsterton. Hin und wieder lachte einer leise auf, war aber schnell wieder ernüchtert durch die Gesichter der anderen. Die, die heute nacht lachten, lachten allein.

Die Zeit verging, nervöse Blicke wanderten zur Tür, als ob man auf den Teufel höchstpersönlich wartete. Die Männer schienen mehr und mehr ihre Nerven zu verlieren. Und wie um diese zu beruhigen, gossen sie sich den Gin in riesigen brennenden Schlucken die Kehle herunter, dann wischten sie sich ihren Mund mit den Ärmeln ab und bestellten das nächste Glas.

Es herrschte Furcht an diesem Abend. Man sah sie nicht nur in den Gesichtern der Männer und hörte sie an dem

Klingen der Zinnbecher; es ging auch ein überwältigender Gestank von diesen ungewaschenen Kerlen aus und vom verschmutzten Stroh, das den Boden bedeckte. Sogar die Ratten schienen zu spüren, daß etwas in der Luft lag. Immer wieder kamen sie aus ihren Schlupfwinkeln hervor, um nachzuschauen, was diese Stille zu bedeuten hatte. Sie hoben ihre Vorderbeine, schnüffelten und verschwanden schnell wieder in ihren Löchern.

»Was, wenn er uns nicht glaubt, Murdoch? Was, wenn er uns alle abmurkst? Ich weiß ja, es geht ums Gold, aber man sagt, daß Vashon so schnell einen Kerl umlegt, wie er ihn anschaut.« Ein älterer Mann in der Gruppe hob die Stimme. »Auch wenn ich schon lange lebe, ich weiß einfach nicht, ob ich bereit bin, heute nacht schon zu gehen . . .«

»Und was ist mit dem Drachen?« winselte ein anderer seinen Boß an. »Ich hab' gehört, der gibt ihm übernatürliche Kräfte! Ich hab' Geschichten über diesen Piraten gehört, die gruseln einer Nonne die Jungfernschaft raus!«

»Wir sind Idioten, hier zu sein! Er wird unsere Information nicht wollen! Er hat mehr Kehlen aufgeschlitzt, als ich zählen kann!« Mutig vom Gin, schlug dieser Mann mit der Faust auf den Tisch.

»Als du zählen kannst? Als du zählen kannst!« Ihr Anführer Murdoch, ein unflätig aussehender Mann von fünfzig, stand nun auf. »Ihr blöden gelben Hunde! Ihr könnt doch nicht mal bis drei zählen!« Angewidert blickte er von einem zum andern. »Ich brauch' heute nacht keine Jammerlappen! Wer nicht den Mut hat zu bleiben, der soll gehen! Aber denkt nicht, daß ihr dann auch nur einen Goldtaler bekommt!« Mit diesen Worten hob er den Tisch und schmiß ihn zu Boden. Glas zersplitterte, und die Tischplatte riß.

Nach diesem Ausbruch hörten die Speichellecker auf, sich zu beklagen. Empört ging der Gastwirt auf Murdoch zu, aber als dieser sich zu ihm umdrehte, blieb er vor Schreck wie angewurzelt stehen.

»Wenn dir dein Leben lieb ist, Jack, hältst du dich besser

raus.« Murdoch öffnete seinen Mantel und ließ seine Pistole sehen, die im Taillenbund der Hose steckte.

Ohne ein weiteres Wort zog sich der Wirt zurück.

»Nun«, sagte Murdoch und wandte sich wieder seinen Leuten zu, »wer bleibt und wer geht?«

»Der einzige Weg, uns zum Gehen zu bewegen, wäre Vashons Messer in den Eingeweiden.« Einer der Männer hob den Kopf. Seine blassen blauen Augen blickten geistesabwesend an seinem Anführer vorbei. Ein verrücktes Lächeln umspielte seine Lippen, und er begann zu lachen. »Deshalb schätze ich, werden wir bleiben!«

»Das ist richtig«, gab Murdoch zurück. Gerade wollte er einen seiner Männer nach einer weiteren Runde Gin losschicken, als ein Schatten über ihn fiel. Er blickte auf.

»V-Vashon«, würgte er hervor und rappelte sich auf. Sofort taten es ihm seine Leute nach, und alle starrten sie den Dämon vor ihnen an. Er hatte sie überrumpelt. Und wenn sie schon verängstigt auf ihn gewartet hatten, nun, wo er da war, waren sie regelrecht verstört.

Unterwürfig sahen sie ihn näherkommen. Obwohl Vashons Aufzug – ein dunkelblauer Gehrock und helle Leder-Breeches – äußerst vornehm und kostbar aussah, erkannten die Männer doch, daß dieser Mann schlechte Gesellschaft war. Er überragte sie alle, mindestens um einen Kopf. Und dennoch war es nicht seine Größe, die ihnen die Angst das Rückgrat hinunterlaufen ließ. Auch nicht sein muskulöser Körper. Es war sein Gesichtsausdruck.

Vashon sah sehr gut aus, ungewöhnlich attraktiv, aber sein Gesicht war hart und gnadenlos. Tief in seinen Augen konnte man lesen, daß er die Welt für einen häßlichen Platz hielt. Und in dieser seiner Welt, einer Welt ohne Schönheit und Frieden, schien er eine große Zerstörungskraft entwickelt zu haben. Auf den ersten Blick war es leicht zu glauben, daß dieser Mann das tun würde, was er tun mußte, egal, wie falsch oder wie brutal es war. Nicht nur seine Pistole, auch der Mann selbst schien hochexplosiv zu sein. Und tödlich.

»Vashon«, stammelte Murdoch. »Ich kann Ihnen gar nicht genug für Ihr Kommen danken. Ich wußte nicht, ob sie wirklich kommen . . .«

»Wir sind gekommen. Also, was für eine Information habt ihr?«

»Wir?« Murdoch blickte zur Tür. Ein stämmiger Pirat stand dort. Er mußte wohl doppelt so alt sein wie Vashon, aber obwohl sein Haar grau und sein Bauch mit den Jahren dick geworden war, sah man ihm doch an, daß er seine Pistole, mit der er auf Murdochs Kopf zielte, sehr wohl zu gebrauchen wußte.

Murdoch wandte sich wieder Vashon zu. Er würgte: »Würden Sie ein Gläschen mit uns trinken, Gouverneur . . .?«

»Ich will eure Information. Jetzt.«

Bei diesen Worten hielten alle Männer den Atem an.

Murdoch schluckte wieder und nahm seinen Mut zusammen. Seine Stimme nahm einen bittenden Ton an. »Ich hasse es, Sie damit zu belästigen, Vashon, überhaupt auch nur an so etwas zu denken, aber da wäre noch die Frage des Preises.«

»Ich werde entscheiden, ob das, was du zu sagen hast, etwas wert ist.«

Vashon verschränkte die Arme und lehnte sich gegen die Wand. Er blickte auf Murdoch und dessen Leute, als seien sie nichts weiter wert als eine Horde räudiger Köter.

»Ich werde es Ihnen also sagen«, räumte Murdoch hastig ein. »Ist ja kein Problem. Ich weiß doch, Gouverneur, daß Sie zahlen werden. Sie sind ein Mann ganz nach meinem Herzen. Ich bewundere Sie, ich traue Ihnen –«

»Nun mach schon«, forderte Vashon, offensichtlich angewidert von Murdochs Stiefelleckerei.

»Natürlich, natürlich, Gouverneur!« faselte dieser. »Ich kann kaum erwarten, es Ihnen zu erzählen, weil das, was ich weiß, Ihnen mehr bedeuten wird als all Ihr Gold!«

»Eure Nachricht erwähnte den Stern von Aran. Was wißt ihr über den Smaragd?«

»Ich weiß, wo er ist.«

Vashon versteifte sich. Sein Blick brannte sich in Murdochs Augen. »Wenn du weißt, wo der Stern ist, warum holst du ihn dir dann nicht selbst?«

»N-na ja, es ist ein bißchen komplizierter als . . .«

Mit unbewegtem Gesicht machte Vashon seinem Mann ein Zeichen. »Isaac, wir verlassen diesen lügenden Idioten.«

»Wartet!« schrie Murdoch und folgte ihnen bis zur Tür. »Ist ja schon gut! Schon gut! Ich weiß nicht, wo der Stein ist! Aber ich weiß, wo der Viscount sucht, und ich weiß, wie sehr Sie den Viscount Blackwell hassen!«

Vashon wandte sich um und griff Murdoch an den Mantelkragen. Allein diese Gebärde reichte aus, um zwei von Murdochs verängstigten Leuten zur Tür springen zu lassen, um in der Nacht zu verschwinden.

»Ich weiß alles über Josiah Peterborough«, teilte Vashon ihm ruhig mit und preßte ihn gegen die Wand, »und ich weiß, wo er sucht. Aber der Stern ist nicht in Irland. Deshalb vergeudet er seine Zeit, genau wie du.« Der Pirat lockerte seinen Griff. Erschrocken rutschte Murdoch auf den Boden.

Vashon wandte sich zum Gehen, und mit ihm schwand Murdochs Hoffnung auf Gold. Verzweifelt rappelte er sich noch einmal auf und griff nach dem Ärmel des Piraten.

»Aber jetzt sucht Blackwell woanders! Er sucht nach dem Mädchen. Und nur ich weiß, wo sie ist!«

Vashon blieb stehen. Kühl drehte er sich um. »Du weißt, wo sie ist?«

»Der Viscount hat erfahren, daß das Mädchen in London sein könnte. Daher versucht er, sie dort aufzuspüren. Er hat allen von ihr erzählt und daß sie ein Medaillon trage. Brightson hier« – Murdoch nickte zu einem seiner Männer hinüber »sah ein Mädchen mit so einem Medaillon und folgte ihr nach Hause. Wir waren drauf und dran, Peterborough die Information zu geben. Aber dann haben wir uns gesagt, Sie hassen ihn so sehr, daß Sie vielleicht mehr zahlen.«

Vashons Augen zogen sich zusammen. »Was plant der Viscount mit dem Mädchen, wenn er es gefunden hat – falls er es findet? Wenn ich mich recht entsinne, war die Kleine erst vier, als ihr Vater starb. Wie sollte sie sich an den Stern erinnern?«

Murdoch zog sich nervös die Ärmel hoch. »Ich weiß nicht, an was sie sich erinnert, Gouverneur, aber ich weiß, daß Blackwell sie will. Und wenn er sie findet, wird er sie entführen. Und bestimmt wissen Sie, daß er nicht viel Federlesen mit ihr machen wird. Fragen Sie Old Danny. Er hat für ihn gearbeitet.« Murdoch zeigte auf den Mann mit den blaßblauen Augen, der ihnen kurz zugrinste und sich dann wieder seinen Fingernägeln widmete.

»Er plant also, sie zu entführen?« fragte Vashon nachdenklich.

»Genau. Und hat Blackwell erst seine Pranken auf ihr, wird sie anderen nicht mehr viel nützen. Das ist sicher.«

»Wo ist das Mädchen?«

»Sie ist in London.«

Der Pirat dachte einen Augenblick nach. Er schien an Murdochs Worten zu zweifeln. Murdoch blickte ihn ängstlich an. Er war auf der Hut –

»Weiter.«

Erleichtert grinste Murdoch. »Also gut. Ich wußte, daß Sie sich für unsere Information interessieren würden. Und der alte Peterborough soll zum Teufel gehen.« Ängstlich bemüht, seine Haut zu retten, wischte Murdoch mit seinem Mantelärmel über die Bank. Er bot Vashon einen Platz an. »Setzen Sie sich doch, Gouverneur. Es ist doch nicht nötig, daß –«

»Ich sagte, weiter.«

Murdoch wurde blaß und stieß die folgenden Worte hastig hervor. »Sie ist in einem Armenhaus, direkt hier in London – ist dort aufgewachsen, habe ich gehört.«

»Was noch.«

»Na ja . . .« Murdoch zögerte. Es war offensichtlich, daß er zwar sein Leben liebte, aber Gold noch mehr.

Murdoch nahm sein letztes bißchen Mut zusammen und stotterte: »Ich – ich hasse es, das zu erwähnen, Gouverneur, aber d-da gibt es noch die kleine Nebensächlichkeit mit dem Geld . . .«

»Ich sagte, weiter.«

Er glotzte Vashon unbehaglich an. »Das Armenhaus wird ›Phipps-Bluefield-Heim für kleine Wanderer‹ genannt. Es liegt zwischen dem Hafen und Goddman's Fields in Whitechapel. Sie arbeitet dort, hilft den anderen kleinen Jungen und Mädchen, aber wir haben gehört, daß sie nach einer neuen Stelle sucht. Die Eigentümerin ist gerade gestorben – oder so ähnlich.«

»Kennst du ihren Namen?«

Murdoch nickte.

»Dann sag mir ihren Namen, und ich werde wissen, ob ihr das richtige Mädchen habt.«

Ohne Vorwarnung griff Vashon Murdoch an den verdreckten Kragen. Seine Kumpane keuchten entsetzt auf, als der Pirat ihn gewaltsam auf die Füße zog. Als Murdoch wie ein gestochenes Schwein aufschrie, sagte Vashon: »Nenn mir ihren Namen, du Esel, sonst wirst du garantiert noch bedauern, mich hierher gerufen zu haben.«

»Ihr Name ist Aurora! Aurora Dayne!« würgte Murdoch hervor.

Vashon lockerte seinen Griff, und Murdoch stolperte auf den dreckigen Boden, hustete und rieb sich sein Genick. Der Pirat betrachtete ihn einen Moment. Er griff in seinen Mantel, und Murdochs Augen weiteten sich vor Entsetzen. Die Männer suchten nach Deckung. Aber Vashon zog nur einen Sack voller Münzen heraus.

»Das war die richtige Antwort, du Idiot.«

Mit einem zynischen Lächeln ließ Vashon den Beutel auf den Boden neben Murdoch fallen. Dann sagte er zu aller Erleichterung: »Nun, erzähl mir mehr . . .«

Das Phipps-Bluefield-Heim für kleine Wanderer

Aurora wischte einen kleinen Rußfleck von ihrem Mansardenfenster und blickte hinaus über die Londoner Dächer. Es war Zeit zu gehen, und obwohl sie diesen Moment seit über einem Jahr herbeigesehnt hatte, waren ihre Gefühle nun doch sehr zwiespältig.

»Ich wünschte, du würdest uns nicht verlassen«, murmelte eine Mädchenstimme hinter ihr.

Aurora drehte sich um und lächelte das Mädchen beruhigend an. »Wenn ich nicht ginge, Faith, kämst du nicht in den Genuß meines Zimmers.«

Das Mädchen Faith blickte sich in dem winzigen Raum um. Der Boden, wenn auch ohne Teppich, war sauber gefegt und gewachst; die Wände waren immer noch weiß vom letzten Tünchen. Die Bettücher waren zwar schon ziemlich verschlissen und mehrfach ausgebessert, aber immerhin war das Bett frisch bezogen und ordentlich gemacht. Aurora konnte sehen, daß das Mädchen sehr angetan war.

»Oh, ich möchte nicht, daß du gehst . . . aber ich schätze den Gedanken, ein eigenes Zimmer zu haben!« brach es aus Faith heraus.

Aurora lachte. »Ich verstehe dich sehr gut. Ich erinnere mich noch, wie paradiesisch mir dieses Zimmer erschien, verglichen mit den Schlafräumen unten bei den Kindern.«

»Wie wird wohl dein neues Schlafzimmer aussehen?«

Faiths Frage überrumpelte Aurora. »Ich – ich weiß wirklich nicht«, stammelte sie. »Ich denke, wenn ich erst einmal dort bin, wird es diesem hier sehr ähnlich sein.«

»Außer daß es sich nicht in einem schäbigen alten Waisenhaus befinden wird! Es wird in einem großen Herrenhaus sein. Und du wirst uns schnell vergessen haben.«

Faiths vorwurfsvoller Blick traf Aurora. Sofort ging sie zu ihr und nahm ihre beiden Hände. »Ich muß gehen. Du weißt, daß ich muß.«

Eine Träne lief über Faiths Wange. Das Mädchen wischte

sie schnell fort. »Warum mußte Mrs. Bluefield an Schwindsucht sterben? So ist John Phipps gekommen und hat in einem Jahr alles kaputtgemacht.«

Aurora nahm das Mädchen in ihre Arme, und Faith weinte an ihrer Schulter. Als sie sich schließlich beruhigte, löste sich Aurora von ihr und sagte: »Du weißt, Faith, daß John sich gut um das Heim kümmern wird. Er ist wirklich ein anständiger Mann. Es ist eben nur, daß ich . . . na ja, ich kann anscheinend nicht mit ihm auskommen.«

»Er ist verrückt.«

»Nein, nein!« rief Aurora aus.

»Doch, das ist er«, widersprach Faith. »Daß du gehst, macht ihn wahnsinnig. Er ist außer sich, seit du ihm gesagt hast, daß du gehen willst.«

Aurora blickte das Mädchen nicht an. Sie wollte Faith widersprechen, aber das war schwer. Oberflächlich gesehen war John ein anständiger junger Mann, rechtschaffen bemüht, das Heim, das er geerbt hatte, gut, wenn nicht besser als vorher zu führen. Aber es gab Zeiten . . . Zeiten, in denen er ihr unausgeglichen vorkam. Und unglücklicherweise war sie ihm immer mehr aufgefallen als die anderen Mädchen des Heims, und deshalb hatte sie auch mehr von seinem unberechenbaren Charakter mitbekommen.

Sie holte tief Luft und blickte Faith an. »Er würde keinem etwas tun. Das weißt du, Faith. Wenn ich glauben würde, daß er etwas Schlechtes tut, würde ich niemals gehen. John hat es einfach nicht gern, wenn man ›nein‹ sagt, aber wenn ich weg bin, wird er das Heim auf anständige Weise führen, das verspreche ich dir.«

»Ich weiß. Aber ich wünschte, du gingest nicht. Er macht mir angst.«

»Es gibt keinen Grund, Angst zu haben.«

»Er tut so merkwürdige Dinge. Besonders, was dich betrifft.«

»Was meinst du damit?« fragte Aurora, nicht ganz sicher, ob sie es wirklich wissen wollte.

»Gerade gestern sah ich, wie er diese Stickerei anstarrte, die du für Mrs. Bluefield gemacht hast, als du noch ein Kind warst. Und es ist so eine Schande, es war nämlich eine wunderschöne Stickerei, Aurora. Du mußt Monate daran gearbeitet haben.«

»Was ist damit geschehen?« flüsterte Aurora.

»Sie ist weg. John Phipps stand in dem Eßsaal und starrte sie an. Dann sah ich, wie er sie ganz ruhig aus dem Rahmen nahm und sie in den Ofen schob, wie irgendein Stück Brennholz. Oh, Aurora, wie kann er nur so hartherzig sein?«

Aurora wandte sich angewidert ab. Sie hatte fast fünfzehn Monate gebraucht, um diese Stickerei anzufertigen. Sogar jetzt, Jahre danach, konnte sie sich noch daran erinnern, wie gewissenhaft sie jeden Stich gesetzt hatte. Und sie entsann sich auch, wie sehr sich Mrs. Bluefield gefreut hatte.

»Aurora, mußt du gehen?«

Betrübt blickte Aurora das Mädchen an. »Sicher merkst du selbst, daß ich muß. Er läßt mich sonst nie in Ruhe, und ich kann ihn nicht heiraten. Ich weiß, daß ich vielleicht nie wieder solch eine Chance haben werde, einen Mann zu finden, aber ich werde lieber eine häßliche alte Jungfer, als ihn zu heiraten. Haßt du mich deswegen?«

Traurig schüttelte Faith den Kopf. Sie umarmten sich noch einmal. Dann nahm Aurora ihren Korb, in dem sich all ihre Habseligkeiten befanden, und ging zur Tür. Aber bevor sie das Zimmer verließ, nahm sie ein einzelnes Buch, das auf ihrem Schrank lag, und reichte es Faith.

»Die Perrault Märchen?« flüsterte Faith und starrte ungläubig in Auroras tränengerötete Augen. »Du kannst dieses Buch doch nicht hierlassen. Mrs. Bluefield hat es dir geschenkt.«

Auroras Stimme zitterte. »Die Kinder lieben diese Geschichten. Einmal in der Woche bin ich hinuntergeschlichen und habe ihnen heimlich vorgelesen. Wenn John das herausbekommen hätte, wäre er bestimmt sehr ärgerlich geworden. Aber bisher konnten die Kinder und ich es vor ihm geheimhalten. Abends ist er ja sehr mit seinem Gebet und der Andacht beschäftigt, weißt du.«

»Ich werde ihnen einmal die Woche daraus vorlesen, Aurora. Ich werde einen Weg finden. Das verspreche ich dir«, sagte Faith mit genauso zittriger Stimme.

»Dann segne dich Gott, Faith. Und ich hoffe, wir sehen uns wieder.« Mit diesen Worten konnte Aurora nicht länger an sich halten. Sie drückte ihren Korb an die Brust und floh die Stufen hinunter, tränenüberströmt.

Die Heldin

Jeder, der die Welt herausfordert, hat früher oder später die Konsequenzen davon zu tragen.

– Lady Elizabeth Melbourne –

1

QUEENHITHE DOCK

Ihr Abenteuer hatte begonnen.

Aurora konnte kaum ihre Unruhe verbergen, als sie über das Hauptdeck der Seabravery zur Themse blickte. Es war fast Mittag, und sie lagen immer noch am Hafen, aber in wenigen Stunden würden sie ablegen.

Nervös spielte sie an dem Medaillon, das sie um den Hals trug. Es war ein seltsames Medaillon, schon reichlich angeschlagen und etwas abgewetzt, und doch war es einzigartig schön. Es zeigte eine goldene Eidechse aus glitzernden Smaragden; zwei kleine Rubine bildeten die Augen, und auf dem Bauch saßen Diamanten. Man konnte das Medaillon öffnen, aber die winzigen Scharniere waren nicht zu sehen, und nur Aurora wußte, wie es aufging. Die meisten erkannten nicht einmal, daß es ein Medaillon war, und dachten statt dessen, es sei ein Anhänger. Aber innen befand sich der letzte Vers eines Kinderreimes, den ihr Vater für sein kleines Mädchen hatte eingravieren lassen.

Als sie jetzt mit dem Medaillon spielte, merkte sie, daß schon wieder ein Smaragd fehlte. Der Verlust machte sie traurig, aber sie hatte sich geschworen, nicht wieder melancholisch zu werden. Als sie Faith und das Heim verlassen hatte, hatte sie geweint. Und jetzt würde es keine Tränen mehr geben. Heute war sie eine Lady des Abenteuers geworden, wild und sorglos. Bald würde ihre Seereise losgehen, und in wenigen Wochen würde sie exotische Plätze sehen, Plätze, die sie bisher nur aus ihren Träumen kannte. London würde hinter ihr liegen und ein vollkommen neues Leben beginnen.

Vor Aufregung hatte sie rote Wangen bekommen. Die Themse lockte sie in die Ferne. Der sonst so träge Fluß war vom Wind aufgewühlt. Kleine Wellen schlugen ausgelassen gegen die Seiten des Schiffes, mit demselben aufgeregten Rhythmus wie ihr Herz.

Als ob sie immer noch nicht so recht an ihr Glück glauben konnte, grub sie in ihrem braunen Seidenbeutel nach dem Brief. Im ersten Moment konnte sie ihn nicht finden, und sie runzelte beunruhigt die Augenbrauen. Es war ihr alles wie ein einziger Traum vorgekommen. Sollte sie jetzt daraus erwachen? War es am Ende gar nicht wahr? Ihre Finger fanden den Umschlag. Der Brief war immer noch da. Alles würde geschehen, wie erwartet. Erleichtert zog sie ihn hervor und wollte ihn gerade noch einmal lesen, als sie von einer lauten Frauenstimme unterbrochen wurde.

»Noch eine Frau! Gott sei Dank! Ich wußte nicht, wie ich diese Reise ohne ein anderes weibliches Wesen an Bord aushalten würde, das meine Sorgen mit mir teilt.«

Aurora blickte auf, und ihre wasserblauen Augen weiteten sich, als eine korpulente, ausgesprochen gut angezogene Dame auf dem Deck auf sie zukam. Die Frau trug eine schwarze Satinhaube auf dem Kopf und hielt einen schwarzen Pagode-Sonnenschirm in der Hand. Sie hatte Witwenkleider an, aber diese waren von höchster Qualität. Der kostbare schwarze Taft raschelte, als die Dame auf sie zusteuerte, um sie zu begrüßen.

»Lassen Sie mich mich Ihnen vorstellen, meine Liebe«, verkündete die Frau und bot ihr mit ihrem Sonnenschirm Schatten. »Ich bin Mrs. Stefan Lindstrom. Wir werden sehr vertraut werden auf dem Weg nach Bermuda. Ich weiß das, denn es ist meine sechste Reise.«

»Ihre sechste Reise«, erwiderte Aurora beeindruckt. »Ich fürchte, dies ist meine erste.«

»Es wird Ihnen gut gefallen. Ich kenne mich mit allen Mitteln gegen Seekrankheit aus, und ich hörte, daß die Seabravery das beste Segelschiff ist. In der Tat, Captain Corbeil sagte mir, daß der Eigentümer des Schiffes mit uns fahren wird, und so denke ich, daß es eine angenehme Reise wird. Wie ist Ihr Name, meine Liebe?«

Mrs. Lindstroms letzte Frage überrumpelte sie, und sie brauchte einen Moment, ehe sie reden konnte.

»Miss Dayne. Miss Aurora Dayne«, antwortete sie zögernd.

»Reizend, einfach reizend. Und Sie sind von . . .?«

Aurora zögerte wieder. »Vom Phipps-Bluefield-Heim für kleine Wanderer.«

»Oh! Eine Waise! Wie unglaublich romantisch!« Mrs. Lindstrom klatschte in die Hände.

Aurora blickte sie verlegen an. Sie wußte überhaupt nicht, was die Dame meinte. Als Waise aufzuwachsen hatte nichts, aber auch gar nichts Romantisches an sich. Mrs. Bluefield, dem Herrn sei Dank, daß es sie gegeben hatte, hatte dafür gesorgt, daß sie erzogen wurde und daß für sie gesorgt war. Aber ansonsten war ihr Leben in dem Heim freudlos und grau gewesen, grau, wie die praktischen Leinenkleider, die sie dort trugen. Diese Mrs. Lindstrom war aber nun wirklich eine komische Frau.

»Ich bin kein Waisenkind mehr«, erklärte Aurora. »Ich meine, ich war als Waise in dem Heim, aber als ich älter wurde, war ich dort Erzieherin.«

»Und eine gute. Da bin ich ganz sicher.«

Die Dame schenkte ihr ein breites Lächeln, und sofort erwärmte sich Aurora für sie. Mrs. Lindstrom war vielleicht ein bißchen zu neugierig, und sie hatte gewiß einen etwas eigenartigen Hang zum Dramatischen. Aber Aurora mochte sie trotzdem. Und daß sie, Aurora, eine Waise war, schien Mrs. Lindstrom nicht das geringste auszumachen. Und das war schon etwas Ungewöhnliches für jemanden, der offensichtlich sehr wohlhabend war.

»Also, was hat Sie auf die Seabravery gebracht, Miss Dayne?« fragte die Dame als nächstes. Sie schien vor Neugierde zu platzen. »Sind Sie vielleicht unterwegs, um Ihren Verlobten in St. George zu treffen? Mit Ihrem reizenden Gesicht und dieser prachtvollen Haarfarbe müssen Sie irgendein wundervolles Abenteuer vor sich haben. Oh, wie sehr ich mir wünschte, wieder jung zu sein! Die Dinge, die ich dann tun würde . . .!«

Während Mrs. Lindstrom weiter über ihre verlorene Jugend plapperte, schob sich Aurora eine vorwitzige Locke von ihrer Stirn und steckte sie wieder unter ihren schäbigen, braunen Hut. Sie hatte die Farbe ihres Haars nie als prachtvoll empfunden. Es hatte einen mittleren Ton: nicht feurig genug, um rot zu sein, noch blaß genug, um blond zu sein. Wirklich, ihr schien die eigene blaßrote Haarfarbe sehr fade zu sein. Die Farbe, fand sie, hatte viel Ähnlichkeit mit ihrem Leben: farblos und nichtssagend.

Mit einem Stirnrunzeln entsann sie sich, wie John Phipps einmal ihr Haar als »wie es sich gehört« bezeichnet hatte. Aber er war in dieses Haar zu verliebt gewesen, dachte sie finster. Und das genau war es, wovor sie nun weggelaufen war. Nachdem Mrs. Bluefield an Schwindsucht gestorben war, legte sich diese graue Blässe von John Phipps Einfluß über ihr Leben wie ein Leichentuch. Obwohl sie ihn schon seit ihrem ersten Tag im Heim kannte, gab es seit dem Tod von Mrs. Bluefield kein Entkommen mehr vor ihm. Seine Aufmerksamkeiten waren erstickend und seine Anwesenheit unerträglich geworden.

Ihre wasserblauen Augen verdunkelten sich vor Schuldgefühlen. John Phipps war kein grauenhafter Mann, obwohl er das mit ihrer Stickerei getan hatte. Im Gegenteil, mit seiner selbstgerechten Frömmigkeit hielten ihn die meisten für einen guten Mann. Einen schrecklich guten Mann, dachte sie und erinnerte sich, daß man sie als undankbar bezeichnet hatte, sein Angebot zurückzuweisen. Vielleicht würde sie es ja wirklich irgendwann einmal bedauern, ihn abgelehnt zu haben. Aber sie bezweifelte es. Auch wenn ihre Haarfarbe vielleicht ruhig und unauffällig war, ihr Herz jedenfalls war nicht ruhig. Und sie hätte es ihm niemals schenken können.

Nein, sie hatten überhaupt nicht zusammengepaßt, es hätte nie gutgehen können, und nun, im nachhinein, konnte Aurora verstehen, warum Mrs. Bluefield sie immer ermutigt hatte, das Heim zu verlassen und sich woanders eine Stelle zu suchen. Sie hatte es nie übers Herz gebracht, weil sie eine zu große Schuld dem Heim gegenüber empfand. Sie hätte ihr ganzes Leben lang dort gearbeitet, um etwas von Mrs. Bluefields Güte zurückzuzahlen. Aber diese lebte nun nicht mehr, und den Rest ihres Lebens mit John Phipps zu verbringen, wäre untragbar gewesen. Und gerade als ihr die Suche nach einer neuen Stellung vergeblich erschienen war, hatte sie wie durch ein Wunder diesen Brief erhalten.

»Ist es St. George, wohin Sie wollen, Miss Dayne, oder zu einer entfernter gelegenen Plantage?«

Aus ihren Gedanken gerissen, blickte Aurora zu Mrs. Lindstrom.

»Oh, ich weiß!« fuhr die alte Dame fort. »Sie wollen nach Clairdon, um einen von den Sinclair-Jungs zu heiraten! Wie viele Söhne hat Lord Sinclair überhaupt? Acht war die Zahl, die ich zuletzt gehört habe. Ziemlich stramme Jungs, wenn ich mich recht entsinne . . . In der Tat, Miss Dayne, Sie hätten es gar nicht besser treffen können.«

Aurora versteckte gekonnt ihr Lächeln hinter der vorgehaltenen Hand. Mrs. Lindstrom ließ sich nicht stören. Als Aurora ihre Hand senkte, sagte sie: »Ich habe es noch viel besser getroffen, Mrs. Lindstrom, weil ich gar keinen Verlobten in St. George treffe, und auch keinen von den Sinclair-Jungs. Ich will überhaupt nicht nach St. George. Ich reise nach Kingston, Jamaica.«

»Kingston! Gütiger Himmel, ich wußte gar nicht, daß das Schiff nach Jamaica fährt.«

»Ja, ich werde Gesellschafterin bei Lady Perkins von der Roselawn Plantage. Ihrem Brief nach zu urteilen, scheint sie schon recht alt zu sein – Sie haben nicht zufällig von Roselawn gehört, oder?« Aurora warf Mrs. Lindstrom einen hoffnungsvollen Blick zu. Sie war immer der Ansicht gewesen, über ein großes Maß an innerer Stärke zu verfügen. Aber von dem einzigen Zuhause, das sie je gehabt hatte, zu einer tropischen Insel zu reisen und nicht eine einzige Referenz zu haben, machte sie doch etwas nervös.

»St. George ist ziemlich weit von Jamaica entfernt, aber lassen Sie mich nachdenken . . .« Mrs. Lindstrom schüttelte den Kopf. »Nein, ich kann mich nicht an Roselawn erinnern, und ich muß sagen, ich bin stolz darauf, jeden, der etwas darstellt, zu kennen – aber Roselawn und Lady Perkins – nein, diese Namen sagen mir überhaupt nichts.«

»Ich verstehe.« Aurora versuchte, ihre Enttäuschung zu verbergen.

»Wie haben Sie von der Stelle erfahren?« Mrs. Lindstrom warf ihr einen mitleidigen Blick zu.

»Also«, Aurora blickte auf das trübe Wasser der Themse hinunter, »es war wirklich eine ziemliche Überraschung. Lady Perkins' Brief kam erst vor etwa einer Woche. Darin hieß es, ich sollte heute hier sein, abfahrbereit, wenn ich an der Stellung interessiert sei.«

»Wie überaus mutig von Ihnen, meine Liebe, ganz allein eine so weite Reise zu machen! Aber ich denke mir, in dem Waisenhaus sind Sie scheußlich behandelt worden.«

»O nein! Im Gegenteil!« Plötzlich standen Aurora Tränen in den Augen. Das Phipps-Bluefield-Heim war zwar ein Waisenhaus, aber Mrs. Bluefield hatte daraus einen wunderbaren Ort gemacht. In den Jahren, in denen sie dort aufgewachsen war, war diese liebe Frau ihr Mutter, Freundin und Lehrerin gewesen. Und nun durchtrennte sie ihr letztes und einziges Band zu ihr. Trotz ihres Ärgers mit John Phipps war dies schmerzhaft.

»Ist ja gut, meine Liebe.« Mrs. Lindstrom sah sie besorgt

an. Sie streichelte ihre Hand und sagte: »Sie müssen dort sehr gut zu Ihnen gewesen sein, wenn Sie sie so vermissen.«

»Ja, ja.« Auroras Worte sprudelten nur so hervor. Aus irgendeinem Grund hatte sie jetzt schon großes Heimweh.

»Aber nun, Miss Dayne, werden Sie die Welt sehen – jedenfalls die Hälfte davon!«

»Ja.« Aurora versuchte zu lächeln.

»Und wer weiß, welche Leidenschaft und Romanze Sie auf dem Weg dorthin finden werden.«

Aurora wurde rot. Das genau war es, wonach sie sich sehnte. Aber nun, wo es ihr so greifbar nahe schien, fragte sie sich, ob sie diese Herausforderung annehmen konnte. Vielleicht war sie doch mehr das stille, zurückhaltende Mädchen, das John in ihr sehen wollte.

»Ich fürchte, ich muß Sie enttäuschen, Mrs. Lindstrom«, sagte sie. »Mein Leben ist bisher ziemlich ereignislos verlaufen, und ich fürchte, auch eine Reise nach Jamaica wird daran nicht viel ändern.«

»Wenn man jung und hübsch ist wie Sie, meine Liebe, weiß man nie genau, welche Abenteuer vor einem liegen.«

Aurora lachte. »Gut, wir können ja immerhin hoffen, stimmt's?«

»Wir müssen!« lachte Mrs. Lindstrom mit. Sie klappte ihren schwarzen Sonnenschirm zusammen und sagte ohne weitere Umstände: »Kommen Sie, Miss Dayne, obwohl Mr. Lindstrom nun schon fast seit zehn Jahren tot ist, trauere ich noch immer um ihn, aber ich kann in dieser Kleidung nicht so lange in der Sonne stehen. Wenn Sie so freundlich wären, mich in meine Kabine zu begleiten, damit wir uns dort etwas ausruhen können? – Meine Zofe wird uns eine heiße Schokolade machen, und so können wir zusammen darauf warten, daß der Anker gelichtet wird.«

Mrs. Lindstroms Kabine auf dem Zwischendeck war recht groß. Die Kommoden waren aus Mahagoni, die Ecken mit Messing beschlagen. Alles war extra für das Schiff gebaut. Sämtliche Griffe und Schlüssel konnten bei Bedarf eingezogen werden, so daß man sich bei starkem Seegang nicht an einem scharfen Gegenstand verletzen konnte. Ein winziger blauer Teppich hellte die Kabine auf, und durch die geöffneten Bullaugen strömte eine angenehme leichte Brise von der Themse herein. Mrs. Lindstroms Mädchen lief sogleich flink hin und her, brachte den beiden Damen eine kleine Erfrischung und stellte sie auf das Teetischchen, um das herum ein Messingrand lief.

»So, Miss Dayne«, begann Mrs. Lindstrom, nachdem die heiße Schokolade vor ihnen stand, »sind Sie zufrieden mit Ihrer Kabine?«

»Ja, ja, meine Kabine ist entzückend.« Aurora erwähnte nicht, daß sogar ihre kleine, recht einfache Kabine immer noch größer und eleganter war als ihr Mansardenzimmer im Heim. Sie nahm einen Schluck Schokolade. »Ich bin sicher, die Reise auf diesem großen Schiff wird einfach himmlisch. Ich kann immer noch nicht glauben, daß meine neue Herrschaft so großzügig war, mich auf diesem hier kommen zu lassen.«

»Ja, das ist wirklich sehr außergewöhnlich, zumal der Eigentümer mit uns reist. Das macht den doppelten Preis. Weniger Platz, wissen Sie, und außerdem gibt sich die Besatzung in jeder Hinsicht viel mehr Mühe.«

»Kennen Sie den Eigentümer?«

Mrs. Lindstrom schüttelte ihren Kopf. »Nein, ich weiß nur, daß er unglaublich reich ist – die Seabravery ist nur eins von fünf Schiffen, die ihm gehören. Außerdem hat er eine riesige Zuckerplantage auf irgendeiner Insel in der Karibik. St. Kitts, glaube ich, oder vielleicht Nevis.«

»Er wirkt ziemlich geheimnisvoll«, meinte Aurora, während sie mit den Bändern ihres Hutes spielte. Wie gern hätte sie den Hut abgenommen, aber sie würden sicher gleich ablegen, und dann würde sie natürlich auf das Deck zurückkehren.

»Ja, er ist recht geheimnisvoll, eine richtig romantische Person, hörte ich. Sehen Sie, meine Liebe« – Mrs. Lindstrom lehnte sich vor, als ob sie wer weiß was für eine Klatschgeschichte zum besten geben wolle – »ein anderer wichtiger Grund, weshalb es so besonders vorteilhaft ist, auf der Seabravery zu reisen, ist, daß sie noch nie geplündert wurde. Weder von Piraten noch von Freibeutern. Offensichtlich hat der Eigentümer dieses Schiffes einen sehr speziellen Ruf, so daß nicht einmal die schlimmsten Wüstlinge sich daran gewagt haben.«

»Stimmt das wirklich?« fragte Aurora mit heiserer Stimme.

»Genauso. Ich erfuhr es von meinem Schwiegersohn, und er weiß einfach alles. Absolut alles. Deshalb hat er auch dafür gesorgt, daß ich auf diesem Schiff reise. Er meinte, es wäre die sicherste Reise, die man sich denken kann.«

»Sie reisen also nach Hause? Haben Sie ein Haus in St. George?« Aurora spielte unruhig an ihrer Kette. Sie war glücklich, das Thema wechseln zu können. Diese Reise war ihr immer ein bißchen zu schön erschienen, um wahr zu sein. Und sie wollte einfach nicht, daß dieser Eindruck zerstört wurde. Aus irgendeinem Grund war ihr bei dem Gespräch über den Eigentümer des Schiffes unbehaglich geworden.

»Ja. Ich war sechs Monate fort. Und obwohl ich natürlich meine Enkelkinder über alles liebe, kann ich kaum erwarten, meine Freunde wiederzusehen. Wir haben einen netten Kreis von Damen in der Stadt – oh, ich wünschte, Sie reisten nicht bis Jamaica! Mrs. Random hat eine Tochter, die etwa in Ihrem Alter sein muß ... Wie alt sind Sie, meine Liebe? Ungefähr neunzehn?«

Aurora zögerte. Immer hatte sie diese Frage gehaßt. »Ja, neunzehn«, sagte sie ein wenig zu hastig.

»Das ist vorzüglich. Julia Ramson ist jetzt zwanzig. Sie zwei würden sich sehr gut verstehen.«

Aurora war einmal mehr überwältigt von Mrs. Lindstroms herzlicher Art. Die Frau war geradeheraus und so offen in gesellschaftlichen Dingen. Sie bezog sie, Aurora, die

Waise, einfach in ihren Kreis mit ein. Als ob sie vergessen hätte, mit wem sie sprach. Aurora hatte kaum je Kontakt zu der besseren Gesellschaft gehabt. Immer mal wieder waren wohlhabende Damen und Herren gekommen, um ein ungewünschtes, verwandtes Waisenkind im Heim abzugeben. Und diese Leute hatten sie oder Mrs. Bluefield niemals wie ihresgleichen behandelt. Aber ganz anders diese bemerkenswerte Mrs. Lindstrom.

»Noch etwas Schokolade, Miss Dayne?« Mrs. Lindstrom wollte schon nach der Kanne greifen.

Aurora schüttelte den Kopf. »Bitte, nennen Sie mich Aurora, bitte.« Sie schenkte der Witwe ein stilles, kleines Lächeln. Sie war so erleichtert, daß sie diese Frau getroffen hatte. Sicher würde die Reise nicht halb so erschreckend sein, solange Mrs. Lindstrom auf dem Schiff war.

»Ich weiß, daß wir die besten Freundinnen werden.« Die ältere Dame schien sich über das Angebot zu freuen. Sie streichelte ihre Hand. »Und du mußt mich Flossie nennen. Das war Mr. Lindstroms Kosename für mich.«

»Wie sehr muß er Sie, eh . . . dich geliebt haben.«

Die Witwe lächelte ein wehmütiges Lächeln, strahlte dann aber wieder. »Nun, Aurora, sicher wird Captain Corbeil jeden Moment ablegen. Warum gehen wir nicht an Deck?«

Aurora nickte und klatschte in die Hände. »Etwas muß passieren. Wir sind schon seit Stunden über der Zeit.«

»Sollen wir hochgehen und mal schauen, ob dieser mysteriöse Eigentümer inzwischen angekommen ist?« Mrs. Lindstrom zwinkerte Aurora übermütig zu. »Oh, ich hoffe wirklich, er diniert mit uns und nicht in seiner Kabine. Wie schrecklich langweilig wäre sonst diese Reise.«

Mrs. Lindstrom strich sich über die Haube und griff nach dem Sonnenschirm. Aurora sah ihr zu und war sich ganz sicher, daß sie noch nie jemandem wie Flossie Lindstrom begegnet war. Die behäbige Witwe segelte aus ihrer Kabine, wie ein schwarzes, schweres Schiff. Und Aurora war überzeugt, daß mit dieser Frau an ihrer Seite einfach nichts schiefgehen konnte.

Die Sonne ging über dem Tower unter, und die Seabravery hatte immer noch nicht abgelegt. Aurora schaute begeistert zu, wie das Feuerwerk auf den Docks die Sommersonnenwende feierte. Mrs. Lindstrom hatte sich schon vor längerer Zeit in ihre Kabine zurückgezogen. Und Aurora war allein oben geblieben, erkundete die Decks und wartete unruhig auf . . . etwas.

Der Himmel war orangerot von den Freudenfeuern, die auf den Straßen entzündet worden waren. »Hurra!« hörte sie die Menschen ausgelassen schreien. Umsonst hatten der Erzbischof von Canterbury und der Erzbischof von York ihre Gemeinden zu überzeugen versucht, daß an diesem Abend das Fest von Johannes dem Täufer zu begehen sei und daß die Leute in die Kirche gehen sollten.

Aurora lächelte. Offensichtlich hatte es überhaupt nichts genützt. Die Menschen fuhren unbeeindruckt fort, ihre Feuer in den Straßen zu entzünden und auf heidnische Art um die Flammen zu tanzen, um die Sommersonnenwende zu feiern.

Verträumt stützte Aurora ihre Arme auf die Reling. Heute abend sah es so aus, als ob England weit von jeder Zivilisation entfernt war. Vor Jahrhunderten schon hatten die Menschen ihre Götzenfeuer und die Riten genauso gefeiert. Hanfsamen wurden im Kirchhof verstreut, und die unverheirateten Mädchen nahmen ihre Nadelkissen und hängten sie über Nacht in ihre Strümpfe, in der Hoffnung, auf diese Weise einen flüchtigen Blick auf ihre zukünftigen Männer werfen zu können. Aurora fragte sich, ob sie nicht auch solch ein Nadelkissen mit auf die Reise hätte nehmen sollen, und sie mußte lachen, daß sie selbst auch so abergläubisch war.

Die Rufe auf den Straßen am Hafen wurden lauter, Pferde scheuten, Knallkörper explodierten. Aurora war von dem allgemeinen Tumult so gefangen, daß sie zuerst gar nicht die vielen Wagen bemerkte, die an der Gangway zum Halten gekommen waren.

Als allerdings mit dem Abladen begonnen wurde, fragte sie sich, ob nun der Eigentümer endlich da war. Aber sie konnte sich kaum vorstellen, daß dieser mächtige Mann mit einem gewöhnlichen Wagen ankommen würde. In diesem Moment erschien Captain Corbeil auf dem Deck und überwachte die Leute. Es wurden Perserteppiche an Bord getragen. Kostbare Mahagoni-Tische mit säulenartig gedrehten Beinen wurden hochgezogen. Vier Männer trugen ein schwarz gepolstertes Sofa mit goldverzierten Delphinbeinen hinauf. Sogar Aurora konnte mit einem Blick erkennen, daß es sich bei diesen Stücken um sehr wertvolle Möbel handelte. Und es war auch klar, daß sie in eine bestimmte Kabine gehörten. Offensichtlich in die Kabine des Eigentümers.

Der Captain stützte sich untätig auf die Reling. Von unten konnte Aurora das Klopfen und Hämmern hören. Die Möbelstücke wurden angenagelt, damit sie auf der Reise keinen Schaden nehmen konnten. Zusammen mit den lautstarken Geräuschen von den Docks und den umliegenden Straßen, war jetzt an Ruhe in der Kabine sowieso nicht zu denken; deshalb blieb Aurora an Deck. Obwohl sie im Schatten des Mastes stand, traf sie der Blick des Captains.

Der dickbäuchige grauhaarige Captain war den ganzen Tag über geradezu die Verkörperung eines Gentlemans gewesen. Er hatte sich auf liebenswürdige Weise darum bemüht, Flossie und ihr jeden erdenklichen Komfort zu bieten. Immer war er mit einem freundlichen Wort oder einem Scherz zur Stelle gewesen. Aber in diesem Moment, wo er offensichtlich nicht mit ihrer Anwesenheit gerechnet hatte, lag etwas anderes in seinem Blick. Es war, als ob sie ihn irgendwie störte, als ob er sich um etwas Sorgen machte.

Wie ein scheues Reh stand Aurora unbeweglich da, während er seinen Blick über ihren schäbigen Mantel streifen ließ, über jede abgetragene Stelle. Und sie fragte sich, ob sie ihm wohl leid tat. Vielleicht hatte er gehört, daß sie aus einem Waisenhaus kam. Aber instinktiv spürte sie, daß es nicht Mitleid war, was sich in ihm regte. Dafür war sein Blick zu düster.

Vielleicht war es der Lärm um sie herum, aber Auroras Nerven waren zum Zerreißen gespannt. Sie zwang sich, ihren Blick vom Captain abzuwenden, und stützte sich wieder auf die Reling. Sie wußte, was immer sie sich auch einbildete, es mußte falsch sein. Bestimmt hatten nur Flossies romantisch versponnene Ideen auf sie abgefärbt.

Plötzlich fröstelte sie, und sie zog den Mantel fester an sich heran.

»Miss Dayne, ich bin überrascht, Sie zu so später Stunde noch hier draußen anzutreffen.«

Schnell drehte sie sich um. Captain Corbeil war zu ihr getreten. Fort war sein besorgter Blick, statt dessen blitzten seine Augen vergnügt.

»Ich – ich bin nicht müde«, stotterte Aurora wie ein kleines Kind. Warum konnte sie nicht gelassener sein, fragte sie sich ärgerlich und holte tief Luft. »Verzeihen Sie mir, Captain. Ich war so aufgeregt wegen der Reise und all dem Neuen hier. Und die Verspätung hat es auch nicht gerade besser gemacht. In der Tat muß ich zugeben, in meiner Sorge sehe ich schon schreckliche Dinge.« Unschlüssig lächelte sie ihn an. Sie kam sich so dumm vor. Der Captain war nicht der Typ, der dunkle, böse Geheimnisse verbarg. Er war vielmehr ein ritterlicher, ja väterlicher Mann, der sich fürsorglich Gedanken um sie machte und es ihr so schön und angenehm wie möglich auf dieser Reise machen wollte. Sie hätte glücklich sein sollen, sich in so guten Händen zu befinden, nicht mißtrauisch.

Sein dröhnendes Lachen aus tiefstem Herzen beruhigte sie.

»Ich bin sicher, Miss Dayne, Sie irren sich. Was könnten Sie sehen? Sind Sie unzufrieden mit dem Schiff?«

»Nein, nein! Das Schiff ist wundervoll.« Aurora lächelte

ihn schüchtern an. Was war es nur gewesen, was sie auf diese komischen Gedanken gebracht hatte? –

»Ich muß mich für unsere Verspätung entschuldigen. Es ist bedauerlich, aber ich verspreche Ihnen, innerhalb einer Stunde werden wir ablegen.«

»Nachts?« fragte sie. »Ist das nicht ganz und gar ungewöhnlich?«

Der Captain beugte sich über die Reling. Sie blickte auf seine Hände, und sie entdeckte, daß drei seiner Finger fehlten. Die Narben an seinen Händen waren groß. Warum hatte sie das nicht schon früher bemerkt? Schnell wandte sie sich wieder ab.

»Ich kenne die Themse, Miss. Wir werden im Nu im Kanal sein«, lächelte der Captain beruhigend.

»Und werden wir nun doch ohne den Eigentümer reisen?« fragte sie. Ihre Frage schien ihn zu überraschen.

»O nein. Er wird jeden Moment kommen, Miss Dayne. Das kann ich Ihnen garantieren.« Eilig entschuldigte er sich, er müsse hinunter zu seinen Männern.

Aurora blieb keine Minute allein, denn plötzlich tauchte Mrs. Lindstrom auf. Ihre Kleidung wirkte unordentlich, als sei sie eben erst aus tiefstem Schlaf erwacht.

»Ach hier bist du, meine Liebe!« Sie winkte Aurora zu. »Hat man Worte für diesen Lärm? Und das um Mitternacht?«

»Ja, das ist was«, stimmte ihr Aurora zu und trat an ihre Seite. Sie wollte gerade weitersprechen, als sich auf den Docks der Lärm noch verstärkte. Neugierig traten Aurora und Mrs. Lindstrom an die Reling und blickten hinunter.

Aurora hatte noch nie eine so dunkle Pracht gesehen. Unten stand eine schwarzlackierte, von acht schwarzen Streitrossen gezogene Kutsche. Daneben schien alles andere unwichtig. Das Pferdegeschirr war golden, und eine dünne Goldeinfassung lief um die prachtvolle Kutsche, deren Türen ohne Wappen waren. Geheimnisvoll wirkte sie, aber noch mehr der Mann, der ihr entstieg.

»Mein Gott . . .« Flossie stöhnte entzückt und gleichermaßen erschrocken auf. Ihre Hand griff nach Auroras Arm.

Das junge Mädchen wollte etwas sagen, aber die Stimme versagte ihr. Und sie wußte selbst nicht genau, weshalb, aber irgendwie fand sie, daß sie doch nicht solch ein Glück hatte. Sie konnte ihren Blick nicht von dem Mann lassen, der soeben das Schiff betrat.

Er war groß, viel größer als der Captain, der auch schon alles andere als klein war. Und irgendwie wirkte er brutal und dadurch noch gewaltiger. Er war außergewöhnlich modisch gekleidet und gut angezogen mit seinem schwarzen Carrick, seinem Mantel mit nicht weniger als neun Capes. Darunter trug er ein weißes Batisthemd und Hosen aus besonders feinem schwarzen Material. Wenn man von der Kleidung ausging, führte dieser Mann ein Leben nach den Normen der besseren Gesellschaft. Aber als sie genauer hinsah, erkannte Aurora, daß an diesem Mann nichts der Norm entsprach.

In Wirklichkeit stellte er eine Mode zur Schau, die in keiner Weise seiner ungezügelten Wildheit entsprach. Er trug sein Haar fast bis zu den Schulterblättern, die schwarzen ungebärdigen Locken zu einem Schwanz nach hinten gebunden, ein Stil, der vollkommen aus der Mode war. Und ein winziger Silberring durchbohrte sein linkes Ohrläppchen, was ihn verrucht aussehen ließ. Insgesamt gab es eigentlich nur eine Art, ihn zu beschreiben.

»Er ist ein Pirat!« keuchte Mrs. Lindstrom und klammerte sich noch fester an Auroras Arm. Aurora hätte sie gern beruhigt, aber sie wußte nichts zu sagen, denn sie hatte sofort dasselbe gedacht.

Captain Corbeil ging gerade auf den Mann zu, um ihn zu begrüßen. Offensichtlich kannten sie sich sehr gut. Nun war endgültig klar, daß dieser erschreckende Mensch der Eigentümer des Schiffes war, auf den sie so sehnsüchtig gewartet hatten.

Aurora versuchte, sich selbst zu beruhigen. Bestimmt war

die Phantasie mit ihnen beiden durchgegangen. Aber gerade in dem Augenblick schaute Captain Corbeil finster zu ihr herauf.

Und der Blick des Eigentümers folgte dem seinen.

Obwohl er unter ihr auf dem Hauptdeck stand, nahm sie die überwältigende Gegenwart des Mannes gefangen. Wie durch einen Zauberbann zwang er sie, seinen Blick zu treffen, und Aurora war schockiert über seine Augen. Sie waren so unglaublich schön und zugleich so unglaublich kalt. Er sah sie nur ganz kurz an, aber so intensiv, daß sie sich bis auf die Seele von ihm durchschaut fühlte. Sie konnte ihren Blick nicht von ihm abwenden, auch nicht, als er sich schon wieder zu Corbeil umgedreht hatte. Und sie konnte auch nichts dagegen tun, daß eine tiefe, instinktive Furcht von ihr Besitz ergriff.

»Oh, wie aufregend! Wie herrlich aufregend!« hörte sie Mrs. Lindstrom neben ihr flüstern. »Dieser Mann ist ein Pirat! Oh, wir befinden uns bestimmt mitten in einem Abenteuer, Aurora!«

Aurora blickte sie an. Entsetzt stellte sie fest, daß ihre Hand genauso fest an Flossies Arm klammerte wie umgekehrt. Der Eigentümer war unter Deck verschwunden. Von der Vernunft her gab es keinen Grund, irgend etwas ungewöhnlich zu finden, aber sie konnte immer noch nicht das Gefühl der Angst abschütteln, daß irgend etwas geschehen würde. Und so verrückt es auch war, sie konnte auch nicht die Furcht zerstreuen, daß es etwas mit ihr zu tun haben würde.

Sie ließ Mrs. Lindstroms Arm los und marschierte, einzig von ihrer Intuition gesteuert, auf die Gangway zu, mit dem festen Willen, das Schiff auf schnellstem Wege zu verlassen, auch wenn das bedeutete, wieder ins Heim zurückzukehren, was in jedem Fall demütigend war. Aber nein, es war zu spät. Unter sich hörte sie das Klicken des Gangspills und das schwere Rauschen von Wasser. Zu ihrer allergrößten Bestürzung war die Gangway schon hochgezogen, unter ihr war nichts als die dunkel glitzernde Themse. Verzweifelt wandte sie sich zu Flossie um. Das Gesicht der Witwe spiegelte ihr eigenes wider. Ob sie es wollten oder nicht, es führte kein Weg mehr von diesem Schiff.

Ihr Abenteuer hatte begonnen.

2

»Wir haben sie.«

Mit dieser Bemerkung zog Vashon seinen Carrick aus und warf ihn auf das Sofa mit den Delphinbeinen. Er setzte sich rittlings auf einen Stuhl, die Arme um die Lehne geschlungen.

»Ich glaube, sie ist wirklich ein ganz nettes kleines Mädchen, Vashon. Ich hoffe, du wirst gut mit ihr umgehen. Ich sehe keinen Vorteil darin, sie jetzt schon zu erschrecken.« Isaac Corbeil setzte seinen goldverzierten Kapitänshut ab und kratzte sich den kahlen Schädel.

»Wie sollte ich sie erschrecken?« gab Vashon mit einem seltsamen und flüchtigen Lächeln zurück. Seine Zähne schimmerten in einem geradezu sündhaft schönen Weiß, das sich gegen den dunklen Bartwuchs abhob, und für einen kurzen Moment sah er fast glücklich aus.

Der Captain seufzte. »Gütiger Gott, aber haben wir nicht etwas Schreckliches getan, Vashon? Ich meine, dieses Mädchen ist nicht irgendein leichtfertiges Weibsbild, das man einfach verschleppen kann.«

»Sei doch nicht absurd. Dies ist das Beste, was diesem Fratz je geschehen ist.« Vashon lachte kurz und freudlos auf. »Sie ist besser dran, mit uns unterwegs zu sein, als weiterhin in diesem Armenhaus zu verkommen.«

»Vielleicht, aber ihr Ausdruck verlor in jedem Fall diese hübsche Jungmädchenhaftigkeit, als sie deiner ansichtig wurde.«

»Die wird sie sich schon bewahren.« Vashons Mund verzog sich zu einem sarkastischen Grinsen. »Wir sollten ihre Fähigkeiten, auf sich selbst aufzupassen, nicht unterschätzen. Immerhin hat sie nur einen kurzen Blick auf mich geworfen, und schon sah sie so aus, als wolle sie jeden Moment über Bord springen. Also ist sie wenigstens eine Frau der Tat.«

Isaac kicherte und schüttelte den Kopf. »Ja, das denke ich auch.«

»Nebenbei gesagt, wenn du dir meinetwegen Sorgen machen solltest, ich bin wahrlich nicht der Typ, der sich mit anständigen, kleinen Jungfrauen aus dem Waisenhaus abmüht.«

»Trotzdem, Vashon, wenn du hinter ihr schüchternes, mädchenhaftes Verhalten und die abgetragenen Kleider blickst, wirst du möglicherweise überrascht sein. Mir ist es so ergangen. Aurora Dayne ist in jedem Fall nicht wie diese pferdegesichtige Gideon, die wir heute an Bord genommen haben.«

Vashon blickte ihn abgespannt an. »Warum sollte ich mir diesen Ballast überhaupt anschauen? Das Mädchen ist ein schäbiger kleiner Tugendbold. Ich hab' hübschere Spatzenfedern gesehen.«

»Ja, aber es ist nicht so leicht, sich ihrem einnehmenden Blick zu entziehen. Unsere Leute sind schon alle auf sie aufmerksam geworden und waren hingerissen von ihrem mädchenhaften Charme.«

Plötzlich blitzten Vashons Augen. »Sie ist unsere einzige Hoffnung, den Stern von Aran zu finden. Ich hoffe, du sorgst dafür, daß sie sie in Ruhe lassen. Sonst werde ich dafür sorgen . . . und dann für immer.«

»Ah, mein Lieber!« lachte Isaac. »Das wird wirklich nicht nötig sein! Und wir brauchen zumindest einen Teil der Leute, um mit dem Schiff vorwärts zu kommen.«

Vashon warf ihm einen düsteren Blick zu. Dann kehrte sein Humor zurück. Ein Lächeln zog über seine Lippen.

»Aber ich muß eins zugeben. Ich dachte, Jungfern, die in Waisenhäusern arbeiten, wären häßliche alte Hexen mit Warzen und dünnen Lippen und noch dünneren Figuren. Unsere Miss Dayne paßt nicht ganz in diese Beschreibung, nicht wahr?«

»Aus irgendeinem Grund denken die meisten aber auch, daß Piraten, die sich durch Plündern von Schiffen ein Vermögen erworben haben, vernarbte Schurken ohne Zähne sind, mit zwei gekreuzten Knochen unter einem Totenkopf auf der Flagge an ihren Masten – nicht mit dem Union Jack.« Schmunzelnd verschränkte Isaac seine Arme vor dem dicken Bauch.

Vashon lächelte endlich breit. »Ich habe den Eindruck, du beziehst dich auf mich.«

»Auf wen sonst?«

»Also, dann sollte ich vielleicht meine Augenklappe hervorholen. Zumindest würde das der alten Witwe Lindstrom einen Schauder über den Rücken jagen.«

»Ich fürchte, dieses alte Mädchen erwartet direkt etwas Derartiges von uns. Du solltest es besser tun.«

Beide lachten.

Schließlich blickte der Captain Vashon voller Ehrfurcht an. »Ich muß es schon zugeben, Vashon. Ich hatte mir zunächst nicht vorstellen können, daß dein Plan funktionieren würde. Ich glaubte auch nicht, daß Miss Dayne tatsächlich so gerne England verlassen wollte. Ich hatte, ehrlich gesagt, meine Befürchtungen, daß wir uns mitten in der Nacht in das Heim einschleichen müßten, um sie in einen Teppich zu rollen.«

»Warum so etwas Schmutziges tun, wenn so ein Fratz sich ganz von allein in unsere Hände begibt? Oder in dein Schiff, wie es hier der Fall ist.«

»Um es beim Namen zu nennen, Entführung . . .«

»Hätten wir sie Blackwell überlassen sollen?«

Isaac starrte ihn an. »Du weißt, es verfehlt nie seine Wirkung, wenn du Peterborough mit dem Titel Blackwell versiehst. Mein Gott, Mann, was es dich kosten muß, diesen Namen auszusprechen – und dann noch in diesem Zusammenhang.«

»Das macht mir gar nichts«, antwortete Vashon. »Er hat eine Menge getan, um diesen Titel zu bekommen. Solange ich nicht den Wunsch verspüre, ihn ihm wegzunehmen, kann er ihn ruhig behalten. Wirklich, ich würde es nicht halb so sehr genießen, mit ihm zu spielen, wenn er nichts zu verlieren hätte.«

»Du bist ein größerer Mann als ich, Vashon. Oder ein kälterer. Ich bin mir da nicht so sicher.«

Vashon lächelte. »Komm, Isaac, bestimmt hat dich mein großmütiges Wesen beeindruckt. Ich habe unsere liebe Miss Dayne vor einem schrecklichen Schicksal bewahrt. Ihr Vater hat diesen Smaragd von Peterborough gestohlen, und wenn man ihn so gut kennt wie wir, weiß man auch, daß er nicht allzu sanft und nachsichtig mit ihr umgehen würde.«

»Nein«, stimmte Isaac zu. »Blackwell nicht. Michael Dayne hat sich in jedem Fall den Falschen für seinen Diebstahl ausgesucht. Hat man eigentlich je herausgefunden, was aus ihm geworden ist?«

»Ich hab' mal gehört, daß man ihn an einer der Eichen des Viscount hängen sah. Aber ich glaube, dieser arme Kerl war eher einer, den sie beim Wildern erwischt haben, nicht Miss Daynes Vater.«

»Na ja, wenn Blackwell seine Wilderer schon so behandelt, sollte sich Aurora Dayne tatsächlich glücklich schätzen, jetzt auf der Seabravery zu sein.« Isaac setzte sich seinen Kapitänshut auf. »Ich werde die Mannschaft informieren, daß du zufrieden bist, Vashon, und daß ansonsten alles wie geplant verlaufen soll. Sie machen sich alle Gedanken wegen dieser Reise, weißt du. Ich fürchte, alle Hoffnungen liegen bei Miss Dayne.«

»Ja«, stimmte Vashon nachdenklich zu. »Es ist schwer zu glauben, daß unser ganzes Glück von dieser mickrigen, kleinen Kirchenmaus abhängt.«

»Du magst sie als schäbige, kleine Kirchenmaus ansehen, aber dennoch ist sie eine Lady unter all ihren abgerissenen braunen Fetzen. Ich hoffe, daß du dich daran erinnerst, wenn du mit ihr zu tun hast.«

Vashon lächelte ihn zynisch an. »Laß mich dich daran erinnern, Isaac, daß unsere Miss Dayne nicht wirklich die Crème de la Crème der feinen Gesellschaft ist. Ihr Vater war ein Verräter und Dieb. Ihre Mutter . . . Gott allein weiß, was, und sie wuchs als Arme in einem Waisenhaus auf.«

»Ja, ja.« Isaac nickte. »Aber sie weiß nichts von ihren Eltern, und ich bin sicher, sie wäre entsetzt, wenn sie es herausfände.«

»Also, vielleicht ist es an der Zeit, daß unser kleines Fräulein erfährt, wer sie ist«, meinte Vashon kalt.

»Wahrscheinlich. Aber sie kommt mir doch sehr unschuldig vor. Und ich glaube nicht, daß irgendwer das ändern könnte. Nicht einmal du.«

»Du unterschätzt mich also, Isaac.«

»Ich habe dich nie unterschätzt, Vashon.«

Vashon traf Isaacs Blick. Ein Blick, der von den Qualen der Vergangenheit zeugte. Unbehaglich schaute Vashon weg. »Isaac, mach dir keine Sorgen wegen dieses kleinen, grauen Mäuschens. Von dir und der alten Witwe geschützt, die sich an dem Arm des Mädchens festklammert, bin ich sicher, daß sie vor jedem Hinterhalt mehr als geborgen ist.«

Isaac lachte, und die Spannung wich aus seinem Gesicht. »Ja, ja, ich schätze, du hast recht. Diese alte Mrs. Lindstrom ist ständig an Miss Daynes Seite, wie ein Hündchen.«

Verstimmt nahm Vashon die Karaffe mit Brandy vom Tisch.

Isaac schaute ihm zu und seufzte. »Wie gern würde ich noch einen mit dir trinken. Aber ich sollte mich jetzt besser mal wieder um die Männer kümmern, damit wir heil aus den Docks kommen.«

Vashon nickte. »Gut. Ich möchte so schnell wie möglich nach Bermuda kommen, damit wir endlich mit unserem richtigen Geschäft beginnen können.« Er nahm einen Schluck und blickte finster vor sich hin. »Der Sieg ist nahe.«

Aurora öffnete ihre Augen. Einen Moment lang war sie sich nicht sicher, wo sie eigentlich war, aber dann erinnerte sie sich wieder und kuschelte sich noch einmal gemütlich unter die Daunendecke.

Wie hatte sie nur vergessen können, daß sie auf einem Schiff war? Allein das ständige Schaukeln hätte sie daran erinnern müssen. Im Grunde war es doch sogar ein Wunder, daß sie nicht aus dem Bett gefallen war.

Sie schloß ihre Augen. Das Schaukeln war nicht das einzige, was sie daran erinnerte, wo sie war. Eine Flut von Bildern stürzte mit einemmal auf sie ein. Da war eine glänzende schwarze Kutsche... Das ausgelassene Feiern auf den Docks... Ein prachtvolles Sofa mit Delphinen als Beinen... Eine freundliche Witwe mit Trauerkleidung aus Taft. Und da war auch ein Mann. Er stand groß und drohend in einem schwarzen Umhängemantel. Seine Augen glitzerten wie die Smaragde auf ihrem Medaillon.

Sie drehte sich um und legte das Kopfkissen neu zurecht. Die Erinnerungen an die vergangene Nacht, als der »Pirat«, der Eigentümer des Schiffes, an Bord gekommen war, machten sie noch immer ziemlich unruhig. Aber ganz bestimmt würde dieser dunkle, gutaussehende Mann im Tageslicht viel weniger bedrohlich aussehen! – Ihre Phantasie hatte ihn viel angsterregender gemalt, als er in Wirklichkeit war. Wahrscheinlich würde er beim Frühstück geradezu blaß und fade aussehen, mit einer eher untersetzten Gestalt. Dieser Mann war sicher ungefähr so bedrohlich wie ein Gnom, und wenn sie ihn beim nächsten Mal sehen würde, käme sie sich gewiß ziemlich dumm vor.

Wieder beruhigt, öffnete Aurora ihre Augen und blickte sich um. Niemand konnte daran zweifeln, daß ihre neue Arbeitgeberin überaus generös war. Ihre Kabine war sehr elegant, sie hätte den feinsten Damen zugesagt. Sie war mahagonigetäfelt, ansonsten in Rosa und Schwarz gehalten. Mit genügend Licht ausgestattet, das durch die Bullaugen einfiel, war es ein geräumiger, heller Raum, großzügig eingerichtet mit Kommoden und allen nötigen Möbeln. Dagegen wirkte ihre abgetragene Kleidung noch armseliger. Was für ein Glück sie doch hatte, daß Lady Perkins sie ausgewählt hatte, über den Atlantik zu ihr zu reisen, und das auf solch angenehme Weise. Sie wußte, daß normalerweise hundertfünfzig Passagiere in einem Frachtraum zusammen untergebracht waren, und sie hatte sogar von Familien gehört, die so arm waren, daß sie die gesamte Überfahrt genau am Ruder verbringen mußten. Sie waren so ständig von dem Wasser des kalten Atlantik durchnäßt, und viele starben sogar an Lungenentzündung, bevor sie ihr heißersehntes Ziel erreichten.

Sie hatte wirklich großes Glück. Die Dinge hätten viel schlechter stehen können.

Mit diesen anspornenden Gedanken warf Aurora die Decke beiseite und sprang aus dem Bett. Innerhalb weniger Minuten war sie angezogen und kämmte ihr langes Haar. Als die blaßroten Locken gezähmt und in einem Knoten zusammengebunden waren, zog sie ihre Schuhe an und ging zur Tür. Sie konnte sich sehr gut daran erinnern, daß die Kombüse am anderen Ende des Schiffes gelegen war. Ihre einzige Hoffnung war, daß Mrs. Lindstrom auch schon dort war und ihr Gesellschaft leisten würde.

Sie zog die Tür auf und trat auf den Gang. Die Tür der gegenüberliegenden Kabine war unverschlossen. Ein Blick in den prachtvollen Raum schockierte sie. Dort stand das Sofa mit den delphinartigen Beinen, auf dem Boden lag ein dicker chinesischer Teppich mit einem grünen Drachen darauf, und ein riesiger Mahagonischreibtisch stand in der gegenüberliegenden Ecke des riesigen Raumes. Offensichtlich ging hier der Schiffseigentümer seinen Geschäften nach.

Daß seine Räume ausgerechnet dem ihren gegenüber lagen, fand Aurora mehr als beunruhigend. Sie wußte selbst nicht genau, warum, aber ihr erster Impuls war, zurückzulaufen und ihre Tür zu verriegeln. Noch schlimmer fand sie die Situation, als sie feststellen mußte, daß sie ihre Tür nicht verriegeln konnte. Jederzeit konnte sie von außen oder von innen geöffnet werden.

Furchtsam schloß sie ihre Tür hinter sich. Der Eigentümer war nicht in seinem Raum zu sehen. Aber vielleicht stand er hinter der Tür, und es machte sie schier verrückt, daß er jeden Moment erscheinen konnte. Vielleicht rasierte er sich gerade, oder schlimmer, er zog sich an und hatte vergessen, daß die Tür offen war.

Aurora wurde rot. Noch nie hatte sie einem Mann beim Anziehen zugeschaut. John Phipps hatte nicht einmal zugelassen, daß sie ihn in seinem Hemd sehen konnte, bis sie nicht wenigstens verlobt waren. John hatte ihr auch gesagt, wenn sie einen Mann nicht vollständig bekleidet sehen würde, würde sie dies in gewisse, andere Umstände versetzen. Nun, wenn sie an diesen großen, gutaussehenden Besitzer der Seabravery dachte, und daß er vielleicht unbekleidet sein konnte, war sie selbst überrascht, daß wenigstens einmal in seinem kleinen frommen Leben John recht gehabt hatte. Das würde sie in andere Umstände versetzen.

Endlich fand sie die Achterkajüte. Mrs. Lindstrom und die anderen Passagiere hatten offensichtlich schon in ihren Zimmern gegessen. Die Kombüse war bis auf den Koch leer, der ihr schnell ein gutes Frühstück mit Eiern servierte. Mrs. Lindstrom hatte ihr gestern erklärt, daß das Essen am Anfang einer Schiffsreise immer besonders gut sei, dann aber mit jedem Tag schlechter und armseliger werden würde. Deshalb aß Aurora alles, was ihr angeboten wurde.

Als sie das Frühstück beendet hatte, war ihr nach Gesellschaft zumute. Die Ruhe in den Kabinen und das Fehlen von Passagieren gaben ihr ein eigenartig beklommenes Gefühl. Sie wußte, daß nur neun Passagiere an Bord waren, und sie sehnte sich danach, sie zu sehen. Ihr ganzes Leben hatte sie in dem Waisenhaus mit vielen Kindern verbracht, deshalb fühlte sie sich durch das Fehlen anderer Geräusche als dem des Wassers doppelt so allein.

Oben, auf dem Hauptdeck, waren einige Matrosen zugange. Einer kletterte gerade den Mast hinauf, andere rannten über die Decks, aber zu ihrer großen Enttäuschung konnte sie nirgendwo andere Passagiere entdecken. Sie spürte ein Paar Augen auf sich ruhen und blickte auf. Der Junge in dem Ausguck, viele Meter über ihrem Kopf, grüßte sie freundlich. Sie lächelte und winkte hinauf, obwohl der Junge sofort von einem Matrosen gerügt wurde. Aurora wunderte sich und blickte zu den anderen Seeleuten, um festzustellen, wie sie darauf reagierten. Sie schauten schnell weg, wandten sich von ihr ab. Sie wußte, daß es besser war, Distanz zwischen den Passagieren und den Matrosen zu wahren, aber dies war schon ein seltsames Benehmen, da doch dieselben Männer am Abend zuvor so freundlich an ihre Mützen getippt und sie und Mrs. Lindstrom lächelnd gegrüßt hatten.

Sie versuchte, das beklommene Gefühl wieder abzuschütteln, und ging zur Reling. Das Schiff hatte ordentlich Fahrt, und die englische Küstenlinie lag schon ein Stück entfernt.

»Miss Dayne. Ich hoffe, Sie sind mit allem zufrieden.«

Aurora wirbelte herum. Sie war sicher, daß es Captain Corbeil war, der sie angesprochen hatte. Aber das Lächeln auf ihren Lippen erstarb, als sie dem Besitzer der Seabravery gegenüber stand.

Er war ganz entschieden kein Gnom. Im Gegenteil, im Morgenlicht wirkte er eher noch größer als gestern abend in der Dunkelheit. Im hellen Sonnenschein konnte sie jetzt sehen, daß seine Augen von einem hellen Smaragdgrün waren. Augen, die sie trotz der schrecklichen Gefühle, die darin standen, atemlos machten.

Sprachlos vor Entsetzen, hob sie ihren Kopf, um ihn genau anzusehen.

»Ich bin – ich fürchte, wir sind einander noch nicht vorgestellt worden, Sir.«

»Erlauben Sie mir«, sagte er und nickte mit seinem Kopf. »Mein Name ist Vashon. Ich bin der Eigentümer dieses Schiffes.« Damit lehnte er sich neben sie an die Reling. Er war sehr nah. Fast zu nah.

»Und ich bin Miss Dayne. Aber natürlich scheinen Sie das schon zu wissen«, sagte sie.

Er war so nah. Sie mußte den dringenden Wunsch, weiter von ihm fortzutreten, unterdrücken. Sie wollte am liebsten in ihre Kabine fliehen. Aber sie sagte sich, daß sie nicht mehr so ein dummes kleines Mädchen war, wie John Phipps versucht hatte, ihr einzureden. Sie war eine Lady des Abenteuers. Sie würde nicht fortlaufen. Und außerdem, was sollte ihr auf diesem Schiff schon für ein Leid geschehen? –

Sie sah ihn erneut an, und plötzlich war sie sich nicht mehr so sicher. Dieser Mann war alles andere als harmlos. Er war frisch rasiert und sehr gut gekleidet mit seinen Breeches, Stiefeln und einem Hemd, das so weiß war wie die Segel über ihnen. Und trotzdem machte sie seine ganze Erscheinung unruhig. Sie fand die schweren Locken seines langen schwarzen Haares beängstigend, auch wenn es ordentlich zurückgebunden war. Er war ganz anders als jeder Mann, den sie je gesehen hatte. Sein silberner Ohrring verstärkte diesen Eindruck noch. Er war kein John Phipps, ein Mann, mit dem man leicht umgehen konnte wie mit einem noch nicht entwöhnten Hündchen. Irgendwie fühlte sie auch, daß dieser Vashon sie sofort zurückholen würde, sollte sie es wagen, fortzulaufen. Und niemals aufgäbe.

»Genießen Sie Ihre Reise, Miss Dayne?«

Sie bog wieder ihren Kopf zurück, um ihm ins Gesicht schauen zu können. In seinen Augen lag ein Lachen. Irgendwie mußte er mitbekommen haben, daß sie eingeschüchtert von ihm war, und offensichtlich fand er das komisch. Plötzlich fühlte sich Aurora belästigt.

»Es ist alles in Ordnung, Mr. Vashon. Aber Sie werden mich jetzt entschuldigen müssen –«

Sie fühlte, wie sein Blick sich auf ihren Hals senkte, und

er schaute sich sehr interessiert und irgendwie in Gedanken versunken das Medaillon an.

»Ihr Medaillon ist wunderschön«, murmelte er, »und wie gut es Ihnen steht, Miss Dayne.«

»Mein Vater hat es mir geschenkt«, flüsterte sie nervös. Sie hatte niemals einen Mann gesehen, der so unverfroren war wie dieser. John hatte die Kette nicht einmal eines Blickes gewürdigt. Er fand, sie sei ein »heidnisches Ding«. Dieser Mann starrte es nicht nur an, er bewunderte es auch. Er sah es an, als ob er es am liebsten nehmen würde.

Er lächelte und lehnte sich weiter über die Reling.

»Ich entsinne mich, daß eine Vicomtesse Blackwell genauso einen Schmuck hatte«, sagte er. »Aber dieses Medaillon wurde vor mindestens fünfzehn Jahren gestohlen. Ich kann nur raten, wo es jetzt ist.«

Auroras Augen wurden ganz dunkel. Beschuldigte sie dieser Mann etwa, einer Vicomtesse die Kette gestohlen zu haben?

»Ich versichere Ihnen, Mr. Vashon, Sie müssen sich täuschen.« Sie versuchte, ihrer Stimme einen normalen Klang zu geben. »Diese Kette war die Hinterlassenschaft meines Vaters an mich, und er versicherte mir, daß es sehr einzigartig und daß es in ganz England nichts Ähnliches zu finden sei. Also konnte bestimmt niemand so etwas je besessen haben.«

»Ich glaube Ihnen, Miss Dayne.«

Irritiert von seiner plötzlichen Zustimmung, fehlten Aurora die Worte. Der Wind wehte ihr eine rote Haarsträhne ins Gesicht, und zu ihrem Verdruß stellte sie fest, daß sie ohne Hut unterwegs war. Ihre Wangen begannen zu glühen, als sie schnell die Strähne wieder in den Knoten steckte. »Ich fürchte, Sie müssen mich jetzt entschuldigen, Mr. Vashon. Ich muß meinen Hut holen.«

»Das sollten Sie tun«, sagte er mit einem eigenartigen Ausdruck im Gesicht. »Die Sonne wird heiß in den Tropen. Ein anständiges Mädchen wie Sie braucht Schutz.«

Ein Flattern in ihrem Magen machte Aurora bewußt, daß seine Worte sich irgendwie nicht auf ihren Hut bezogen haben konnten. Vielleicht brauchte sie auch keinen Schutz vor der Sonne, sondern eher vor ihm.

Sie hatte es sehr eilig, wieder in ihre Kabine zu kommen und sich dort für den Rest ihrer Reise bis Jamaica zu verstecken.

3

Lord Josiah Peterborough, siebenter Viscount Blackwell, war ein phänomenal gutaussehender Mann. Obwohl er schon gute vierzig Jahre alt war, war sein dunkelblondes Haar an noch keiner Stelle grau, und er hatte ein Paar sehr fesselnde glitzernd grüne Augen. Mit seinem Titel und Reichtum war er einer der begehrtesten Adligen von London. Daß er im Grunde eine ziemlich freudlose Figur war, wurde leicht vergeben, schließlich war er auf tragische Weise schon jung verwitwet. Fast konnte man sagen, daß seine melancholisch wirkende Art ihn nur noch liebenswerter in einer Gesellschaft, die ihn sowieso schon anbetete, erscheinen ließ. Besonders seine weiblichen Bewunderer sahen ihm mit Sympathie – wohl dosiert, selbstverständlich – und mit einer großzügigen Portion erotischer Verblendung.

Seine Eroberungen waren zahlreich. Er wurde viel eingeladen, ja, man konnte sagen, ein Abend stand und fiel mit seiner Anwesenheit. Sogar der König hatte ihn schon zu seinen Veranstaltungen an den Hof gebeten. Aber obwohl er so überaus gut eingeführt war, gab es doch zumindest drei Dinge an ihm, die die meisten nicht wußten.

Da gab es zunächst seine einfache, schamvolle Vergangenheit als der vollkommen mittellose Sohn ohne Adelstitel eines einfachen Kaufmanns. Aus Mangel an Kapital hatte Lord Blackwells Zukunft einst so schwarz ausgesehen, daß man ihn im zarten Alter von dreiundzwanzig Jahren nach Heidelberg schickte, in der Hoffnung, daß er einmal seinen Lebensunterhalt als Mediziner würde verdienen können. Obwohl er sein Studium nie beendet hatte, besaß Josiah Peterborough, auch jetzt noch, Jahrzehnte später, eine sehr genaue Kenntnis des menschlichen Körpers, verbunden mit einer grauenerregenden Kenntnis der Chirurgie.

Die zweite unbekannte Größe war die Tatsache, daß seine Frau, eine reiche Erbin, die Überdosis Opium, an der sie vor vielen Jahren gestorben war, ohne seine – sagen wir – Hilfe nicht genommen hätte.

Und schließlich kannte eigentlich keiner genau die Quelle seines schier unerschöpflichen Reichtums. Es wurde natürlich vermutet, daß er ihm aufgrund seines Titels zugefallen war, welchen er ironischerweise direkt nach dem Tode seines Stiefbruders bekommen hatte. Seine bemitleidenswerte kurze Ehe war auch ein Punkt der Spekulation, die sein Einkommen betraf. Aber leider war dem nicht so.

Während der Rang eines Blackwell tatsächlich einige Latifundien einbrachte, war der Viscount bereits in den Jahren seiner größten Armut, in Heidelberg, geldgierig geworden. Um möglichst schnell Geld zu machen, begann er, sich mit dem Schwarzhandel zu befassen. Diese gewagten Unternehmen hatten sich sehr bald als sehr einträglich erwiesen, was ihn keineswegs genügsamer machte, sondern eher seine Sucht nach immer mehr nur noch vergrößerte. Mittlerweile war sein Reichtum enorm: Es besaß eine Flotte Schiffe, alle gekapert von ihren legalen Eigentümern; er war ein verschlagener Schmuggler von Kantonesischen Gütern; er verkaufte Kunst, der entthronten Aristokratie von Paris gestohlen; und er handelte mit Fleisch jeder Art in Londons miserablem Spitalfields. Kurz gesagt, es gab eigentlich nichts, was der Viscount Blackwell nicht getan hätte, um einen Goldtaler zu erwerben, solange das Ganze diskret ablief. Und er hatte es verstanden, seine Geschäfte viele Jahre hindurch diskret abzuwickeln.

Erst seit einiger Zeit waren die Dinge schwieriger geworden. Dieser Abend war keine Ausnahme.

Der Viscount machte sich gerade fertig, um sein Haus in London zu verlassen und nach Drury Lane zu fahren, als eine Botschaft in seinem Zimmer anlangte. Der Brief kam aus Irland, und schon bevor er das Siegel brach – ein Wachssiegel, bestehend aus zwei Drachen, die sich ansahen – hatte sein Gesicht einen schroffen Ausdruck angenommen.

»Ist es von ihm?«

Peterborough blickte auf. In der Tür seines Zimmers stand sein neuer Geschäftspartner, ein junger Mann namens Asher. Asher war dünn, blond und makellos angezogen. Mancher würde ihn als Dandy eingeordnet haben, denn er trug eine wirklich fantastische, karminrote Weste an seinem unnatürlich eingeschnürten Oberkörper; aber der Viscount schien unbeeindruckt von diesem »incroyable«. Ashers Neigung zum Femininen schien ihn eher zu belästigen. Auch jetzt sah der Viscount eher so aus, als wolle er den Mann erdrosseln.

»Ich dachte, ich hätte dir gesagt, mich nie hier zu besuchen«, schnauzte Peterborough ihn an. »Als wir mit unserem Geschäftsarrangement begannen, machte ich doch ziemlich klar, daß du eine Nachricht an mich hinterlassen sollst und ich mich dann mit dir in Verbindung setze.«

Asher trat unbekümmert in das Zimmer. »Ja, ja. Wir wollen doch nicht, daß die anständigen Leute denken, du hast einen schlechten Geschmack, was deine Freunde betrifft.« Er machte es sich auf einem rosa Damast-Armlehnstuhl bequem und schlug ein Bein über.

»Das nenne ich Gehorsamsverweigerung«, meinte der Viscount. »Wir machen erst seit ein paar Wochen Geschäfte zusammen, und ich kann dafür sorgen, daß das alles war.« Er hatte den Brief gelesen und zerknüllte ihn in der Hand, dann warf er ihn mit Schwung in den brennenden Kamin.

»Ich sehe, du hast von Vashon gehört«, sagte Asher und schaute zu, wie das Blatt Papier von den Flammen verschlungen wurde.

»Ja« war alles, was Peterborough dazu sagte. Seine grünen Augen verhärteten sich, und die Hände hielt er sichtbar zu Fäusten geballt.

»Ich nehme an, er verspottet dich immer noch mit diesem Smaragd?«

»Er hat geschrieben, um mir mitzuteilen, daß er immer noch in Irland ist und ständig dem Stern näherrückt.«

»Also, er ist nicht in Irland.«

Peterborough versteifte sich.

»Er war einige Zeit hier.«

»Warum habe ich davon nichts gewußt?« fragte der Viscount.

»Ich habe Briefe geschickt.«

»Ich hatte viel zu tun! Du hättest eben deutlicher werden müssen.«

Asher zuckte die Schultern.

Peterborough verlor seine Geduld. »Verdammt nochmal! Sind das die Nachrichten, die du mir heute bringst? Wenn es das war, kannst du gehen! Ich kümmere mich morgen um Vashon – in der Zwischenzeit habe ich Theaterkarten und . . .«

»Ich habe einige Gerüchte mitbekommen«, unterbrach ihn Asher. »Vashon hat seinen Kurs geändert. Man sagt, er hat ein Mädchen, um genau zu sein, eine Miss Dayne aufgetan. Hat dieser Name irgend etwas zu bedeuten?«

Auf diese Nachricht hin traten die Augen des Viscount fast aus ihren Höhlen. »Du machst . . .«

»Das sind Gerüchte.« Asher studierte seine Nägel.

»Dann hat man auch Michael Dayne gefunden? Er verschwand damals mit ihr.«

»Nein, Michael Dayne ist nicht gefunden worden.«

Wie erstarrt setzte sich Peterborough auf die eine Ecke seines Schreibtisches. »Dann rannte er also nicht mit seiner Tochter weg. Er hat sie hiergelassen, direkt unter meiner Nase. Und jetzt hat Vashon sie. Und mit ihr den Stern und seine ganze Kraft«, murmelte er in sich hinein.

Nachdem er seinen Worten gelauscht hatte, gab Asher einen dramatischen Seufzer von sich. »Mein Gott, das kommt mir eher vor wie die Suche eines Verrückten. Warum vergessen wir nicht einfach den Stern – bestimmt haben wir genug anderes zu tun, um uns sinnvoll zu beschäftigen. Ich weiß, daß ich ganz gut ohne diesen Lump Vashon auskommen kann.«

»Es ist nicht das Vermögen, das mit dem Stern zusammenhängt.« Peterboroughs Gesicht nahm einen geistesabwesenden Ausdruck an. »Die Chronik von Crom Dubh spricht von seiner Macht. Wer immer den Smaragd besitzt, heißt es, wird seine Feinde sterben sehen. Ich bin zu der Überzeugung gekommen, daß der Besitz des Sterns die einzige Möglichkeit ist, um Vashon zu zerstören.«

»Was immer hast du ihm eigentlich angetan? Ich habe gehört, daß seine Racheakte mit jedem Jahr schlimmer werden. Und genau wie sein Reichtum wächst, so auch seine Blutrünstigkeit dir gegenüber.«

Peterborough fuhr sich mit einer Hand über das modisch kurzgeschnittene Haar. Streitlustig starrte er ins Feuer.

»Also?« hakte Asher nach. »Was hast du getan? Hast du seine Mutter getötet? Seine Schwester vergewaltigt? Was?«

»Vashon ist mein Halbbruder.«

Sprachlos und einer Ohnmacht nahe starrte Asher ihn an. »Das kann nicht sein ... dein eigener Bruder?« flüsterte er schließlich.

»Oh, es kann sein, und es ist so«, bestätigte Peterborough. Sein Gesicht wurde hart. »Blackwells Sohn lebt noch.«

»Wie – wie konnte das geschehen?«

Die Wangen des Viscount wurden rot vor Ärger. »Vashon hat mich schon seit seiner Empfängnis gestört. Kannst du dir vorstellen, wie ich mich gefühlt habe, weggeschubst in eine

Privatschule, während meine Mutter wieder heiratete und einen Sohn zur Welt brachte – ein Kind, das einmal sehr reich sein würde und einen Titel hatte – all die Dinge, die ich nicht bekam!«

»Hast du den Vater des Jungen auch umgebracht?«

Peterborough fauchte sein Gegenüber an: »Natürlich nicht. Dann hätte ich doch keinerlei Ansprüche auf den Titel gehabt. Ich konnte einfach die gesellschaftliche Position nicht ertragen, in die ich hineingeboren wurde, und als der alte Blackwell an diesem Fieber starb, da entdeckte ich plötzlich, daß die einzige Sache, die zwischen mir und dem Adelstitel stand, ein kleiner Viscount von dreizehn Jahren war.«

»Dein Bruder.«

»Mein Halbbruder.«

»Und was wurde nun aus dem Kind?«

»Ich wurde reingelegt. Ich wollte, daß er getötet wurde, aber die Sache wurde verpfuscht.«

»Du hattest wirklich vor, deinen eigenen Bruder umzubringen?«

»Ich habe ja versucht, ihn zu ertragen. Und bis der Junge dreizehn war, habe ich ihn ja auch ertragen. Aber die Jahre, in denen ich nach Heidelberg abgeschoben worden war, machten mich hart. Ich konnte es einfach nicht mehr länger aushalten. Daß da so ein plärrender, verzogener Junge alles bekommen sollte, was eigentlich mir zustand, war mehr, als ich ertragen konnte. Ich schnappte mir den Jungen und brachte ihn fort.«

»Wie konnte er dir entkommen?«

Der Viscount bekam einen grimmigen Gesichtsausdruck. »Ich wollte ihn töten, aber als es soweit war . . .«

». . . konntest du es nicht«, beendete Asher den Satz flüsternd für ihn. Und es war eindeutig eine Erleichterung in seiner Stimme zu hören.

»Nein!« Peterborough durchbohrte Asher förmlich mit seinem Blick. »Ich hätte den Jungen töten können! Und das, ohne es auch nur einen einzigen Tag zu bereuen!« Frustriert schlug er mit seiner Hand auf das Polster. »Aber er forderte mich heraus! Dieser gottverdammte kleine Fratz forderte mich direkt auf, ihn zu töten, damit er mich aus dem Grab noch verfolgen und sich an mir rächen könnte. Und weißt du was? Ich schwankte. Aus Angst! Ich hatte Angst vor dem Fluch eines kleinen Jungen.«

Schweigend verdaute Asher das soeben gehörte. Dann fuhr der Viscount fort.

»Er spielte mit meinem Aberglauben. So sah ich mich genötigt, mir zwei Männer zu besorgen, die die Arbeit für mich würden übernehmen können. Aber Vashon war ein extrem gutaussehender Junge, und als sie erkannten, daß sie noch mehr Geld bekommen würden, wenn sie den Jungen an einen Sklavenhändler in Algier verkauften, haben sie mir einfach gesagt, sie hätten ihn getötet. Ich habe erst vor zehn Jahren entdeckt, daß er noch lebt . . . als er hier auftauchte.«

Endlich fand Asher die Sprache wieder. »Er ist hier aufgetaucht – hier?« fragte er überrascht.

Peterborough nickte. »Er wollte wissen, wie es unserer Mutter geht. Als ich ihm sagte, daß sie schnell gestorben war, schien er fast erleichtert.«

»Hast du – hast du –?« stotterte Asher.

»Beschuldige mich nicht des Mordes an meiner Mutter. Sie ist in dem Feuer, das in einem Theater ausgebrochen war, umgekommen. Erinnerst du dich nicht, als das Alcee hochging?«

Asher wirkte erleichtert. »Dann kam Vashon also wegen seines Titels. Wie konntest du es verhindern, den wieder abzutreten?«

»Er wollte den Titel nicht. Er sagte, er sei gekommen, um mir von seiner Vergangenheit zu erzählen. Alles, was mit ihm geschehen war, seit ich ihn zuletzt sah.«

Asher sagte nichts, also fuhr Peterborough fort.

»Irgendwie hat Vashon sein Martyrium in Algier überlebt. Es machte ihm eine riesige Freude, mir zu erzählen, wie er einen ersten Mann, der versuchte . . . ihn zu berühren, getötet hatte.« Er machte eine kurze Pause. »Er hat mir jede Einzelheit wiedergegeben. Und das hat er nur getan, um das Entsetzen in meinen Augen zu sehen.«

»Aber wie hat er so ein Vermögen erwerben können, wenn er quasi ein Straßenjunge in Algier war?« fragte Asher.

»Er hat seinen Weg unter den Piraten der Casbah gefunden. Als er vor zehn Jahren zu mir kam, behauptete er bereits, sehr reich zu sein – und das sah man ihm auch an.«

»Also will Vashon gar nicht den Titel? Statt dessen will er dich ruinieren, ist es das?«

Peterborough nickte. »Darum brauchen wir den Smaragd. Und Gott bewahre, daß er ihn zuerst findet. Mir wird heiß und kalt, wenn ich daran denke, wie er diesen Mann im Bordell umgebracht haben muß. Vashon war doch noch ein Junge, aber sogar damals war seine Vergeltung schauderhaft – und schnell.«

»Für jeden, außer für dich, eh?«

Wütend schaute Peterborough weg. »Für jeden, außer für mich«, wiederholte er.

Asher beobachtete ihn einen Moment lang, bewegt durch das soeben Gehörte. Zögernd streckte er seine Hand aus, um ihn zu berühren. Peterborough bemerkte es nicht einmal. Weder diese weiche, zitternde Hand noch die Augen des jungen Mannes, die plötzlich von einem seltsamen Verlangen erfüllt waren. Aber bevor sich der Viscount ihm erneut zuwandte, hatte Asher sich bereits wieder in der Gewalt. Er zog seine Hand zurück, und wieder nahmen seine Augen diesen unbeteiligten, kühlen Ausdruck an. »Reiß dich zusammen, mein lieber Viscount. Für mich ist klar, daß Vashon dich längst hätte töten können. Also hast du dich bestimmt als klüger und listiger erwiesen, als er es ist. Du bist immer noch am Leben, stimmt's?«

Peterborough legte seinen Kopf zurück und lachte. »Aber das ist doch seine Art, mich zu quälen, siehst du das denn nicht? Er will mich verrückt machen durch meine Suche nach dem Smaragd. Er kennt die Chronik. Und er weiß von meiner Angst. Wenn er den Stern in die Hände bekommt, wird mein Leben zu Ende sein, ohne daß er nur einen Finger rührt.« Er stöhnte. »Oh, dieser verfluchte Stein. Ich wünschte, ich hätte nie davon gehört. Was gäbe ich darum, Michael Dayne den Hals umzudrehen. Er war der Beginn meines Unglücks. Dieser verdammte Dieb hat mir von dem Stern als erster erzählt, und dann hat er mich dazu verleitet, ihn zum Stehlen anzuheuern. Der Stern war in Inishmore Castle. Aber ich kam gar nicht auf die Idee, daß er versucht sein würde, ihn zu behalten. Und nun, wegen dieser Dummheit, kämpfe ich mit Vashon um mein nacktes Leben.«

»Aber immerhin kannst du es mit Vashon gut aufnehmen – oder erinnerst du dich nicht an die Männer der *Leviathan*? Ich glaube wohl, daß jene, die überlebt haben, deinen Namen nur flüsternd auszusprechen wagen.«

»Dieser Jude, Isaac Corbeil, war der Besitzer der *Leviathan*. Vashon gehörte das Schiff damals noch nicht, deshalb hat unser Überfall und Sieg über die Besatzung für ihn keinerlei Bedeutung gehabt. Und eins weiß ich genau, so genau, wie ich die Schenkel meiner Geliebten kenne.« Die Stimme des Viscount senkte sich zu einem Flüstern. »Wenn dieser Pirat mich tot wollte, dann *wäre* ich tot.«

4

Aurora starrte in die feurig roten Augen. Der Drache faszinierte sie. Sie war zum Vorderteil des Schiffes geschlendert und hatte die schöne, doch auch furchterregende Galionsfigur entdeckt – einen grünen chinesischen Drachen. Sie bewunderte ihn eine ganze Weile. Er war so vollkommen gearbeitet, daß man fast das Gefühl hatte, er wäre am Leben, würde sich bewegen. Sogar sein zinnoberrot gemaltes

Maul schien Feuer zu spucken. Er starrte zurück mit einem feindseligen Ausdruck in den Augen. Irgendwie erinnerte sie die Galionsfigur an den Eigentümer des Schiffes. Er sah auch so außerordentlich gut aus und war doch furchteinflößend.

Eine Woche war vergangen, und Aurora hatte den mysteriösen Mann nicht mehr gesehen. Es war schon eine Leistung, innerhalb der engen Grenzen des Schiffes die Begegnung mit einem Menschen erfolgreich zu vermeiden. Irgendwie war es ihr gelungen. Ihre Ausflüge auf Deck waren selten geworden, weil das Wetter sehr stürmisch geworden war. Sie fror sogar in ihrem warmen Mantel draußen, so kalt waren die Atlantikwinde.

Meist war sie in ihrer Kabine geblieben oder hatte Mrs. Lindstrom besucht. Sie hatte mit den anderen Passagieren zusammen das Essen eingenommen, während der Captain und der Eigentümer des Schiffes in dessen großer Kabine speisten. Also war es in vieler Hinsicht leicht gewesen, den dunklen, gefährlich aussehenden Mann, der direkt gegenüber ihres Zimmers wohnte, zu meiden. Und ihn zu meiden erschien ihr als das sicherste, was sie tun konnte, auch wenn es ziemlich feige war.

»Ziemlich geschickt geschnitzt, finden Sie nicht auch, Miss Dayne?«

Aurora drehte sich zu Miss Cordelia Gideon um, die neben ihr stand. Miss Gideon war das Kindermädchen von Hester Rune, einem kleinen Mädchen, das Waise geworden war. Hester, hatte sie herausgefunden, sollte zu ihrem Onkel nach St. George, um dort zu leben, und Miss Gideon brachte sie dorthin. Trotz der im Grunde guten Aussichten des Kindes hatte Aurora großes Mitleid für die Kleine, ebenso wie für die vielen Kinder, die ins Heim gebracht wurden. Und das Mitleid wuchs mit jedem Tag, da sie immer wieder feststellen mußte, daß das Kindermädchen ein überaus leidvoller Ersatz für Hesters Verlust beider Eltern war. Miss Gideon war eine überhebliche, kalte Person, die mit Hester umsprang, als wäre sie schwachsinnig. Die Frau schien überhaupt keine Geduld zu haben, und sie war wirklich völlig ungeeignet als Betreuerin für ein furchtsames, kleines Mädchen. Auroras Herz flog Hester zu, jedesmal, wenn sie sie sah.

»Ja, guten Tag, Miss Gideon, guten Tag, Hester«, sagte Aurora. »Ich erkundete gerade das Schiff und entdeckte eben erst den Drachen.«

»Der Drache macht Hester angst«, meinte Miss Gideon mürrisch. »Aber ich bringe das Kind jeden Tag hierher, damit sie es lernt, diese lächerlichen Ängste zu überwinden.«

Aurora loderte vor Zorn. Sie blickte herab auf Hester. Das Kind versuchte verzweifelt, den Drachen nicht zu sehen. Statt dessen war Hesters Blick auf das Deck gerichtet, ihr Gesicht wie erstarrt vor Entsetzen.

»Das Kind ist erst fünf, Miss Gideon«, erinnerte sie Aurora. »Bestimmt erwarten Sie nicht von ihr, sich wie ein Erwachsener zu benehmen. Warum auch, wenn mir sogar ein Schauder über den Rücken lief, als ich eben zum ersten Mal den Drachen sah.«

»Das Mädchen ist eine Waise, Miss Dayne«, antwortete Miss Gideon schroff. »Und wenn man das ist, kann man sich solche kindischen Verzärtelungen nicht leisten. Sie ist jetzt allein auf der Welt. Sie kann sich keine Marotten erlauben.«

Aurora starrte die Frau an. Wie gut sie Behauptungen wie diese kannte. Eine Entgegnung lag ihr schon auf der Zunge, aber sie schluckte sie hinunter. Sie wußte aus erster Hand, was sich ein Waisenkind erlauben konnte und was nicht. Und unglücklicherweise war es wirklich nicht viel. Sie waren die Ausgestoßenen der Gesellschaft, diese verlassenen Kinder, und in Wirklichkeit hatte Hester viel mehr Glück als die meisten anderen. Hester hatte wenigstens einen Onkel, bei dem sie würde leben können. Die meisten anderen wurden auf die Straße geschubst und fanden ein tragisches Ende.

Freundlich beugte sich Aurora zu Hester hinunter und berührte ihr Kleid. Das Mädchen hatte heute ein lavendelfarbenes Kleid an, und Aurora freute sich darüber. Denn es gab nichts Grauenvolleres, fand sie, als ein kleines Mädchen, das nur schwarze Kleidung trug.

»Hübsch bist du heute, Hester«, sagte sie. »Nun erzähl mir mal, wie es dir auf diesem großen Schiff gefällt? Viel schöner wäre es ohne den Drachen, schätze ich.«

Hester blickte vorsichtig auf, sprach aber immer noch nicht.

»Sag mal, Hester, magst du Kinderreime?« fuhr Aurora fort, fest entschlossen, das Mädchen lächeln zu sehen, bevor diese Reise ein Ende fand. »Ich ja«, fügte sie hinzu, »und ich kann viele auswendig. Würdest du gern einen hören? Mein Vater hat ihn mir beigebracht, und er ist mein Lieblingsreim.«

Zaghaft nickte Hester. Ihre Augen waren groß geworden, und sie wartete voller Vorfreude.

Aurora lächelte. »Nun mußt du aber alles nachmachen, was ich tue, kannst du das?«

Ehrfürchtig nickte Hester wieder.

»Ein Engel vom Himmel stürzte fliegend hernieder.« Aurora flatterte mit den Händen abwärts. Als Hester es ihr zögernd nachtat, lächelte Aurora ihr aufmunternd zu.

»Und fragte: Wie ist der Weg nach Aran?« Sie deutete nach Norden, Hester folgte ihr und streckte den kleinen Finger in die gleiche Richtung wie Aurora.

»Ich kam, um zu finden den lang schon verlor'nen Stern.« Sie hielt die Hand über ihre Augen, als ob sie sie vor der Sonne schützen wolle. Hester tat es ihr gleich.

»Willst du mich leiten auf meinem Gang?« Sie legte ihre Hände zusammen und barg ihre Wange darin, wie es ein Engel tun würde. Hester folgte ihr und begann zu kichern.

Aurora klatschte in die Hände und umarmte sie. Es war möglicherweise das erste Mal, daß das Kind lachte, seit seine Eltern gestorben waren, und der Klang war zu schön!

»Oh, du bist unglaublich schnell, Hester! Ich bin sicher, du wirst eine sehr begabte Schülerin werden.«

»Jetzt ist es aber genug mit den Dummheiten, Miss Dayne«, bemerkte Miss Gideon ziemlich grob. Aus irgendeinem Grund sah sie unbehaglich aus, und ihr Blick huschte zu einem Flecken hinter Aurora. »Es wird das Kind nur aufregen, und dann ist es unmöglich, mit ihr umzugehen. Komm schon, Hester, es ist Zeit für einen Tee.« Damit nahm Miss Gideon Hesters Hand und zog sie weg.

»Aber – aber – «, stammelte Aurora hilflos und schaute dem armen Mädchen, das sich wie verloren umblickte, traurig nach. *Es gibt noch einen anderen Vers!* wollte sie sagen, aber es war zu spät. Bevor sie einen Laut hervorbringen konnte, waren die sauergesichtige Miss Gideon und ihre traurige Last fort.

Langsam erhob sich Aurora. Irritiert bürstete sie die Falten an ihrem Mantel glatt. Sie seufzte. Diese Frau war unmöglich. Und das Schlimmste daran war, daß Hester diejenige war, die darunter zu leiden hatte. Fast deprimiert wandte sie sich wieder zu dem Drachen um. Zu ihrer Bestürzung stand nur wenige Meter von ihr entfernt der Schiffseigentümer und starrte sie an, mit einem seltsamen Ausdruck im Gesicht, fast triumphierend.

Dann lächelte er, und aus irgendeinem Grund suchten ihre Finger instinktiv nach dem Medaillon, aber sie konnte es nicht finden. Es war unter dem Mantel.

»Mr. Vashon«, begann sie unsicher.

»Miss Dayne.« Die Spur eines Lächelns umspielte seine Lippen. »Müssen wir so förmlich sein?«

»Was meinen Sie damit?«

»Nur, daß ich Vashon heiße. Ich habe keinen anderen Namen. Es ist also absurd, noch eine zusätzliche Anrede zu benutzen.«

Sie blickte ihn an. Er hatte keinen anderen Namen. Sie wußte haargenau, was das bedeutete. Aber es war ja im Grunde nichts Neues für sie, daß dieser kaum zivilisiert zu nennende Mann auf der falschen Seite der Gesellschaft geboren war. Die einzige überraschende Sache daran war eigentlich nur, daß er dennoch so reich geworden war. Und das wiederum ließ sich damit erklären, daß er ein Pirat war. Ihre Blicke trafen sich. Und wieder einmal fiel ihr auf, daß dieser Mensch sich nicht ein bißchen um gesellschaftliche Formen und Regeln kümmerte. Er sah nicht so aus, als ob ihm seine niedrige Geburt etwas ausmachte. Er beunruhigte sie. Sie war wirklich keine große Anhängerin von John und seinen Prinzipien, aber sie selbst hatte immer gewußt, wo ihr Platz in der Gesellschaft war.

»Ich bin erfreut, Sie hier zu treffen, Miss Dayne.« Er kam auf sie zu. »Ich hatte Sie so lange nicht mehr gesehen und fürchtete schon, Sie lägen in Ihrer Kabine und litten unter Seekrankheit. Zerbrechliche Frauen wie Sie neigen auf solchen Reisen leicht dazu.«

»Ich würde mich nicht als zerbrechlich bezeichnen, Mr. –«

Sie wurde rot vor Wut und Beschämung. Es war nicht angemessen, ihn »Mr.« zu nennen. Aber ihn nur mit »Vashon« anzusprechen, fand sie entschieden zu vertraulich.

Also würde sie ihn am besten gar nicht anreden, dachte sie bei sich. Und in ihr loderte es noch. Zerbrechlich, also wirklich!

»Dann waren Sie also nicht seekrank?«

»Nein, kein bißchen«, versicherte sie ihm. »In der Tat, ich habe die Reise bisher in vollen Zügen genossen.«

»Gut«, sagte er. Seine leuchtend grünen Augen blickten kurz auf ihren einfachen Mantel. »Sie haben noch eine weite Reise vor sich, und ich habe viele Frauen gesehen, deren . . . Kurven wie nichts auf der See dahinschwanden. Ich würde es hassen, wenn Ihnen das geschehen würde.«

Sie wurde wieder rot. Wie konnte er es wagen, sie auf ihre Figur anzusprechen! »Ich wünsche Ihnen einen guten Tag, Mr. –« Sie fuhr sich mit der Hand über die Stirn, als ob sie Kopfschmerzen hätte. Es war einfach unmöglich, mit diesem

Mann auf einem angenehmen Niveau zu reden, mit einem fehlenden Namen und diesen unpassenden Kommentaren. »Guten Tag!» Und damit schickte sie sich an fortzugehen, rechtschaffen empört über seine Anzüglichkeiten.

Aber seine Anzüglichkeiten wurden nur noch schlimmer. Plötzlich merkte sie, daß er sie fest am Arm griff. Mit einem wilden Blick schaute sie sich nach anderen Passagieren auf Deck um. Aber es war niemand zu sehen, nicht einmal die Seeleute.

»Sie sind wirklich eine saure kleine Tugendboldin, Miss Dayne. Hat Ihnen das schon mal jemand gesagt?«

Sie starrte ihn an und versuchte mit aller Macht, die Panik, die auf ihrem Gesicht geschrieben war, zu verdrängen. Er war so nah! Sein wildes, gutgeschnittenes Gesicht mit dem langen schwarzen Haar, diese herben klassischen Gesichtszüge! Er war so nah, daß sie ihn riechen konnte. Und sein Geruch war dem des Meeres ähnlich. Frisch, mysteriös. Viel zu berauschend, wie ein guter Wein, und sie wußte nicht, ob es gut für sie war, noch mehr davon zu nehmen.

Aber sein fester Griff war schon schlimm genug, und sie auch noch einen Tugendbold zu nennen, war einfach unglaublich! Miss Gideon war ein Tugendbold. John war ein Tugendbold. Sie aber war eine Lady des Abenteuers.

Aber, dann wieder, vielleicht doch nicht.

Sie blickte zu ihm auf, und als ihre erschrockenen wasserblauen Augen auf seinen spöttischen grünfarbigen Blick trafen, hatte sie doch ihre Zweifel. Eine Lady des Abenteuers würde wissen, wie man mit solch einem Mann umzugehen hatte. Eine Lady des Abenteuers würde ihn einfach verhöhnen, wie sie es in zahlreichen Romanen gelesen hatte. Sie würde ihn an seinen Platz verweisen und sich größeren Herausforderungen stellen. Aber sie, sie schien ihn eher noch aufzustacheln.

»Bitte, bitte, lassen Sie meinen Arm los«, flüsterte sie und haßte ihre kleine Stimme. »Ich muß jetzt wirklich gehen.«

»Miss Dayne, ist die einzige Möglichkeit, mit Ihnen zu sprechen, Sie in meiner Kabine einzusperren?«

Ihre Augen wurden noch größer.

»Na?«

»Nein, überhaupt nicht«, rief sie aus.

»Gut.« Plötzlich lockerte er seinen Griff. »Tun Sie doch nicht so schüchtern und prüde. Für nichts wird doch Ihr Haar nicht diesen roten Schimmer haben.«

Ganz ruhig steckte Aurora ihre Haarsträhne unter den Hut. »Worüber möchten Sie also mit mir sprechen, *Sir*?«

Er lächelte aufgrund ihrer ironischen Anrede. Es war, als könnte er ihre Gedanken lesen und sehen, wie erschrocken sie war. Dieser Mann machte sie wirklich rasend.

»Miss Dayne, Captain Corbeil und ich haben Mrs. Lindstrom zum Abendessen heute in meine Räume eingeladen, und wir hoffen, daß Sie auch kommen. Ich kann Ihnen die beste Küche versprechen. Mein Küchenchef macht die allerfeinsten Menüs für mich.«

»Ich bin mir nicht sicher, ob das so günstig wäre . . .«

»Ich versichere Ihnen, daß es sehr günstig ist«, unterbrach er sie. »Mrs. Lindstrom ist bestimmt eine ausreichend wachsame Anstandsdame für so einen Ausbund an Tugend, wie Sie es sind.«

Sein Sarkasmus verfehlte seine Wirkung nicht, aber sie wollte es ihm auf keinen Fall mehr zeigen. »Ja, ich denke, Mrs. Lindstrom wäre gut, aber –«

»Aber wie können Sie wissen, daß sie da sein wird?« Er lachte. »Also, warum laufen Sie nicht zu ihrer Kabine und fragen sie gleich? Ich bin sicher, sie wird Sie sehr schnell beruhigen können. Außerdem, ganz im Gegensatz zu Ihnen, ist sie ziemlich von mir eingenommen. Ich bin überzeugt davon, sie wird Sie davon überzeugen, wie schön es ist, einmal eine kleine Abwechslung zu haben . . . und sie wird sich freuen, wenn sie vielleicht ihre unverhüllte Neugier mir gegenüber ein wenig stillen kann.«

Kühl sagte sie: »Ich denke, Mrs. Lindstrom ist der Meinung, daß es für mich gut sein würde zu kommen. Da ich Captain Corbeil als einen Gentleman betrachte, bin ich auch sicher, der Abend wird mit Schicklichkeit verlaufen.« Sie wagte es, ihm einen Blick zuzuwerfen. Sie hatte gehofft, daß er den Hinweis auf den Captain verstand. Als er zu lachen begann, war sie sich ihrer Sache sicher. Und trotzdem, statt ihm gegenüber im Vorteil zu sein, fühlte sie sich übervorteilt.

»Warum kommen Sie nicht in meine Kabine, damit ich Ihnen ein paar kleine Geschichten über Isaac Corbeil erzählen kann?« Er lachte. »Vielleicht kann ich Ihre Meinung ändern.«

»Ich denke nicht. Ich habe eine gute Menschenkenntnis.« Sie warf ihm einen Blick zu, der ihn nicht daran zweifeln lassen konnte, was sie von ihm hielt. Und wieder lachte er aufreizend.

»Sie gewinnen, Miss Dayne, aber kommen Sie trotzdem zum Abendessen?« Sein Mund verzog sich zu einem leichten Grinsen.

»Ich werde dort sein.«

»Sieben Uhr?«

»Sieben Uhr«, nickte sie und wandte sich zum Gehen.

»Miss Dayne?«

Sie fröstelte. Sie würde es nicht zulassen, daß er sie nochmal am Arm hielt. Sie war nie zuvor so von einem Mann angefaßt worden, und sie wollte das auch keinesfalls zur Gewohnheit werden lassen. »Ja?« fragte sie vorsichtig.

»Ich hörte, was Sie dem Mädchen sagten. Über den Stern von Aran.«

Sie runzelte die Stirn. Der Stern von Aran? Er meinte offensichtlich den Kinderreim, aber sie wußte nicht, warum er danach fragte.

»Das war nur ein Reim, den mein Vater mir beigebracht hat, als ich selbst noch ein Kind war«, sagte sie. »Eigentlich ist es das einzige, woran ich mich noch erinnere, was seine Person betrifft. Warum sprechen Sie vom Stern von Aran? Gibt es so etwas? Haben Sie schon einmal davon gehört?«

Er betrachtete ihr Gesicht eingehend. »Es ist ohne Bedeutung. Ich dachte, das wäre der Name des Reims.«

»Sie haben ein verblüffendes Gedächtnis, muß ich sagen, Sir, wo Sie den Reim doch nur einmal gehört haben.«

»Ich erinnere mich an viele Dinge, Miss Dayne.«

Es folgte ein längeres Schweigen zwischen ihnen, als ob sie beide nicht wußten, was sie als nächstes sagen sollten. Dieser Mann wurde zu einem immer größer werdenden Rätsel für sie. Und sie zweifelte wirklich daran, daß sie ihn je würde verstehen können, ganz bestimmt nicht, bevor sie Jamaica erreichten.

Sie wandte sich wieder um.

»Noch eins.«

»Ja?« Sie blickte zu ihm auf. Für eine Sekunde dachte sie, er wolle sie an der Wange berühren, aber wenn dem so war, dann unterdrückte er dieses Bedürfnis sofort wieder.

»Dieses Kind, Hester. Sie ist ein eingeschüchtertes kleines verlassenes Kind und lächelt nicht oft. Es war nett von Ihnen, ihr den Reim aufzusagen.«

»Es war nichts«, gab sie zurück. »Ich liebe Kinder. Ich liebe es, wenn sie lächeln.«

Sein Blick wurde noch intensiver.

»Wenn das der Fall ist, so denke ich, eine junge Frau wie Sie sollte besser ihre Zeit damit verbringen, eine Familie aufzubauen, als über den Atlantik zu segeln auf einem Schiff voller Fremder.«

Verblüfft traf sie seinen Blick. Ihre Sehnsucht nach einer eigenen Familie ging so weit zurück, wie sie sich überhaupt erinnern konnte. Sogar als Kind schon war ihre schönste Zeit Weihnachten, weil die Waisenkinder dann zu den Stadthäusern gingen und dort Adventslieder sangen. Und obwohl Aurora, damals die jüngste, vor Kälte zitterte, wollte sie immer so lange wie möglich dort bleiben. Sie wollte vor den offenen Türen singen und auf diese Weise einen Blick in das heimelige Familienleben anderer erhaschen. Und lange nachdem der Hausherr eines seiner Kinder dazu ermuntert hatte, einen Penny in die Sammelbüchse des Heims zu stecken, stand sie noch da und träumte –.

Aber ihre Sehnsucht nach einer Familie war ein Thema, das sie eigentlich nie mit irgend jemandem besprochen hatte, geschweige denn mit diesem Fremden. Sie hatte nicht einmal John Phipps gegenüber so etwas erwähnt, weil sie instinktiv wußte, daß ihr Traum sich mit ihm niemals verwirklichen lassen würde. Und wenn sie ganz ehrlich mit sich selbst war, dann wußte sie auch, warum sie jetzt auf der Seabravery war. Obwohl ein Teil von ihr bestimmt fortlief, lief ein anderer Teil auf irgend etwas zu. Oder auf irgend jemanden. Wenn er überhaupt existierte.

Sie warf ihm einen vorwurfsvollen Blick zu. Dieser Mann war neugierig und indiskret bis zur äußersten Grobheit. Die Tatsache, daß sie nie vorher wußte, was er als nächstes sagen würde, verunsicherte sie zutiefst. Mit allergrößter Anstrengung versuchte sie, ein gleichmütiges Gesicht aufzusetzen.

»Ich habe immer meine jungen Schützlinge als meine Familie betrachtet, Sir. Ich habe nicht gefunden, daß ich noch irgend etwas anderes brauche.«

»Ich verstehe.«

Seine Augen trafen ihre. Auf seinen Lippen lag wieder die Spur von einem Grinsen. Es war, als hätte er ihr bis ins Herz geschaut und ihre Verwundbarkeit bemerkt. Möglicherweise hatte er sogar ihren Gedanken folgen können. Gegen ihren Willen wurde Aurora rot.

»Bis heute abend also, Miss Dayne«, sagte er, sie gnädig entlassend.

»Ja«, rief sie aus, voller Entsetzen, daß dieser schreckliche Pirat bereits bei ihrem zweiten Treffen ihre Achillesferse gefunden hatte.

5

Ein Engel vom Himmel
Stürzte fliegend hernieder
Und fragte: »Wie ist der Weg nach Aran?
Ich kam, um zu finden den lang schon
verlor'nen Stern.
Willst du mich leiten auf meinem Gang?«

Vashon las den Reim wieder und wieder. Gewissenhaft hatte er ihn in das Logbuch eingetragen. Seine Lippen bewegten sich, als er die Zeilen schweigend nun wohl zum hundertsten Mal las. Ein Klopfen an der Tür veranlaßte ihn, das Buch enttäuscht zu schließen. Mit großen ungeduldigen Schritten durchquerte er die Kabine und riß die Tür auf.

»Du hast nach mir rufen lassen?« Isaac trat ein.

»Er hat ihr einen Kinderreim beigebracht! Einen idiotischen Kinderreim, und es ist so ein dummes Geschwätz!« Vashon reichte ihm das Logbuch.

Isaac las den Reim, dann rieb er sich mit seinem Daumen und dem Zeigefinger am Kinn. »Also, der alte Michael Dayne war nicht dumm. Er gab seiner Tochter den Schlüssel zum Stern ... glaubst du, sie versteht ihn?«

»Ich zweifle ganz ernsthaft daran. Sie ist keine besonders gute Schauspielerin, und als ich sie nach dem Stern gefragt habe, blickte sie mich absolut verblüfft an – als wenn ich griechisch gesprochen hätte.« Vashon nahm das Buch und schob es in den Mahagoni-Bücherschrank. Enttäuschung breitete sich auf seinem Gesicht aus.

»Als ich hörte, daß sie diesen verdammten Reim dem Mädchen vortrug, dachte ich, ich müßte laut lachen vor Glück! Ich konnte es kaum erwarten, hierher zu kommen und ihn zu entschlüsseln. Aber es macht keinen Sinn. Es muß noch einen anderen Vers geben, das ist alles. Und wir müssen einfach geduldig dasitzen und warten, bis sie ihn aufsagt.«

Isaac grinste; sein braungebranntes, ledernes Gesicht wirkte fast jung in seiner Heiterkeit. »Ah, und Geduld ist deine Stärke, Vashon. Besonders, was Frauen betrifft. Ich bin überrascht, daß du nicht rübergehst und ihre Kabinentür eintrittst und sie aufforderst, den Reim für dich zu deuten. Ich habe mächtigere Frauen als sie gesehen, die vor dir knieten. Nicht, daß die besonders glücklich dabei gewesen wären, aber du hattest eine ziemlich überzeugende Art an dir – warum faßt du sie mit Glacé-Handschuhen an?«

Vashon blickte ihn finster an. »Wir haben das Schiff voller Passagiere. Bedenke doch, wie sollte ich mit ihnen umgehen, während Miss Dayne um Hilfe schreit – soll ich sie alle über Bord werfen?«

»Du hast Schlimmeres getan.«

»Einigen, vielleicht nicht ganz so unschuldigen Passagieren. Aber mach dir keine Sorgen. Ich habe für das Essen heute abend gesorgt und außerdem – « Er unterbrach sich in Gedanken versunken.

»Außerdem, was?« fragte Isaac.

Vashon lächelte finster. »Sie ist früh genug die unsere.«

Aurora grub bis auf den Grund ihres Weidenkorbes und fand das Kleid, das sie suchte. Sie schüttelte es aus und betrachtete reuevoll die vielen Falten.

Das Kleid war aus einfacher blauer Baumwolle, mit winzigen weißen Tupfen bedruckt. Sie selbst hatte die kleinen pfirsichfarbenen Rosenknospen am Hals und an den Ärmeln darauf gestickt. Es war ihr bestes Gewand, aber sie hatte es ganz unten in den Korb gepackt, weil sie dachte, es würde sehr lange dauern, bis sie einmal Gelegenheit haben würde, es zu tragen. Nun, wo sie es in diesem zerdrückten Zustand sah, wünschte sie, sie hätte es ganz nach oben gelegt.

Ungeduldig warf sie es auf ihr Bett. Sie drückte die Falten mit ihren Handflächen aus, dann nahm sie einen Kamm. Sie hatte lang genug gebummelt, und nun blieb ihr gar nicht mehr so viel Zeit, um sich fertig zu machen. Immerhin war sie entschlossen, so hübsch wie nur irgend möglich auszusehen.

Den ganzen Nachmittag über war sie in ihrer Kabine hin und her gelaufen und hatte an *ihn* gedacht. Sie war kurz davor gewesen, doch noch abzusagen, hatte sogar schon eine Nachricht geschrieben. Aber dann hatte sie das Papier in kleine Stücke zerrissen. Sie wollte einfach nicht als Feigling abgestempelt werden. Er erschreckte sie auf eine eigenartige, unerklärliche Weise. In den wenigen Begegnungen mit ihr hatte er Dinge an ihr entdeckt, die sie immer tief in sich verschlossen hielt. Manchmal hatte sie direkt das beunruhigende Gefühl, daß er mehr über sie wußte als sie selbst.

Aber so sehr sie ihm auch aus dem Wege gehen wollte, sie konnte doch nicht die Tatsache verleugnen, daß er sie faszinierte. Seine harten Gesichtszüge und seine noch härtere Haltung hätten ihr abraten müssen. Aber irgendwie taten sie es nicht. Sie fühlte sich zu ihm hingezogen. Als ob etwas in ihr sich nach seiner Nähe sehnte.

Voller Abscheu schüttelte sie den Kopf und griff nach ihrem kleinen Spiegel. Langsam löste sie ihr Haar aus dem Knoten und begann, es zu kämmen. Es brachte nichts, sich noch länger mit dem mysteriösen Vashon zu beschäftigen. Sie war immer noch verdrossen über ihre letzte Begegnung. Und das, versicherte sie sich selbst, war auch der einzige Grund, warum sie zu dem kleinen Abendessen ging. Sie war fest entschlossen, kühl und gelassen auszusehen, damit er merken sollte, daß sie völlig unberührt von seiner groben Art geblieben war.

Ein leises Klopfen an der Tür weckte sie aus ihren trübsinnigen Gedanken. Schnell flocht sie ihr Haar und warf den Zopf über die Schulter. Sie öffnete, und vor ihr stand der junge Steward.

»Guten Abend, Benny«, sagte sie zurückhaltend.

»Guten Abend, Miss«, gab der Junge zurück und stellte den Waschkessel in die Ecke.

Sie schaute zu, wie er herein- und wieder hinauslief, um Wasser einzugießen. Sie hatte Benny richtig liebgewonnen. Er war ein blonder Junge, kaum größer als sie, aber wo seine Bewegungen schnell und voller ungezügelter, burschikoser Energie hätten sein sollen, war statt dessen ein Humpeln. Eins seiner Beine fehlte. Normalerweise benutzte der Junge eine Krücke, aber heute lief er auf seinem künstlichen Bein umher, einem auf seine Größe zurechtgeschnitzten Walknochen. Aber das Überraschendste an ihm war nicht die traurige Tatsache, daß er nur noch ein Bein hatte, nein, auch nicht sein gutgeschnittenes englisches Gesicht, sondern sein kleiner Affe mit goldroter Livree, der sich hartnäckig ständig an seine Schulter klammerte, egal, wie ungemütlich der Ritt wurde.

»Und wie geht es Koonga heute abend?« fragte sie und streckte einen Finger nach dem Kleinen aus, damit er ihn haschen konnte.

»Sie hat den Koch ganz schön in Wut versetzt«, antwortete er. »Sie ist in die Pantry eingebrochen und hat den letzten Tropfen Sahne geklaut, gerade als der Koch für Mrs. Lindstrom einen Kaffee zubereitete.«

»O je.«

Der Affe schlang seinen Schwanz um das Handgelenk und begann zu schnattern, als ob er begierig war, sich zu verteidigen.

Benny wandte seinen Kopf zu dem kleinen Passagier um und blickte ihn finster an. »Die junge Dame wird zu Affensuppe verarbeitet, wenn sie nicht aufpaßt.«

»Oh, nur das nicht!« Aurora lachte, und Koonga blickte ihn vollkommen überrascht an.

»Fehlt noch irgend etwas, Miss?« frage Benny, als ihr Bad fertig war.

»Nein, nein, natürlich nichts. Ich habe dir schon genug Unbequemlichkeiten gemacht.« Mit einem nervösen Blick sah sie ihm nach, wie er zur Kabinentür humpelte. Ihr war es immer noch unangenehm, von ihm betreut zu werden. Benny war kaum älter als sechzehn, und trotzdem war es doch nicht recht, daß sich ein männliches Wesen in ihrer Kabine aufhielt.

»Der Captain sagt, er klopft Punkt sieben an Ihre Tür, Miss«, rief der Junge ihr noch zu, nachdem er ihr einen Stapel frischer Leinentücher dagelassen hatte.

»Vielen Dank«, sagte sie und sah ihm nach, wie er durch den Gang davonhumpelte. Sie hätte gern gewußt, wie der Junge sein Bein verloren hatte. Aber natürlich würde sie ihn nicht so indiskret fragen. Und eigenartig war es doch, daß so viele der Belegschaft verstümmelt waren. Dem Captain fehlten die Finger, sogar der Koch trug eine schwarze Augenklappe. Sie konnte sich nicht beklagen, natürlich nicht. Alle waren sauber, gut angezogen und überaus höflich. Aber wenn man diesen äußeren Anschein von Zivilisiertheit außer acht ließe, so ging ihr durch den Kopf, dann war es doch ein ziemlich bunter Haufen.

Als Benny fort war, badete sie schnell. Dann zog sie sich an. Das innere Mieder des blauen Kleides ließ bedenklich tief schauen. Aber die Sittsamkeit wurde durch das Überkleid wieder wettgemacht.

Nachdem sie sich den großen grauen Wollschal um die Schultern gelegt hatte, legte sie ihr Haar in einen großen Knoten und zupfte ein paar Strähnen wieder heraus, die sich frech über ihre Stirn kringelten. Beinahe hätte sie sie wieder eingesteckt, aber da klopfte es bereits. Ihr Magen zog sich zusammen, und ihr Herz tat einen Satz. Es war sieben.

»Guten Abend, Captain«, sagte sie ruhig. Captain Corbeil sah sehr gut aus in seinem dunkelblauen Mantel mit goldenem Besatz, der genau zu seinem Hut paßte. Dazu hatte er weiße Hosen und Stiefel an. Er reichte ihr galant seinen Arm, und sie nahm ihn, dankbar, sich bei ihm einhängen zu können – wenigstens die paar Schritte bis zur gegenüberliegenden Kabine.

Als sie eintraten, saß Mrs. Lindstrom schon majestätisch auf dem Delphinbein-Sofa und nippte an ihrem Sherry. Hinten in der Ecke hantierte Benny herum und stellte den großen Klapptisch für das Essen auf. Einen Moment lang dachte Aurora, daß die beiden allein waren, bis sie über die Schulter blickte und Vashon am Bücherschrank stehen sah. Er hielt eine Karaffe in der Hand.

Er sah großartig aus. Er war sehr schlicht angezogen, trug schwarze Hosen, eine Weste aus flaschengrünem Kammgarn und ein weißes Musselintuch. Aber gerade diese Einfachheit der Kleidung stand ihm wie keinem sonst.

Erst als sich ihre Blicke trafen, merkte sie, daß sie ihn zu lange angestarrt hatte. Da tauchten lebhafte smaragdgrüne Augen in weiches Wasserblau, und ein seltsamer Schauder lief ihr den Rücken herunter, als ahnte sie irgendein böses Vorzeichen. Sie wollte wegschauen, aber sie stellte fest, daß sie es gar nicht konnte. Etwas war in seinem Blick, was sie vorher noch niemals kennengelernt hatte, eine totale, unumstößliche Besitznahme. Er sah sie an, wie ein Pirat seine Beute betrachtet haben würde ... oder vielleicht eine seiner weiblichen Gefangenen.

»Sherry, Miss Dayne?« fragte er plötzlich und brach die Spannung.

»Ich ... nein ... vielen Dank.« Sie hatte sagen wollen, daß sie keinen Alkohol trank, aber da stand Benny schon mit einem Glas Sherry neben ihr. Freundlich nahm sie es entgegen und tat einen nervösen Schluck. Natürlich hatten die Phippses jeglichen Alkohol im Heim strikt untersagt. Daher hatte sie auch noch nie welchen probiert. Aber im Grunde tat sie ja jetzt viele Dinge, die sie vorher nie getan hatte. Wieder streifte ihr besorgter Blick mißtrauisch ihren Gastgeber.

»Oh, Aurora«, brach es aus Mrs. Lindstrom. »Ich bin so glücklich, daß du da bist! Vashon hat mir gerade lauter haarsträubende Geschichten erzählt! Stell dir vor! Genau jetzt könnte eine grauenhafte Seeschlange unter uns schwimmen – bereit, das ganze Schiff zu verschlingen!« Mrs. Lindstrom rutschte von der Mitte des Sofas ans Ende, um Platz für eine weitere Person zu machen.

Aurora schenkte der Witwe ein dankbares, erleichtertes Lächeln, und der Captain begleitete sie zum Sofa. Wie, fragte sich Aurora, hätte sie diese Reise ohne die unverfrorene Flossie überstehen sollen?

»Ich kann mir gut vorstellen, daß es wirklich solche großen Schlangen gibt«, sagte Aurora, dankbar für diese Atempause. »Aber ansonsten würde bestimmt die Royal Navy da sein, um uns zu beschützen. Habe ich recht, Captain?«

Der Captain lächelte und nahm in einem Armlehnstuhl neben den beiden Damen Platz. »Ganz sicher«, antwortete er und grinste Vashon zu. »In der Tat, müssen Sie wissen, liebt die Royal Navy Vashons Schiffe. Und es scheint, wohin auch immer er reist, folgt ihm die Royal Navy geschwind –«

»Brandy?« fragte Vashon mit einem finsteren Blick.

Vergnügt akzeptierte der Captain. »Warum nicht? Wenn wir schon von Seeschlangen angegriffen werden, will ich wenigstens glücklich sterben.«

Aurora lächelte und nahm noch einen Schluck Sherry. Er brannte wie Feuer in ihrer Kehle. Sie wußte nicht einmal, ob sie dieses Zeug mochte, aber sie fühlte sich in jedem Fall gelöster dadurch, was wirklich in Vashons Gegenwart nicht so einfach war.

»Puh!« rief Mrs. Lindstrom aus. »All dies Gerede über Seeschlangen! Der einzige Grund, warum Sie, Gentlemen, nicht in Ihren Stiefeln zittern, ist diese schreckliche Galionsfigur, die alle Seeungeheuer vergrault!« Die lebhafte Witwe sah so aus, als könnte sie kaum ihre Neugierde zügeln, irgendeinen schönen Klatsch zu hören. »Nun erzählen Sie mal, Vashon. Warum haben Sie am Bug des Schiffes diesen Drachen? Ich vermute mal, aus demselben Grund, aus dem sich direkt über meiner Kabine ein Kanonendeck auf diesem angeblichen Postschiff befindet!«

Ein verschlagenes Lächeln spielte um Vashons Mund.

»Dies ist ein Postschiff, das versichere ich Ihnen. Das Kanonendeck wird kaum benutzt – ein Überbleibsel aus längst vergangenen Tagen. Und zum Drachen, jedes meiner Schiffe hat einen Drachen als Galionsfigur, unabhängig von seinem Namen. Ich habe eine Vorliebe für sie.«

Aurora blickte ihn an, wie er an dem Bücherschrank lehnte. Er mochte bestimmt Drachen. Drachen waren in seine Teppiche gewebt. Hinter ihm stand eine schwarze Lacktruhe, die mit einem wilden Drachen bemalt war. Ja, sogar auf ihrem Sherryglas war ein Drache eingraviert.

»Und ist das der einzige Grund?« stichelte Mrs. Lindstrom weiter.

»Die Leute erinnern sich an sie.«

»Und . . . meiden sie vielleicht.«

Vashon nahm einen Schluck aus seinem Glas. Sein Lächeln wurde breiter. »Das ist eine Perspektive, denke ich.«

»Oh, das ist faszinierend. Einfach faszinierend.« Die Witwe klatschte in ihre Hände. »Deshalb sind also Ihre Schiffe nie angegriffen worden – all diese bösen anderen Schiffe segeln schnell fort, wenn sie diesen furchteinflößenden Drachen sehen.«

Aurora blickte in ihr Sherryglas. Sie fragte sich, ob nicht vielleicht auch all die guten Schiffe aus Angst fortsegelten. Dieser Gedanke war nicht gerade beruhigend. Besonders nicht, wenn man bedachte, daß Mrs. Lindstrom schon in St. George von Bord ging.

»Das Abendessen ist bereitet, Sir«, verkündete Benny.

Captain Corbeil sprang auf, um Mrs. Lindstrom zum Tisch zu begleiten. Aurora wollte gerade allein aufstehen, als ihr Vashon seinen starken Arm bot. Sie nahm ihn nur widerwillig an, aber sie wollte ihm ja in gar keinem Fall zeigen, wie sehr er sie einschüchterte. Also lächelte sie ihn freundlich an, nahm seinen Arm und erlaubte ihm, sie an den Tisch zu führen.

Als sie saßen, drehte sich das Gespräch um so nüchterne Dinge wie den Wein und die Tüchtigkeit des Kochs. Aurora war wirklich sehr beeindruckt, daß sie sieben delikate Gänge serviert bekamen, die immerhin alle auf dem Schiff gekocht worden waren. Die Krönung des Essens war der Nachtisch, eine Ananas. Aurora hatte diese Frucht zwar schon in den Geschäften gesehen, aber sie hatte sich nie vorgestellt, daß sie sie eines Tages würde kosten können. Als Benny die Ananas zerteilte, erfüllte ein exotisch-süßer Duft den ganzen Raum. Und obwohl sie nach dem Abendessen sehr satt war, ertappte Aurora sich dabei, daß sie jede Scheibe, die ihr gereicht wurde, auch noch aß.

Als sie schließlich den letzten Bissen genommen hatte und ihren Teller beiseite schob, fühlte sie den beunruhigenden Blick ihres Gastgebers auf sich ruhen. Sie fragte sich, ob er sie wohl als einen Vielfraß empfand, aber seine Gedanken schienen sich mit etwas anderem zu beschäftigen.

Als den Damen der Tee serviert wurde, sagte er endlich: »Soweit ich weiß, wollen Sie nach Jamaica, Miss Dayne. Was führt Sie dorthin?«

»Meine neue Arbeitgeberin lebt dort, Sir.« Sie fühlte sich unbehaglich bei seiner Frage.

»Und wer ist das, wenn Sie mir diese Frage gestatten?«

»Lady Perkins von Roselawn Plantation.«

»Vashon«, unterbrach Mrs. Lindstrom, »haben Sie jemals schon von Roselawn gehört? Ich nicht, und ich bin stolz darauf, sonst jeden zu kennen. Aber Sie sind so viel weiter gereist als ich – können Sie uns etwas über den Ort erzählen, zu dem Aurora will?«

Vashon lehnte sich in seinem Stuhl zurück. »Ja, ich habe von Roselawn gehört. Und auch von Lady Perkins. Ich glaube, sie soll ein ziemlicher Tyrann sein. Für die Zukunft, meine ich, würde Miss Dayne gut daran tun, die Risiken zu bedenken, die mit einer unbekannten Arbeit verbunden sind.«

»Oh, aber Sie müssen sich täuschen!« Aurora war schockiert, daß er solche unglaublichen Dinge über ihre wundervolle neue Herrschaft sagen konnte. »Lady Perkins kann in gar keinem Fall so sein, wie Sie sie beschreiben. All die Bequemlichkeiten, die ich hier auf dieser Reise habe, sind allein ihr zu verdanken. Und sie zeugen von ihrer übergroßen Freundlichkeit.«

»Wie sonst könnte sie ein nettes englisches Fräulein ködern? Nach meiner Erfahrung ist es besser, Zuckerbrot hinzuhalten, als die Peitsche zu benutzen . . . jedenfalls am Anfang.«

»Ihr Brief an mich war sehr freundlich, und die Bezahlung, die sie mir angeboten hat, überaus großzügig. Sie müssen sich täuschen, Sir. Es ist sicher nicht Lady Perkins von Roselawn, von der Sie sprechen.«

»Ihre Loyalität einem Arbeitgeber gegenüber, den Sie noch nie zuvor gesehen haben, ist sehr lobenswert, Miss Dayne«, sagte Vashon mit einem seltsamen Ausdruck auf dem Gesicht. Er schien fast zufrieden, daß sie ihre neue Arbeitgeberin so verteidigte, aber auch verstimmt durch ihre plötzlich gezeigte Charakterstärke. »Wie dem auch sei, wenn Sie in Zukunft feststellen werden, wie wenig angenehm es ist, bösartige alte Frauen zu bedienen, werden Sie hoffentlich zugeben, daß ich richtig lag.«

Aurora versuchte, die Wut, die in ihr aufstieg, zu unterdrücken. Die Arroganz dieses Mannes kannte wirklich keine Grenzen! »Ich bezweifle aus tiefstem Herzen, daß das geschehen wird, Sir. Aber sogar wenn, halte ich es für ausgeschlossen, daß sich unsere Wege nach dieser Reise noch einmal kreuzen. Also wird es kaum eine Gelegenheit geben, Ihnen gegenüber so etwas zuzugeben.«

»Oh, liebe Aurora«, unterbrach Mrs. Lindstrom sie und schob ihren Teller zur Seite. »Was, wenn Vashon doch recht hat?«

»Aber er hat nicht recht«, versicherte ihr Aurora.

»Kommen Sie, Miss Dayne«, sagte Vashon. »Sie sind kaum alt genug, um mit solch einer Autorität über Dinge zu sprechen, die in der großen weiten Welt vor sich gehen. Schließlich, wie alt sind Sie, doch höchstens achtzehn?«

Aurora zuckte zusammen. Wie sie diese Fragen über ihr Alter haßte! »Ich mag erst achtzehn sein, Sir, aber ich spreche mit der Autorität meines gesunden Menschenverstandes. Und deshalb kann ich nicht glauben, daß Lady Perkins irgend etwas anderes sein kann als eine gute und gerechte Frau.«

»Achtzehn?« brach es aus Flossie heraus. »Gütiger Himmel, Aurora, aber wie kannst du jetzt achtzehn sein, wenn du mir bei unserer Abreise doch gesagt hast, daß du neunzehn bist?«

Schweigen legte sich über sie. Aurora fühlte alle Blicke auf sich gerichtet. Sie errötete und wagte nicht, von ihrem Obstteller aufzusehen.

»Es tut mir schrecklich leid, Mrs. Lindstrom«, begann sie mit leiser schamerfüllter Stimme. »Aber als Waise hatte ich nicht das Privileg, mit meinem Geburtsdatum ins Heim gebracht worden zu sein. So . . . muß . . . ich also mein Alter raten.«

Flossie schloß ihre Augen vor Scham und Schuldbewußtsein. Isaac blickte einfach weg, als ob dieses ganze Gerede ihm nicht behagte. Der einzige, der genau hinschaute, war Vashon. Aber Aurora konnte sich nicht entscheiden, ob er sich über ihre Demütigung freute oder ob er ihr widerwillig Respekt für ihre Haltung zollte.

»Wie schockierend ungeschickt von mir, Aurora. Bitte sage mir, daß du mir vergibst, und ich werde nie wieder solche unangenehmen Fragen stellen«, schwätzte Flossie drauflos.

»Aber bitte, es ist nicht schlimm«, antwortete Aurora und hoffte inständig, daß damit das Thema erledigt war.

Flossie nahm einen tiefen Atemzug. »Also, laßt uns mit dem Problem Lady Perkins zu einem Abschluß kommen. Was du tun mußt, meine Liebe, ist, mit mir nach St. George zu kommen. Schreib dieser gräßlichen Frau eine Entschuldigung und erlaube mir, für dich eine angenehme Stellung zu finden –«

Ohne jede Vorwarnung warf plötzlich Captain Corbeil seinen Chartreuse um. Die gelbgrüne Flüssigkeit spritzte genau auf Mrs. Lindstroms Röcke und beendete damit fürs erste jedes Gespräch.

»Oh, ich bitte tausendmal um Entschuldigung! Das war wirklich furchtbar ungeschickt von mir!« rief der Captain aus.

»Nein, nein, es ist alles in Ordnung«, gab die Witwe zurück und wischte mit ihrer Serviette über das Kleid.

»Sie müssen mir erlauben, Ihnen für das Kleid zu zahlen.«

»Ach du meine Güte, nein! Mein Mädchen wird sich der Sache annehmen und das Kleid wieder in Ordnung bringen. Solche Gedanken müssen Sie aber gleich wieder vergessen.«

»Dann werde ich Sie zu Ihrer Kabine begleiten, damit der Schaden sogleich behoben werden kann.« Ohne länger zu warten, streckte der Captain seinen Arm aus und rauschte mit der Witwe zur Tür. Aurora wollte sich schnellstens mit verabschieden, aber wie im Wirbel waren die beiden schon draußen.

Zu ihrem Entsetzen sah sie sich allein mit Vashon am Tisch.

»Noch etwas Tee, Miss?« Erschrocken blickte sie auf und sah, daß Benny bereits mit der Teekanne neben ihr stand. Ihr fiel vor Erleichterung ein Stein vom Herzen.

»Nein, danke. Ich sollte jetzt wirklich auch gehen.« Sie schenkte dem Jungen ein nervöses Lächeln und stand auf. Dann nahm sie all ihren Mut zusammen und blickte ihrem Gastgeber ins Gesicht. »Es war wirklich ein besonders schönes Abendessen. Und ich danke Ihnen sehr, daß ich dabeisein durfte.«

Vashon erhob sich von seinem Stuhl. Er sah so aus, als wäre zwischen ihnen noch irgendein Geschäft zum befriedigenden Abschluß zu bringen.

»Sie müssen noch nicht gehen, Miss Dayne«, sagte er.

Ihr Blick flatterte zu Benny, der gerade mit einem Tablett voller Geschirr die Kabine verlassen wollte.

»Nein, ich muß wirklich gute Nacht sagen . . .« Die Kabinentür schloß sich hinter Benny. Es war still im Raum. Sie fühlte sich fast wie eine Taube, die in die Falle gegangen war, und blickte sich nervös nach ihrem Schultertuch um. Sie hatte es umgelegt, als sie in die Kabine gekommen war, irgendwann aber war es ihr von ihren Schultern gerutscht.

Sie entdeckte es auf dem Sofa und wollte gerade hingehen, um es zu holen, aber zu ihrem Entsetzen verstellte er ihr den Weg. Sie blickte auf, in seine grünfunkelnden, amüsiert schauenden Augen.

»Sie müssen nicht auf meine Gesellschaft verzichten, nur weil wir allein sind, Miss Dayne. Wir sind hier nicht irgendwo, wo man um seinen guten Ruf besorgt sein müßte. Niemand kümmert sich darum.«

»Wirklich, es war ein langer Abend, und sicher freuen Sie sich auch schon darauf, sich zur Ruhe begeben zu können. Ich will Sie nicht aufhalten.« Aurora war bemüht, seinen Sarkasmus einfach zu überhören. Sie versuchte, um ihn herumzugehen, aber er vereitelte ihr jeden Schritt. Als sie schließlich einsah, daß er sie nicht durchlassen würde, zog sie irritiert die Brauen zusammen. Er machte sich über sie lustig. Seine allzu leicht geglückten Einschüchterungsversuche schienen ihm wie immer enorm zu gefallen, und das machte sie zornig.

»Könnte ich meinen Schal haben – oder besitzen Sie nicht einmal ein Minimum an Ritterlichkeit?« fragte sie mit scharfer Stimme. Sie hatte gehofft, daß sie es ihm damit genügend gegeben hatte, aber sie sah sich schnell enttäuscht. Während er über ihren plötzlichen Gefühlsausbruch überrascht schien, fand er offensichtlich auch ihre Anschuldigungen höchst amüsant.

»Ich muß zugeben, diese Frage ist mir noch niemals so freiheraus gestellt worden.« Er lächelte und verschränkte die Arme über seiner kräftigen Brust. »Aber nun, wo es einmal geschehen ist, fürchte ich, wird Ihnen die Antwort nicht gefallen.«

Ihre Augen wurden größer. Der Mann hatte nicht einmal genügend Anstand, um zu lügen.

»Ich verstehe«, sagte sie eisig. »Wenn das der Fall ist, werden Sie sicher einsehen, daß es unumgänglich ist, keine Minute länger zu bleiben.« Sie warf einen letzten Blick auf ihr Tuch, dann ging sie zur Kabinentür. Benny konnte es ihr morgen bringen.

Sie war schon auf der Schwelle, als sie bemerkte, daß er mit großen Schritten hinter ihr herkam. Sie hatte die Tür bereits ein Stück geöffnet, da drückte seine Hand sie wieder zu.

»Ich kann nicht zulassen, daß Sie mich so verlassen. Ich hätte das Gefühl, daß ich meine Pflichten als Gastgeber vernachlässigt habe.«

Sie wirbelte herum und blickte ihm ins Gesicht. Ihre Wangen glühten; in ihr loderte es.

»Sie werden mir erlauben zu gehen, Sir, oder der Captain wird davon erfahren! Ich werde es nicht zulassen, daß Sie mich hier noch einen Moment länger gefangenhalten.«

»Gefangen? Ist es das, was Sie denken?« Er lehnte sich an die Wand, und damit war er ihr noch näher gekommen. Er schien sich an ihrem anklagenden Blick zu ergötzen. »Sie müssen noch eine Menge über Gefangene lernen, Aurora.«

Ihr Name auf seinen Lippen schockierte sie. Da lag eine Weichheit in seiner Stimme, die sie niemals erwartet hätte. Es war fast wie ein Streicheln. Ein vertrautes, verständnisvolles Streicheln. Plötzlich hatte sie das Gefühl, bis zu ihren Zehenspitzen zu erröten.

»Ich weiß bestimmt genug über Gefangene. Jedenfalls will ich von Ihnen nicht noch mehr darüber lernen«, gab sie zurück, die Stimme kaum mehr als ein Flüstern.

»Vielleicht – glauben Sie mir, nach allem, was ich Ihnen über Lady Perkins gesagt habe, daß die Sie besser darin unterrichten kann.«

»Wie ich Ihnen schon vorhin gesagt habe, Ihre unbegründeten Erzählungen über meine Arbeitgeberin können mich nicht gegen sie aufbringen.«

»Auch nicht nach dem Angebot der Witwe Lindstrom? Kommen Sie, Aurora, daß muß Ihnen doch jetzt sehr attraktiv erscheinen. Erzählen Sie mir nicht, Sie hätten nicht daran gedacht, das Schiff in St. George zu verlassen.« Seine Frage hing schwer in der Luft und hatte viel mehr Gewicht, als sie zunächst vermutet hatte.

Sie ballte ihre Hände zu Fäusten und stemmte sie in die Taille. Dann schaute sie zu ihm auf und traf seinen unverschämten Blick. »Ich habe eine sehr gute Meinung über Lady Perkins«, informierte sie ihn. »Solange ich nicht in Kingston bin und mich meine Arbeitgeberin nicht eines Besseren belehrt hat, werde ich solch eine hohe Meinung von ihr haben. In der Zwischenzeit trifft mich Ihre Meinung nicht im geringsten. In der Tat, meine einzige Sorge ist es, daß Sie sich derartig in meine Situation einmischen. Bestimmt haben Sie wichtigere Dinge als mein Wohlergehen, mit denen Sie Ihren Kopf belasten sollten.«

Sie hatte erwartet, Verärgerung in seinem Gesicht zu sehen. Statt dessen lachte er.

»Ihr Name paßt zu Ihnen, Aurora. Sie sind entweder feurig oder grau – genau wie die Dämmerung. Aber ich glaube, ich habe zu viel Grau gesehen. Sie legen mit Sicherheit zu viel Gewicht darauf, in welche Richtung die Winde des Anstandes wehen. Aber ich wage zu behaupten, daß die Winde wechseln können.«

Mit dieser rätselhaften Bemerkung ging er zum Sofa und holte ihr Tuch. Zu ihrer Überraschung hielt er es ihr hin wie ein Gentleman, um es ihr umzulegen. Aber anders als ein Gentleman ließ er sich viel Zeit damit. Seine warmen, unglaublich starken Hände umhüllten sie mit ihrer Hitze, dann fuhren sie über ihre von dem Tuch bedeckten Schultern, und durch ihren Körper ging ein Zittern.

Sie prallte nicht vor der Berührung zurück. Im Gegenteil, sie sehnte sich nach mehr Zärtlichkeit. Sie war noch nie von einem Mann zärtlich berührt worden. John Phipps hatte sie nie so angefaßt. Vielleicht hätte sie ihn niemals verlassen, wenn er sich nach ihr verzehrt hätte, wenn er eine heiße Leidenschaft für sie empfunden hätte. Aber seine Leidenschaft war kalt, da war kein Raum für ihre Gefühle und Sehnsüchte. Für John war sie nur eine Sache gewesen, die er haben wollte, nicht eine Frau, die er begehrte.

Und nun war sie fast enttäuscht, daß er beiseite getreten war. So gefährlich und unbekannt es ihr auch war, sie sehnte sich danach, noch einmal solch eine Berührung von ihm zu erfahren. Aber er stand schon auf der Türschwelle, öffnete die Kabinentür und hielt sie weit auf, damit sie gehen konnte.

»Ihr Bett erwartet Sie, meine Dame«, sagte er, als wollte er sie anstoßen, sich vom Fleck zu rühren.

»Vashon, die Witwe sitzt gemütlich in ihrer Kabine, aber was in Gottes Namen sollen wir jetzt tun, damit –« Der Captain erschien plötzlich an der Tür, und die Worte starben ihm auf der Zunge, als er Aurora sah.

Entgeistert über den schockierten Ausdruck im Gesicht des Captains, errötete Aurora tief. Sie hatte sich lächerlich gemacht. Es sah doch wohl so aus, als ob Vashon versuchte, sie in ihre Kabine zu schicken – und als ob sie zögerte.

Sie wagte kaum, dem Captain in die Augen zu schauen, als sie an ihm vorbeiging. Sie murmelte ein Dankeschön und lief schnell in ihre Kabine.

Nachdem sie fort war, wechselten die Männer ein paar Worte. Vashon sagte nur: »«Es ist für alles gesorgt.«

Und der Captain antwortete: »Gott sei Dank. Einen Moment lang habe ich doch tatsächlich gedacht, wir müßten sämtliche Passagiere entführen – angefangen mit dieser verdammten Witwe!«

6

Sein Streicheln beschäftigte sie nächtelang.

Sogar jetzt, als Aurora auf dem Vorderdeck stand und ihr Gesicht der Sonne zuwandte, kam die Erinnerung wieder in ihr hoch. Wenn sie bisher von einem Mann geträumt hatte, dann war es ein galanter, schmucker Prinz aus ihren Märchen. Aber nun, sehr zu ihrem Kummer, war sie von einem vollkommen anderen Typ von Mann gefesselt – von dem zwielichtigen, heimlichen, erschreckenden Eigentümer der Seabravery.

Es war nur eine Berührung gewesen, aber aus irgendeinem unerfindlichen Grund ging sie ihr nicht mehr aus dem Kopf. Wenn sie abends im Bett lag und schlief, wiederholte sich in ihrem Traum immer wieder die Szene, als Vashon ihr den Schal umlegte. Aber in ihrer Version trat er nicht zurück, wie er es in Wirklichkeit getan hatte. Statt dessen fuhr seine starke Hand ihren Arm hinunter und hielt sie in der Taille, bis sie es wagte, ihm ihren Kopf zuzuwenden. Dann trafen sich ihre Blicke. Er küßte sie, küßte sie so heftig, wie sie es sich nur irgendwie ausmalen konnte.

Sie hätte Alpträume haben müssen, besonders bei dem Gedanken, was wohl Captain Corbeil über sie dachte. Aber wenn sie aufwachte, war sie immer viel zu sehr von diesen Träumen bewegt, als daß sie über den Captain nachdachte.

»Der Captain hat gesagt, diesen Abend könnte es einen Sturm geben.«

Stirnrunzelnd wachte Aurora aus ihren dunklen Grübeleien auf und sah, daß es Miss Gideon war, die sie eben angesprochen hatte. Sie, Mrs. Lindstrom und Miss Gideon verbrachten den Nachmittag zusammen und paßten auf Hester auf. Aurora begriff, daß sie wohl einen Teil des Gesprächs versäumt haben mußte, weil sie sich nicht daran erinnern konnte, wann sie auf das Thema Wetter gekommen waren.

»Bis jetzt war uns die See wohlgesonnen. Es überrascht mich nicht, daß sich unser Glück auch einmal wenden muß«, meinte Aurora, ohne ihre Verwirrung zu zeigen, und blickte übers Meer bis zum blauen Horizont. Sie hatten sehr gutes Wetter gehabt, wochenlang schon. Die Tage wurden jetzt sogar mild, und sie brauchten gar nicht mehr ihre Mäntel, wenn sie sich auf Deck aufhielten.

»Unser Glück wird sich nicht wenden, meine Lieben«, versicherte ihnen Mrs. Lindstrom. »Captain Corbeil ist ein äußerst fähiger Seemann. Er tut alles, um uns wohlbehalten nach St. George zu bringen.«

»Und wie weit ist es noch?« fragte Miss Gideon. »Mir würde ein Sturm auf dieser Reise genügen.«

»Isaac – ah – unser Captain sagte mir, daß wir dort in einer Woche ankommen werden.« Mrs. Lindstrom war etwas verwirrt über ihren kleinen Fauxpas. Um dies zu überspielen, schnatterte sie weiter: »Wissen Sie, ich habe nie ein Schiff erlebt, daß so schnell war. Captain Corbeil segelt Tag und Nacht mit derselben Geschwindigkeit. Unwahrscheinlich, wirklich!«

Aurora konnte sich nicht helfen, sie mußte über Flossie lächeln. Seit der Nacht, als der Captain ihr den Chartreuse über die Röcke geschüttet hatte, konnte die Witwe über nichts anderes mehr reden als über ihren reizenden, hervorragenden Captain. Mrs. Lindstrom hatte sie sogar schon einmal gefragt, ob Aurora es für allzu kühn hielt, den Captain am Nachmittag zum Tee in die Kabine zu laden. Trotz ihres Alters hatte Flossie eine große, schulmädchenhafte Vernarrtheit in den Captain entwickelt, und Aurora fand das herrlich. Sie war richtig glücklich, daß die Reise noch nicht sofort zu Ende war. Zumindest für Mrs. Lindstrom.

Miss Gideon, der nichts von alldem entgangen war, warf Flossie einen mißbilligenden Blick zu. »Unser Captain mag außergewöhnlich sein, aber er müßte Gott persönlich sein, wollte er einen Sturm fortzwingen. Ich hoffe wenigstens, daß das Kind trotzdem schlafen kann. Ich kann es einfach nicht ausstehen, den Ängsten eines Kindes nachzugeben, und ich muß sagen, es ist ziemlich schwierig, den nötigen Schlaf zu finden, wenn jemand in der Kabine heult.«

Wie liebevoll, dachte Aurora bitter und blickte die Frau an. Fast außerstande, dazu keinen Kommentar abzugeben, wandte sie sich Hester zu. Das Kind blickte zum Ausguck hinauf, als ob sie gerade erst entdeckt hätte, daß da oben ein Mann war. Und ihr Herz flog dem Mädchen zu. Sie hoffte inbrünstig, daß der Sturm nicht zu schlimm werden würde, weil es dann sicher kaum einen Trost für Hester geben würde.

»Miss Dayne?« Miss Gideon machte eine effektvolle Pause.

Aurora wandte ihre Aufmerksamkeit wieder dem Kindermädchen zu.

»Ich wollte mit Ihnen doch gern über etwas sprechen, Miss Dayne«, fuhr Miss Gideon fort. »Wenn Sie erlauben, möchte ich dieses Thema jetzt anschneiden. Darf ich?«

»Natürlich dürfen Sie. Was geht Ihnen durch den Kopf?« antwortete Aurora ein bißchen kurz angebunden.

»Merken Sie, daß Sie die einzige sind, die bis Jamaica reist? Ich sprach gerade heute morgen mit den Wainwrights, und ich habe nun alle neun Passagiere befragt.«

»Sicher wird die Seabravery neue Passagiere in St. George aufnehmen. Ich bezweifle, daß ich die einsame Alleinreisende sein werde.«

»Aber was, wenn Sie es doch sind? Haben Sie an die Möglichkeit gedacht?« Miss Gideon kniff ihre Augen zusammen. »Ich möchte mit Sicherheit nicht in Ihrer Situation sein. Ich könnte auch niemals mit solchen Barbaren allein reisen.« Der Blick der Frau glitt zu dem Wetterdeck unter ihnen. Dort stand Vashon und sprach mit dem marokkanischen Segelmacher. Sogar von hier aus konnte man hören, daß er mit Leichtigkeit französisch sprach.

»Vashon ist kein Barbar, Miss Gideon«, mischte sich nun Mrs. Lindstrom ein. »Man könnte ihn wohl eher einen Exzentriker nennen.«

»Exzentriker oder nicht, ich glaube nicht, daß es richtig ist, daß eine junge Frau mit ihm allein durch die Karibik segeln sollte. Eine Lady mit Moral würde sich unerbittlich weigern. Stimmen Sie mir nicht zu, Miss Dayne?«

Irritiert wählte Aurora ihre Worte besonders sorgfältig. Wie gern wollte sie Miss Gideon in ihre Schranken verweisen, aber noch mehr wollte sie das soeben Gesagte entkräften und widerlegen, in der Hoffnung, damit auch diesen Traum aus ihrem Herzen zu verbannen und ihre unerwünschte Reaktion darauf.

»Im Gegenteil«, begann Aurora leidenschaftlich, »es ist die Frau von höchster Moral, die es nicht nötig hat, sich zu weigern. Was hat sie zu befürchten? Ich denke immer noch, daß neue Passagiere in St. George zusteigen. Jedoch, wenn nicht, kann ich Ihnen versichern, daß mein Benehmen immer ohne jeden Tadel ist und war. Deshalb wird es nicht das geringste ausmachen, ob ich mit Barbaren oder mit Exzentrikern reise, da ich, anders als andere, nicht auf Abwege gerate.«

»Bravo, Aurora!« platze Mrs. Lindstrom heraus.

»Welch eine schreckliche Unverfrorenheit!« Miss Gideon warf den beiden einen haßerfüllten Blick zu. Sie schnappte sich das Mädchen und spazierte auf schnellstem Wege davon.

»Das ist wirklich eine grauenhaft unangenehme Frau! Deine Ehrbarkeit auch nur in Frage zu stellen ist jenseits der Grenzen des Erlaubten! Ich hoffe nur, der Onkel dieses armen kleinen Dings ist nicht auch so gräßlich!« Mrs. Lindstrom schloß ihren Sonnenschirm, wie um ihren Standpunkt noch zu unterstreichen.

»Ja, das ist auch meine Sorge!« stimmte Aurora unbehaglich zu und blickte dem Kind nach.

Vashon hatte seine Unterhaltung beendet und lehnte jetzt an der Reling des Wetterdecks. Aurora sah, daß auch er der empörten Miss Gideon nachblickte.

Sobald sie verschwunden war, schaute er zu Aurora hinüber, und mit seinem durchdringenden smaragdäugigen

Blick erschütterte er Auroras selbstgerechte moralische Entrüstung durch und durch. Entgeistert und voller neuer Zweifel wandte sie sich ab. Vor wenigen Minuten noch war sie felsenfest davon überzeugt gewesen, daß kein Mensch ihrer Ehrbarkeit etwas anhaben konnte und daß sie jeder Verführung standhielte. Oder wurde sie allmählich verrückt? Immerhin gab es diese Drachen – wenn auch nur in ihren Träumen. Aber konnte sie es wirklich ganz allein mit ihnen aufnehmen?

»Glaubst du wirklich, wir werden keine weiteren Passagiere in St. George aufnehmen?« fragte sie plötzlich Mrs. Lindstrom.

»Natürlich nicht, mein Liebes. Außerdem brauchst du dir keine Sorgen zu machen. Es gibt immer noch Captain Corbeil, der ein Auge auf dich haben wird.«

Aurora blickte wieder zu Vashon. Inzwischen stand der Captain neben ihm an der Reling. Die beiden lachten ganz offensichtlich über irgendeinen Scherz.

Plötzlich, aus unerklärlichem Grund, war sie alles andere als beruhigt.

Früh am Abend bewahrheitete sich die Vorankündigung des Captains. Obwohl es noch nicht regnete, ballten sich am Horizont riesige Wolken zusammen, und das Meer wurde rauh, das Schiff durchgeschüttelt. Aurora fand es fast unmöglich, sich fürs Abendessen schön zu machen. Allein das Waschen war plötzlich ein Problem, immer wenn sie etwas aus dem Krug ins Becken schütten wollte, schlingerte das Schiff, und alles ging daneben, bis sie am Ende eine kleine Überschwemmung auf dem Boden der Kabine angerichtet hatte.

Entsprechend verlief auch das Abendessen. Die meisten Passagiere hatten entweder ihr Menü in die Kabine bestellt oder sie waren viel zu seekrank zum Essen. Nur Mrs. Lindstrom und die Magoun-Brüder saßen schon da, als Aurora hereinkam. Und diese Gesellschaft war auch nur flüchtiger Natur. Denn obwohl Alex und Lee Magoun offensichtlich mit ihren siebzehn Jahren sehr männlich und ausdauernd erscheinen wollten, hielten sie das Essen auf dem schwankenden Schiff nicht durch und zogen sich in ihre Kabine zurück. Auch Mrs. Lindstrom verließ sie bald, weil sie nach ihrem kranken Mädchen sehen wollte.

Aurora war ein bißchen deprimiert bei dem Gedanken an ihre leere Kabine. Die Einsamkeit auf dem Schiff, gerade heute, bedrückte sie. Auch der Gedanke, daß ihre Kabine so weit von denen der anderen Passagiere entfernt lag.

Bald machte sie sich aber doch auf den Weg zurück. Obwohl der Sturm ihr bisher noch nichts hatte ausmachen können, fand sie es ziemlich schwierig, den Gang bis zu ihrer Kabine hinunterzugehen. Sie wurde von einer Seite zur anderen geworfen und schwankte wie ein Betrunkener die letzten Schritte bis zu ihrer Tür. Das wäre ja nicht weiter schlimm gewesen, wenn sie nicht plötzlich gegen die gegenüberliegende Kabinentür geworfen worden wäre, die offensichtlich nicht richtig verschlossen war. Jedenfalls wurde sie mitten in den Raum hineingeschleudert und landete auf dem Teppichboden.

Entsetzt versuchte sie, so schnell wie möglich wieder aufzustehen. Sie betete inbrünstig, die Kabine möge leer sein. Doch als sie aufschaute, glaubte sie ihren Augen nicht zu trauen. Ein wilder, grüner Drache, noch unbarmherziger und echter aussehend als der am Bug des Schiffes, lauerte über ihr, bereit sie zu verschlingen. Er schien sich zu bewegen, und es dauerte einen Moment, bis Aurora begriff, daß er nicht lebte. Nein, er war gemalt – gemalt auf die Haut eines Mannes, der ihr seinen nackten Rücken zuwandte.

Bevor sie wegschauen konnte, drehte sich Vashon mit finsterem Blick um, und plötzlich war der Drache verschwunden.

»Sollten Sie nicht besser vorher anklopfen, Miss Dayne?« fragte Vashon und half ihr auf die Beine. In dem Moment schlingerte das Schiff wieder, und obwohl Aurora ziemlich sicher war, daß Vashon die Kraft gehabt hätte, sie zu halten, wurden sie beide gegen die Tür geworfen, die mit einem Knall zufiel.

»Ihr – Ihr Rücken –« stammelte sie, aufs höchste beunruhigt durch seine Nähe und von dem, was sie gesehen hatte.

»Ja, man nennt das eine Tätowierung«, antwortete er trocken.

»Aber wie können Sie sich so etwas auf den Rücken gemalt haben? Wie sind Sie daran gekommen?« flüsterte sie.

»Ich habe ihn nicht gemalt – ein hübsches Chinesenmädchen hat das getan. In Peking, in der Verbotenen Stadt.« Er blickte auf sie herab und schien plötzlich sehr erfreut über das, was er sah. Der Schatten von einem Lächeln spielte auf seinen Lippen.

»In China?« fragte sie und schaute ihn mit ihren verwirrten wasserfarbenen Augen an. »Aber wenn Sie es in China aufgemalt bekommen haben, müßte es dann nicht längst weg sein?«

»Es kann niemals weg sein.« Er drehte sich etwas zur Seite und zeigte ihr einen Teil des Drachens. »Berühren Sie es, und Sie werden es selbst feststellen.«

Sie hatte noch nie zuvor den Rücken eines Mannes berührt, aber er forderte sie dazu auf. Der Drachen wirkte so böse und echt, sie konnte kaum glauben, daß er nur auf seinem Rücken existierte. Schüchtern streckte sie die Hand aus. Ihre Fingerspitzen berührten den schuppigen Schwanz des Ungetüms, der in Schlangenlinien über die Taille lief und im Hosenbund verschwand. Aber obwohl der Drachen so lebendig wirkte, fühlte sie nur glatte, warme Haut. Wenn sie die Augen geschlossen hätte, wäre ihr nichts Besonderes aufgefallen.

»Aber er verwischt und verliert sich nicht?« fragte sie mit leiser Stimme.

Er drehte sich wieder zu ihr um. Das Schiff schlingerte erneut, und er hielt sich an der Tür fest. Damit war sie zwischen seinen beiden starken Armen gefangen. »Er verwischt sich nicht, weil er nicht auf meiner Haut ist, sondern in meiner Haut. Er ist mit einer Nadel und Farbe eingeritzt worden.«

»Das muß doch furchtbar weh tun ...?«

Plötzlich lachte er. Wie gut er aussah mit seinen blitzend weißen Zähnen! Gerade wenn er lachte. Wenn er doch nur nicht so barbarisch gewesen wäre! So exzentrisch, wie Mrs. Lindstrom es nannte. Dann hätten ihm sicher die Frauen zu Füßen gelegen. Und wenn sie ihn so aus der nächsten Nähe betrachtete, fragte sie sich, ob manch eine nicht vielleicht in Ohnmacht gefallen wäre.

»Es hat weh getan. Tatsächlich sogar sehr!« sagte er, während er auf sie schaute. »Aber dieses kleine chinesische Mädchen war sehr geschickt mit der Nadel ... und als sie fertig war, hatte sie überaus ungewöhnliche Methoden, um mich auf andere Gedanken zu bringen.«

Aurora starrte ihn an. Sie war sich nicht einmal sicher, was er damit eigentlich meinte. Aber irgendwie wußte sie instinktiv, daß ein anständiger Mann niemals über solche Dinge mit ihr sprechen würde.

Das Schiff schwankte, und sie wurde gegen seine nackte Brust geworfen. Wieder sein Geruch – so wild, so geheimnisvoll! – Sie wollte ihn nicht schon wieder berühren, aber es gab sonst nichts, woran sie sich hätte klammern können. So hielt sie sich mit der einen Hand an seinem starken Oberarm fest und mit der anderen an seinem behaarten Oberkörper. Das Schiff wurde so sehr zur Seite geworfen, daß eine Lampe, die den Raum in dämmriges Licht einhüllte, erlosch. Nun war die einzige Beleuchtung ein flackerndes Licht in der hinteren Ecke. Aurora hielt ihn weiter umklammert.

»Sie überraschen mich wirklich, Aurora«, flüsterte er plötzlich.

Sie blickte auf. Sein Gesichtsausdruck in der Dunkelheit erschreckte sie. Er sah aus wie der Inbegriff eines Räubers, und sie war die verwundbare Beute.

»Sie scheinen so ein schüchternes kleines Mädchen zu sein«, meinte er, »und doch, bei diesem schlimmen Sturm, wenn all die anderen Passagiere in ihren Kabinen bleiben und stöhnen, haben Sie bewiesen, daß Sie tatsächlich zu den Glücklicheren gehören. Ich muß sagen, dieses Glück wird Ihnen auch über die Zukunft hinweghelfen.«

»Sie reden, als würden Sie meine Zukunft kennen«, sagte Aurora mit leiser Stimmer und konnte kaum verbergen, daß sie zitterte.

Noch ein Schwanken, noch ein kurzes Aufflackern des Lichts, und er rückte näher. Der Silberring in seinem Ohr glitzerte. »Ich kann nicht immer sagen, was die Zukunft bereithält. Sehen wir doch mal, was wir hier haben.« Er berührte ihre Wange und flüsterte: »Isaac hatte recht. Wer hätte je gedacht, daß so eine schmucklose kleine Miss aus London wie Sie in Wirklichkeit so reizend ist.«

Sein Kopf beugte sich herunter, und ihre Hand klammerte an seiner Brust, aber ob es eine Einladung sein sollte oder eine abwehrende Geste der Verzweiflung, wußte sie selbst nicht einmal. Sie wußte nur eins, daß er sie küssen würde. Genau wie in ihrem Traum.

Sein Kopf beugte sich noch tiefer. Sie hätte sich zurückziehen müssen, aber sie wußte gar nicht wohin. Und außerdem hielten seine Lippen solch ein Versprechen bereit, dem sie sich nicht verweigern wollte. Dies war kein Traum, der fortschmelzen würde, wenn seine Lippen die ihren berührten. Dies hier geschah wirklich, und sie sehnte sich danach, alle Nuancen des Gefühls zu entdecken, das sie bisher noch nicht kannte.

Er war so nah. Sie spürte seinen Atem auf ihrer Wange – warm und verlockend. Sie löste ihre Finger aus der Erstarrung und begann zu entdecken, welche Freude es machte, ihn zu streicheln. Sie erkundete seine Brust, zeichnete seine Muskeln nach. Unter ihrer Hand fühlte sie sein Herz gegen die Rippen pochen. Und sie war überrascht, daß es schneller klopfte, als er sie näher an sich heranzog. Und ihr eigenes Herz schlug wie wild, als er sie mit seinen Armen umfaßte. Nun schien der Moment gekommen, wo sich ihre Lippen begegnen würden, sogar das Schiff schien zur Ruhe gekommen. Aber bevor es überhaupt beginnen konnte, war es schon vorbei.

Vashons Kopf schoß hoch. Und Aurora erkannte wie benommen, daß es an der Tür klopfte. Das Schiff schlingerte, und seine Hand hielt sie. »Was ist?« rief er mit finsterem Blick.

»Vashon!« Bennys Stimme drang durch die Tür. »Der Captain hat Probleme bei diesem Sturm. Er schickt mich, um zu sehen, ob Sie ihm nicht helfen können.«

Widerwillig ließ Vashon sie los und ging zu einem Stuhl. Er zog sich sein Hemd an. »Sag Isaac, daß ich gleich da bin«, rief er.

»Sehr gut, Sir!« schrie Benny zurück und humpelte davon.

In dem Schweigen, das nun folgte, als Vashon sich die Stiefel anzog, konnte Aurora nicht entscheiden, ob sie fliehen oder wie angewurzelt stehenbleiben sollte, wo sie war. Ihr Ärger über das, was fast geschehen war, wuchs von der Sekunde an. Als das Schiff wieder bedenklich schwankte, hörte sie, daß er einen Fluch ausstieß. Mit grimmigem Gesicht griff er nach ihr und zog sie von der Tür weg.

»Bleib hier und warte auf mich, bis ich zurück bin«, befahl er.

»Das werde ich auf gar keinen Fall«, flüsterte sie, unfähig, ihn auch nur anzusehen. Es machte sie verrückt, daß er es überhaupt wagte, das von ihr zu verlangen. Was dachte er denn von ihr?

Er nickte und stieß ein freudloses Lachen aus. »Dann, schlage ich vor, gehst du in deine Kabine, solange du eine hast.« Damit schlug er die Tür hinter sich zu, und sie lauschte, wie sich seine Schritte langsam entfernten und von dem Heulen des Windes übertönt wurden.

Die Nacht verbrachten alle in tiefstem Elend. Der Sturm ließ erst bei Morgengrauen nach, und obwohl die Seabravery ihn ohne großen Schaden überstanden zu haben schien, vermutete Aurora, daß es nicht einen einzigen Menschen an Bord gab, der in dieser aufregenden Nacht ein Auge zugetan hatte.

Sie zumindest nicht. In der Tat war sie noch auf, als Vashon zurückkehrte. Sie hörte, wie er an ihrer Tür vorbeiging. Fast war sie versucht, ihn anzusprechen, ihm etwas zur vergangenen Nacht zu sagen. Aber sie überlegte es sich doch anders. Es gab auch gar nicht die passenden Worte. – Es war nichts geschehen, und das schlimmste war ja auch gar nicht, was er getan hatte. Das Schlimmste war, was sie sich gewünscht hatte, was geschehen sollte. Sie hatte sich in dieser Nacht immer wieder gefragt, ob sie wirklich ganz bestimmt gewollt hatte, daß er sie küßte, daß dieser exotische, gefährliche Mann seine Lippen auf ihre legte. Aber das erforderte in jedem Fall keine Entschuldigung, keinen Kommentar von ihm.

Aurora machte sich ein wenig zurecht und verließ ihre Kabine. Sie wollte nach Mrs. Lindstrom sehen. Das Mädchen der Witwe war vollkommen erschöpft von ihrer Seekrankheit, aber Flossie ging es gut, sie machte sich gerade einen Tee.

Sie hatten sich soeben hingesetzt, als Captain Corbeil an die Kabinentür klopfte. Er schien erfreut zu sein, sie beide so wohlauf anzutreffen, und das Mädchen von Flossie, das in der Ecke in ihrem winzigen Bett lag, tat ihm leid. Der Captain sah verbraucht und gealtert aus nach dieser Zerreißprobe mit dem Sturm, aber bevor er ging, überbrachte er ihnen noch eine Nachricht, von der Aurora nicht genau wußte, ob sie sie erfreute oder in neue Schrecken versetzte.

Es schien, daß der Sturm ihnen Glück gebracht hatte und sie weiter nach Westen gekommen waren, als sie dachten. Sie waren nun nur noch zwei Tage von St. George entfernt.

7

Ihre frühzeitige Ankunft in St. George verursachte einige Verwirrung. Boten mußten über die Insel geschickt werden, um den Verwandten die Ankunft der Seabravery anzukündigen. Aurora schaute zu, wie ein Passagier nach dem anderen das Schiff verließ. Die Wainwrights mit ihrem drei Monate alten Baby waren die ersten, die auf einer zweirädrigen Kutsche fortfuhren. Die Magoun-Brüder verabschiedeten sich zögernd und mit sehnsüchtigen Blicken auf Aurora, als sie abgeholt wurden, um auf die Plantage ihres Vaters nahe von Hamilton zurückzukehren.

Das beste Lebewohl aber kam unabsichtlich von Miss Gideon. Vom Wetterdeck aus sah Aurora zu, wie die Kutsche zum Hafen gefahren kam, um die Gouvernante und Hester abzuholen. Aurora ließ das Mädchen ungern gehen, bis sie sah, daß ein Mann vom Wagen sprang und liebevoll seiner Frau beim Aussteigen behilflich war. Als sie Hester schließlich entdeckten, blieb das Ehepaar einen Moment unschlüssig stehen, als ob sie nicht ganz sicher wären, wie sie sich verhalten sollten. Aber dann beugte sich der Mann hinunter, hob Hester hoch und schloß sie fest in seine Arme, während die Frau lachte und sich Tränen aus den Augen wischte. Plötzlich wußte Aurora, daß es dem Mädchen gutgehen würde. Sie gehörte wirklich noch zu den Glücklichen. Noch überzeugter war Aurora davon, als die Kutsche abfuhr. Miss Gideon saß oben auf dem Bock, neben dem Kutscher. Nach der Reise würde sie bestimmt nicht mehr Einfluß auf Hesters Leben nehmen können, sondern wieder in ihrer alten Stellung arbeiten müssen. Und das schien der Frau überhaupt nicht zu gefallen. Sie sah sehr mißvergnügt aus, als der Kutscher die Pferde zu unbekanntem Ziel antrieb.

Freudenfunken tanzten in Auroras Augen. Sie wandte sich zu Mrs. Lindstrom um, die neben ihrem Mädchen stand, das immer noch auffallend blaß war, aber auch glücklich, daß sie an Land gehen konnte.

»Oh, meine Liebe! Kann es denn sein, daß wir uns wirklich nie mehr wiedersehen werden?« Flossie kam zu ihr und nahm beide Hände. »Wie ich mir wünschte, daß du doch noch deine Meinung über diese Lady Perkins änderst und statt dessen mit mir kommst . . . die Graftons brauchen eine Erzieherin, und ich weiß, daß die . . .«

»Ich könnte mich nicht so anbiedern«, sagte Aurora und schüttelte den Kopf. »Und außerdem könnte ich Lady Perkins nicht einfach im Stich lassen. Sie erwartet mich doch. Bitte, mach dir keine Sorgen.« Sie drückte Flossies Hände. »Ich verspreche dir, es wird alles in Ordnung sein. Es wäre dumm von mir, solch ein Gewicht auf Mr. Vashons Kenntnisse der feineren Gesellschaft zu legen. Ich bin sicher, er täuscht sich in Lady Perkins.«

Flossie betrachtete sie, dann seufzte sie tief auf. »Ich denke, du hast recht. Trotz seines Reichtums ist Vashon doch ein zu ungewöhnlicher Mensch, um mit dem Adel zu verkehren. Aber du mußt mir schreiben und genau berichten, was aus dir wird. Ich werde sonst noch krank vor Sorge.«

»Ich werde dir sofort bei meiner Ankunft schreiben.« Aurora umarmte Flossie, und eng umschlungen sahen sie die Gangway hinunter.

»Dieser Halunke Robert! Er ist immer noch nicht da, und es steht zehn zu eins, daß er mal wieder zu tief ins Glas geschaut hat. Wenn er nicht schon all diese Jahre bei mir wäre, hätte ich ihn längst gefeuert.«

»Kommt er nur vom Stadthaus?«

»Ja. Er muß wissen, daß die Seabravery angekommen ist.« Flossie wirbelte ihren Sonnenschirm nervös herum, dann drehte sie sich zu ihrem Mädchen um. »Geh und such ihn, Jane. Und wenn er zu betrunken ist, besorge mir eine andere Kutsche. Ich warte in dem Privatraum vom Somers Island Inn.«

»Ja, M'am.« Jane machte einen Knicks und lief los.

»Kann ich irgend etwas für dich tun?« fragte Aurora. »Vielleicht kann dir auch Captain Corbeil bei dem Gepäck behilflich sein.«

»Nein, nein. Ich habe seinen Geleitschutz schon abgelehnt. Wie peinlich, wenn ich ihn jetzt darum bitten würde.« Flossie ließ ihren Sonnenschirm zuschnappen, und Aurora fragte sich, ob die Witwe den Captain nicht sehr viel mehr vermissen würde, als sie sich eingestand.

»Kommt die Seabravery regelmäßig nach St. George?« Aurora mußte das einfach fragen.

Flossie blickte weg. »Anscheinend nicht« war alles, was die Witwe sagte, bevor sie den Schirm wieder aufschnappen ließ. »Hör mal, meine Liebe, ich bin sicher, ich werde noch eine ganze Weile warten müssen, bis die Kutsche kommt. Warum begleitest du mich nicht, und wir trinken zusammen einen Tee. Es wird dir guttun, mal vom Schiff zu kommen. Sie legen sowieso nicht vor morgen ab.«

»Wunderbar! Ich werde mich freuen, für eine Weile wieder festen Boden unter den Füßen zu haben!« Aurora lachte. Zusammen gingen die beiden Frauen die Gangway hinunter, aber als sie an Land waren, blieb Aurora stehen. »Oh, meine Liebe. Ich habe meine Tasche vergessen«, sagte sie. Sie blickte die Gangway hinauf, dann auf die behäbige Flossie. »Ich möchte nicht, daß du noch einmal mit hinaufkommst. Und ich fände es auch nicht angenehm, wenn du im Hafen wartest. Zeige mir das Somers Island Inn, und ich verspreche dir, ich bin in einer Minute dort.«

»Es ist direkt dort drüben, Liebes. Du kannst nicht verlorengehen. Ich nehme inzwischen ein Privatzimmer für uns.«

»Ich bin gleich wieder da«, versicherte Aurora und lief zurück zum Schiff.

Im Nu war sie in ihrer Kabine und nahm die braune Seidentasche. Sie wollte gerade wieder aus dem Raum heraus, als sie aus dem Augenwinkel einen Schlüsselbund auf ihrem frisch gemachten Bett liegen sah. Es war Aurora sofort klar, daß es Bennys Schlüssel waren, die er immer mit sich trug.

Sicherlich suchte er sie schon verzweifelt. Schnell nahm sie den Bund an sich und machte sich auf den Weg zu dem Jungen.

Aurora hatte vor, die Schlüssel unter seiner Kabinentür hindurchzuschieben, falls er dort nicht war. Aber sie kam gar nicht so weit. Die Tür des Captains stand einen Spalt breit offen, und von drinnen konnte sie Vashon und den Captain hören, die offensichtlich eine lebhafte Unterhaltung hatten. Sie war bestimmt nicht der Typ, der lauschte, aber als ihr Name erwähnt wurde, konnte sie nicht anders, als näher an die Tür herantreten und zuhören.

»Ist es ganz sicher, daß Aurora nicht doch noch das Angebot der Witwe annimmt?« hörte sie Vashon fragen.

»Sie hat nicht darum gebeten, daß ihr Gepäck an Deck gebracht wird. Ich denke, wir brauchen uns keine Sorgen zu machen«, antwortete der Captain. »Aber natürlich«, fuhr er sarkastisch fort, »haben wir dir diese ganze verrückte Situation zu verdanken. Du hast einen so perversen Spaß daran, dem Mädchen Angst einzujagen, Vashon. Du hast sie damit fast aus unseren Händen getrieben.«

»Tyrannisiert zu werden von einer bitteren alten Frau ist doch kein Leben für ein Mädchen wie sie. Ich möchte nur, daß sie einsieht, daß es für sie besser ist, mit uns auf dem Schiff zu bleiben und mit uns zusammenzuarbeiten, als den Pfad zu verfolgen, den sie jetzt eingeschlagen hat. Wenn es nicht Lady Perkins ist, dann hätte sie eine andere Hexe in ihre Dienste genommen. Und ihr armseliges kleines Leben wäre sogar noch armseliger geworden.«

»Aber Lady Perkins existiert doch nicht einmal, Mann! Sie ist ein Produkt unserer Phantasie. Warum das Mädchen quälen?«

Auroras Hände klammerten sich um die Tasche. Was in Gottes Namen sagten sie da? Daß Lady Perkins gar nicht existierte? Ihre Lady Perkins? Sie konnte das nicht glauben. Entsetzt blickte sie sich um, ob vielleicht noch ein anderer das Gespräch mitverfolgt hatte. Aber der enge Gang des

Schiffes war leer. Sie trat näher an die Tür, um besser hören zu können.

Vashon war in Gedanken versunken. »Ich vermute, es macht mir wirklich Freude, sie zu quälen. Ich bin noch nie so einer steifen, keuschen Jungfer begegnet – wo haben sie sie erzogen? Aber wie dem auch sei, heute nacht legen wir ab, und dann wird ihre spröde Fassade wie ein Spiegel in tausend Stückchen zersplittern. Ich kann kaum abwarten, es zu sehen . . . und herauszufinden, was dahintersteckt.«

Captain Corbeil seufzte. »Ich muß dir sagen, ich graule mich vor den nächsten Tagen. Aurora ist ein ruhiges kleines Ding, gut, aber irgend etwas sagt mir, daß sie nicht ohne Kampf aufgibt.«

»Ich bin bereit für den Kampf.« Sie hörte, daß Vashon sarkastisch auflachte. »Meine einzige Sorge ist, daß sie mich enttäuschen könnte.« Er änderte plötzlich den Ton. »Wie steht's mit den Vorräten? Ich möchte nicht eine Sekunde länger als nötig warten, um in See zu stechen.«

»Wir warten nur noch aufs Wasser. Die Männer sagen, daß die Fässer bereits im Hafen sind. Sie müßten eigentlich noch in dieser Stunde geladen sein.«

»Gut. Wir segeln also abends. Mit unserem überaus wertvollen Passagier, Miss Dayne.« Vashon lachte auf, und der Klang ließ Aurora einen Schauder den Rücken herunterlaufen. Sie konnte einfach nicht glauben, was er sagte, aber als der Captain sprach, schien alles allzu wahr.

»Ja, endlich bekommen wir unseren Plan unter Dach und Fach. Ich muß zugeben, es wurde auch allmählich Zeit.«

Wie erstarrt stand Aurora im Gang und nahm die Worte des Captains in sich auf. Erst jetzt traf sie die Erkenntnis, daß das soeben Gehörte kein schlechter Traum war, sondern knallharte Wirklichkeit. Es war alles eine einzige große Lüge! Lady Perkins gab es nicht. Sie war entführt worden. Und sogar der Captain steckte in der Sache mit drin. Vashon, das konnte sie sich vorstellen, war imstande, so etwas Heimtückisches zu tun. Warum, das verstand sie nicht. Aber der Captain, dieser gute, freundliche, ritterliche Captain Corbeil? Es konnte doch einfach nicht wahr sein. Er schien so ein anständiger, feiner Mann zu sein . . . wie konnte er so etwas mitmachen?

Verzweifelt versuchte sie, die ganze Situation zu verstehen. Dabei bekam sie das Scharren der Stühle auf dem Bohlenboden nicht mit. Als sie Schritte hörte, hatte sie schon wertvolle Sekunden verloren. Die Tür des Captains flog auf, und sie blickte in Vashons grüne Augen.

Ohne noch mehr Zeit zu vergeuden, hob sie ihre Röcke und rannte los. Sie war nicht sicher, welchen Plan die Männer hatten, aber eins wußte sie: Sie hatten vor, sie zu entführen. Und das würde sie nicht zulassen. Aber Vashon holte sie mit Leichtigkeit ein. Er drängte sie gegen Bennys Tür, und schon war sie in der Falle.

Sie blickte ihn an.

»Was haben wir denn hier?« stieß Vashon hervor. Er schaute in ihr verängstigtes Gesicht, und ihr war klar, daß er wußte, daß sie jedes Wort gehört hatte.

»Welchen Grund –?« krächzte sie mit vor Angst ganz trockenem Mund. »Welchen Grund können Sie haben, das zu tun? Ich habe kein Geld. Sie wissen das. Kein Mensch wird Lösegeld für mich bezahlen.«

»Wir wollen kein Lösegeld. Nur eine Information. In der Zwischenzeit werde ich dich in deine Kabine bringen. Wenn wir abgelegt haben, werden wir uns unterhalten.« Er sprach ruhig, befehlsgewohnt, er schien zu erwarten, daß sie widerspruchslos gehorchte.

»Das werden wir nicht!« schrie sie und entriß ihm ihren Arm. Hinter ihm tauchte jetzt der Kapitän auf, mit einem besorgten Ausdruck im Gesicht. Sie wollte ihn um Hilfe bitten, aber in seinen braunen Augen sah sie kein Pardon für ihre Situation.

»Aurora, es tut mir leid, daß du es auf diese Weise erfahren mußtest, aber es gibt kein Zurück mehr«, sagte Vashon. Offensichtlich wollte er ihre Rebellion im Keim ersticken.

»Wir haben dich, du gehörst uns. Bis wir die Information haben, die wir brauchen, dulden wir keinen Fluchtversuch.«

Aurora versuchte nachzudenken. Lady Perkins war keine ältliche Dame in Jamaica, die eine Gesellschafterin brauchte. Und Lady Perkins Brief und die Reise auf der Seabravery waren nur der Versuch gewesen, sie gefangenzunehmen. Sie war in ihrer Gewalt. Wollten sie immer noch nach Jamaica? Das bezweifelte sie. Sie würden sie woanders hinbringen, irgendwohin, an einen Ort, den sie nicht kannte, von dem sie nicht fliehen konnte. Es war alles zu schrecklich, um es zu glauben. Und keine Hilfe weit und breit. Und alles, was sie sich vorstellen konnte, war, daß es sich dabei um ein Mißverständnis handelte.

»Sie müssen das falsche Mädchen haben«, sagte sie heftig in einem letzten Versuch, vernünftig mit ihm zu reden. »Es gibt nichts, was Sie von mir bekommen können und all die Anstrengung lohnen würde. Ich habe keine Information oder irgend etwas anderes. Ich bin nur in einem Waisenhaus aufgewachsen. Sie können das nicht tun. Es handelt sich um einen schrecklichen Irrtum. Sie würden ihn bedauern.«

»Nein, wir haben das richtige Mädchen.« Unerwartet streckte Vashon seine Hand nach dem Medaillon aus. Er hob es und hielt es ihr hin. »Es gibt nur eines davon, Aurora. Michael Dayne, dein Vater, schenkte es dir, bevor er aus England floh und den Stern von Aran mit sich nahm. Und darüber müssen wir reden – über den Stern. Darum haben wir dich mitgenommen.«

Mit diesen Worten starb ihre letzte Hoffnung, daß alles nur ein böses Mißverständnis war. Sie wußte kaum etwas über den Stern von Aran, von dem Vashon sprach. Aber sie hatten die Richtige. Sie kannten sogar den Namen ihres Vaters. In Panik blickte sie auf, ob nicht vielleicht doch irgend jemand in der Nähe war, der ihr würde helfen können.

»Laß uns zu deiner Kabine gehen, Aurora. Wenn du uns hilfst, werden wir dafür sorgen, daß es zu deinem Vorteil ist.«

Vashon nahm sie mit einem stahlharten Griff am Arm. Er wollte sie gerade wie eine Gefangene abführen, als sie ihre Absätze in den Boden stemmte. »Aber ich erinnere mich gar nicht an meinen Vater. Ich kann Ihnen nicht helfen.«

»Das wird sich zeigen.« Mit diesen Worten schob er sie weiter.

Plötzlich verlor sie ihre Gelassenheit. Ihr ganzes Leben lang war sie dazu erzogen worden, ein zivilisiertes, höfliches Benehmen zu schätzen. Mrs. Bluefield hatte ihr alles beigebracht. Nicht nur war sie in Kunst und Literatur unterrichtet, sondern auch ihre Manieren waren aufs feinste geformt worden, bis sie gut genug waren, um für den sehr unwahrscheinlichen Besuch beim König gerüstet zu sein.

Aber nun erkannte sie mit brutaler Klarheit, daß sie kämpfen mußte. Sonst würden sie sie entführen, und sie wäre in ihren Händen, bis die Männer sich irgendwann entschließen würden, sie freizulassen . . . oder schlimmer –

Sie warf Vashon einen Blick zu und betrachtete genau jede einzelne, harte Linie in seinem Gesicht. Er war nicht zu unterschätzen. Sie hatten ihn als Exzentriker bezeichnet, aber nur, weil es ihnen zu unbequem gewesen war, in ihm das zu sehen, was er im Grunde war – ein skrupelloser Mann, der sich in keinster Weise an die Regeln der Gesellschaft hielt – wahrscheinlich ein Pirat. Nur zu genau erinnerte sie sich an den Drachen auf seinem Rücken. Sie hatte sich durch seine äußere Fassade irreführen lassen. Darunter lag dieser Drache verborgen, dieses Symbol von Macht und Gewalt. Wenn sie es mit diesem Drachen jetzt nicht aufnahm, hatte sie keine Chance, der Seabravery zu entkommen.

Heftig drehte sie ihren Arm und versuchte, sich aus seinem Griff zu winden. Ihre Tasche fiel zu Boden, und der gesamte Inhalt verstreute sich auf dem Boden. Ihr Hut rutschte auf ihren Rücken, und einzelne Strähnen lösten sich von ihrem Haar. Er schien verdutzt über diesen plötzlichen Gegenangriff, und das war ihre Chance. Sie schüttelte ihren Arm frei und hob ihre Röcke. Aber sie kam nicht weit.

»Das ist sinnlos, Aurora – glaubst du wirklich, du kannst mich schlagen?« Vashon lachte.

Plötzlich platzte sie vor Wut. »Was für ein Mann sind Sie eigentlich?« kreischte sie.

Sie schlug wild um sich und versuchte verzweifelt, sich aus seinem festen Griff zu befreien. Sie hatte schließlich oft genug den kleinen Jungen im Heim zugesehen, wenn sie miteinander kämpften. Sie schlug mit ihren Füßen gegen sein Schienbein, und ihre Arme stießen wie wild gegen seine Brust. Er lachte nur noch lauter bei diesem machtlosen Racheakt, bis ein mißlungener Tritt ihr Knie genau in seiner Leistengegend landen ließ. Das Entsetzen in seinem Gesicht spiegelte fast ihr eigenes. Sie fühlte, daß sich sein Griff lockerte. Er krümmte sich, und seine Augen nahmen einen glasigen Ausdruck an. Einen Moment lang starrte er sie wütend an, dann aber wand er sich wieder in seinem Schmerz. Obwohl sie nicht genau wußte, was sie ihm eigentlich angetan hatte, war ihr doch klar, daß er sich nur zu schnell wieder erholen würde. Sie mußte sofort handeln. Und wieder raffte sie ihre Röcke und rannte zum Wetterdeck.

Aber Vashon hatte sich schneller erholt, als sie erwartet hatte. Er fing sie ein, gerade als auch der Captain ihr den Weg versperrte. Sie warf Captain Corbeil einen dermaßen enttäuschten Blick zu, daß sie sicher war, er würde mindestens einen Monat lang unter Alpträumen leiden.

Vashon zog sie zurück. Seine Hand fing das Rückenteil ihres Kleides, und sie sträubte sich so hartnäckig, daß es bis zur Taille riß. Das Oberteil fiel ihr nun praktisch von den Schultern, und sie mußte nun auch noch ihr Schamgefühl verteidigen, nicht nur um ihr nacktes Leben kämpfen.

»Sie – Schurke!« schrie sie ihn an. Das schien ihn aber nicht weiter zu stören. Er keuchte immer noch von der vorangegangenen Attacke, und er war ausgesprochen blaß. Sein Humor schien bezwungen, aber dafür loderte ein gefährliches Feuer in seinen Augen.

»Das wollte ich nicht tun«, murmelte er. »Ich dachte, du

würdest dich würdevoller verhalten. Aber ich sehe ein, du bist nicht die Frau, für die ich dich hielt.«

»Und Sie – « schrie sie, »Sie«, – sie wandte sich mit anklagendem Blick an den Captain – »sind nicht der Mann, für den ich Sie hielt!«

Vashon drängte sie an die Wand. Sie hielt sich das Kleid über die Schultern, aber als er immer näher kam, war sie gezwungen, eine Hand loszulassen, um ihn abzuwehren. Er nahm einfach ihre beiden Hände, und ihr Kleid rutschte ganz und gar von den Schultern. Mit einem Stöhnen blickte sie an sich herunter und sah, daß ihr Busen nur dürftig durch das dünne Hemdchen bedeckt war. Sie blickte auf und bemerkte, daß er es auch sah. Das Feuer in seinen Augen brannte nur noch heftiger.

»Lassen Sie mich gehen«, bat sie flüsternd.

»Das werden wir«, gab er zurück und strich eine goldrote Locke von ihrer Schulter. »Wenn wir haben, was wir möchten.« Er berührte ihr Schlüsselbein, und die Zartheit ihrer Haut schien ihm zu gefallen, nur widerwillig zog er seine Hand zurück.

»Sogar wenn ich diese Information hätte, würde ich sie Ihnen nicht mehr geben. Nicht nach dieser Behandlung«, erklärte sie mit herausforderndem Blick.

»Ach, das werden wir doch sehen.« Er lachte düster. »Ich habe bisher noch nicht einmal versucht, dich zu überreden. Danach kannst du all deine rachsüchtigen Versprechungen machen ... und ich werde sehen, was ich tun kann, damit du sie brichst.« Seine Finger glitten über ihren Hals, und sie lehnte sich zurück und schloß ihre Augen in dem verzweifelten Versuch, ihn damit loszuwerden.

Wie hatte sie je von dieser Bestie träumen können? Was war los mit ihr, daß sie auch nur eine Sekunde lang geglaubt hatte, er wäre irgend etwas anderes als gemein? Seine Hand streichelte ihr Dekolleté. Wütend blickte sie ihn an. Aber er hatte sie nicht vollkommen täuschen können. Unter dieser äußeren Fassade hatte sie zwischendurch den Pirat sehen können. Nun verhöhnte er sie. Er wollte sie zerbrechen, wollte das scheue kleine Mädchen sehen, für das er sie hielt. Aber er rechnete mit einer Sache nicht. Es gab keine Gesetze mehr, keine Regeln. Er hatte sie in der Minute ausgelöscht, als sie herausfand, daß er sie entführt hatte. Und so würde sie sich auch an keine Regel mehr halten.

Sie beugte ihren Kopf und biß ihm in die Hand, so fest sie konnte. Er stolperte zurück und fluchte laut. Hinter ihm konnte sie den Captain lachen hören.

»Genau das, was du verdient hast, Vashon!« rief er aus. »Ich wußte, daß du sie unterschätzt.«

Vashon warf ihm einen bezwingenden Blick zu, und als er das tat, versuchte sie, seinem Griff zu entkommen. Mit aller Kraft, die sie noch hatte, schubste sie ihn von sich. Aber er hielt sie noch an der Hand und warf sie einfach über seine breite Schulter. Ihr Hut rutschte ihr wieder über den Kopf, und es hagelte Haarnadeln auf den Boden. Ihre Zöpfe fielen ihm über den Rücken. Er ging einfach darüber hinweg.

»Halt!« forderte sie und trommelte mit ihren Fäusten auf ihn ein. Sie zog an seinem weißen Leinenhemd, als ob ihn das hätte abhalten können, sie fortzuschleppen. Er ging mit großen Schritten weiter, war nun ganz der Sieger, und sie wußte, es lag nicht mehr in ihrer Macht, ihn zu bremsen.

Sie hatte nicht mehr mit Hilfe gerechnet; aber plötzlich hörte sie eine bekannte Stimme. Sie hob ihren Kopf, und durch das Gewirr von langem roten Haar sah sie Flossie Lindstrom auf sich zugerauscht kommen, ihren gefährlichen Pagode-Sonnenschirm direkt auf Vashon gerichtet.

»Lassen Sie sie augenblicklich los, Vashon! Was denken Sie sich eigentlich!«

Überrascht, wie er war, hatte Vashon kaum genug Zeit, seine Angreiferin abzuwehren, die ihm mit der Spitze des Schirms einen heftigen Stoß in die Rippen versetzte. Er faßte Aurora nur noch fester, und obwohl sie nun ihren Kampf auch wieder aufgenommen hatte, gab er nicht ein Stück nach.

»Schaff sie mir vom Leib!« rief er nach dem Captain, der immer noch mit offenem Mund ungläubig und wie erstarrt in seiner Kabinentür stand. Captain Corbeil trat hervor und versuchte, die kampflustige Witwe zu bremsen. Dafür bekam er verschiedene Schläge auf den Kopf. Endlich war es ihm gelungen, den todbringenden Sonnenschirm aus Flossies Hand zu winden, aber die Witwe gab immer noch nicht auf.

»Was hat das zu bedeuten, Isaac?« schimpfte sie. Ihre sonst rosafarbenen Wangen waren rot vor Wut. »Was haben Sie beide vor, daß Sie Aurora auf diese Weise mißhandeln?«

»Bring diese gefährliche Walküre in meine Kabine«, befahl Vashon, der mit seiner Geduld am Ende war. »Und nimm das«, er deutete auf den Schirm, den der Captain in der Hand hielt, »und sieh zu, daß es über Bord geworfen wird.« Mit der hilflosen Aurora über der Schulter marschierte Vashon ungestört weiter.

Entrüstet drehte sich Flossie zu dem Captain um. Sie wollte ihn eigentlich noch einmal zurechtweisen, aber dann sah sie die Pistole, die er sehr fachkundig in der Hand hielt. Isaacs Gesichtsausdruck war einerseits hart, andererseits aber auch verstört und doch kompromißlos. Grimmig wies er ihr den Weg. Und mit einem Blick größter Enttäuschung hob Flossie ihre Röcke und strebte mit ihrem mächtigen Körper den Gang hinunter.

8

»Sie kommen damit nicht durch, Vashon«, sagte Flossie, während Isaac sie an Händen und Füßen an einen Stuhl festband. Sie sah fast komisch aus mit ihrer vollen schwarzumhüllten Figur, die der kümmerlichen Beengtheit eines Seils ausgesetzt war. »Ich habe viele Freunde in St. George! Die werden Sie finden!« drohte sie.

Vashon stand an der Tür und sah mit kühlem Gesichtsausdruck zu. Über ihnen hörte man Schritte, offensichtlich wurde das Schiff zum Ablegen fertiggemacht. Vashon war zufrieden bei dem Gedanken an einen schnellen Aufbruch. Er warf der Witwe einen spöttischen Blick zu. »Ich habe mich schon eindrucksvolleren Männern entzogen als Ihren milchgesichtigen Verbindungen, Madam.«

»Aurora und ich werden in dem Lokal erwartet. Wenn ich nicht dorthin zurückkehre, wird ganz Bermuda nach Ihnen suchen.«

»Und wie werden sie überhaupt wissen, daß sie nach mir zu suchen haben? Die meisten Passagiere sind entweder schon vor Ihnen fort gewesen, und die wenigen, die noch blieben, haben gesehen, daß Sie an Land gegangen sind. Das einzige, was man mit Sicherheit wissen wird, ist, daß Sie das Lokal wieder verlassen haben und man nie wieder etwas von Ihnen gehört oder gesehen hat. Sie werden glauben, daß Sie im Hafen den Halt verloren haben und ertrunken sind.«

»Nein! Sie wissen, daß die Seabravery zeitig abgelegt hat, und wenn Auroras Freunde beginnen, nach ihr zu suchen, werden sie eins und eins zusammenzählen und wissen, daß sie entführt worden ist!«

Vashon begann zu lachen. Flossie sah so aus, als würde sie jeden Augenblick einen Schlaganfall bekommen.

»Ist das wahr, kleines Mädchen?« Vashon wandte sich Aurora zu.

Sie stand an die Wand gelehnt, die Hände am schwarzlackierten Bettpfosten festgebunden.

»Werden all die feinen Pfauen von London daherspazieren und das Meer nach Ihnen durchstöbern?« Er hob eine seiner schwarzen Augenbrauen.

Als sich ihre Blicke trafen, wirkte Aurora wie versteinert. Sie weigerte sich, ihre Furcht zu zeigen. Aber sie war wirklich in einer verzweifelten Situation. Es gab nicht eine Menschenseele in der ganzen Welt, die nach ihr suchen würde. Aurora hatte niemanden, absolut niemanden, der sie vermissen würde. Vashon hatte recht, aber, verdammt nochmal, das würde sie nie zugeben.

»Mein Verlobter wird kommen«, sagte sie. »Und er wird wissen, daß etwas passiert ist, wenn ich seine Briefe nicht beantworte. Er wird nach Lady Perkins suchen, und dann wird er bald wissen, wer der Übeltäter ist.» Sie blitzte Vashon giftig an, dann wandte sie sich angewidert ab.

Vashons Augen zogen sich zusammen. Ein zynisches Lächeln umspielte seine Lippen. »Als wir uns ein wenig mit dir beschäftigt haben, gab es keinerlei Anzeichen für einen Verlobten. Wer ist der Mann? Ein Phantasieprodukt, denke ich. Wenn du verlobt wärst und heiraten wolltest, warum solltest du dann so verrückt darauf sein, nach Jamaica zu reisen und eine neue Stellung zu bekommen? Nein, das erfindest du, Aurora, und ich sage dir jetzt, auf deine Lügen wird man hier auf dem Schiff nicht freundlich reagieren.«

»Es ist aber wahr«, sagte sie ruhig. »John Phipps wollte, daß ich seine Frau werde. Als er das Heim geerbt hat, hat er um mich geworben.«

»Und was hielt ihn zurück?«

Die Frage hing in der Luft. Es war so still, daß man eine Nadel hätte fallen hören. Aurora suchte händeringend nach einer Antwort.

»John mußte erst mal mit verschiedenen Problemen fertig werden. Nach dem Tod der ehemaligen Eigentümerin wollte er einiges verändern. Ich habe ihn verlassen, damit er in der Zwischenzeit die Dinge in Ordnung bringen kann. Er wird Ihnen nachsetzen, sobald –«

Die Worte starben ihr auf den Lippen, als Vashon auf sie zukam und über ihre Wange streichelte. Sie zuckte zurück, außer sich vor Zorn.

»Dieser Mann hat dich bis Jamaica reisen lassen, damit er leichter mit seinen geschäftlichen Problemen fertig wird? Ich glaube dir nicht.» Sein Blick glitt über ihre Figur, zögerte dort, wo ihr das Kleid von den Schultern gerutscht war und aufreizend über ihrem Busen hing. Unfähig, sich dagegen zu wehren, umklammerte Aurora den Bettpfosten, wie um ihn damit abzuwehren.

»Aurora, laß mich dir ein Geheimnis verraten««, fuhr er fort. »Kein Mann ist so geduldig . . . oder so dumm.«

»Ich habe das nicht erfunden! John Phipps wird Sie verfolgen, und die Royal Navy wird ihm dabei helfen!«

»So sei es. Aber wenn ich mich von jeder Drohung mit der Royal Navy hätte einschüchtern lassen, wäre ich nicht weit gekommen.« Er nahm einen tiefen Atemzug. »Nun, meine Ladies«, sagte er zu ihnen beiden, »Isaac und ich müssen das Schiff aus dem Hafen bringen, bevor es eine Katastrophe gibt. Wenn wir auf offener See sind, werden Sie losgebunden und von Benny versorgt. Wenn alles gutgeht und Aurora sich kooperativ verhält, können Sie bereits im nächsten Hafen das Schiff verlassen. Das wird San Juan sein . . . Wenn jedoch Aurora nicht mithilft« – Vashon warf ihr einen durchdringenden Blick zu – »dann nehmen wir Sie beide mit auf meine Insel, und Sie werden dort bleiben, bis Sie es sich anders überlegt haben.«

»Wo ist die Insel?« fragte Flossie

»Le Mirage de la Mer, was die Fata Morgana des Meeres bedeutet, trägt ihren Namen zu recht. Die Insel ist wirklich eine ›Mirage‹ und ist noch auf keiner Karte verzeichnet. Daher wäre es auch nicht gut für Sie, wenn ich Ihnen sage, wo sie liegt.«

Flossie seufzte verzweifelt auf, dann wandte sich ihr Zorn Isaac zu, der neben ihr stand. »Wie können Sie mir das antun? Ich dachte – ich dachte–« stotterte sie, dann nahm sie sich zusammen. »Ich verfluche Sie, verstehen Sie mich? Ich dachte, Sie wären ein Gentleman.«

»Flossie«, sagte Isaac mit verärgerter Stimme, »wo Sie das Schiff doch schon verlassen hatten, warum sind Sie überhaupt zurückgekehrt? Warum haben Sie sich nicht rausgehalten? Ich sagte Ihnen doch, daß ich Sie besuchen würde – was haben Sie denn hier gemacht? Haben Sie mich gesucht?«

»Natürlich nicht!« fuhr sie ihn an. »Ich habe Aurora gesucht. Wir wollten uns ein wenig im Gasthaus ausruhen, und als sie nicht kam, habe ich mir Sorgen gemacht, daß sie sich verlaufen hat. Nie in meinen wildesten Alpträumen hätte ich vermutet, daß Sie sie entführen. Oh, und ich habe Ihnen vertraut! Ich habe Sie sogar zum Tee in meine Kabine gebeten. Wie konnte ich mich nur so täuschen?«

Diese Bemerkung machte den Captain nur noch zorniger. Isaac lief zur Tür. Vashon warf den beiden Frauen noch einen warnenden Blick zu. Dann verließ auch er die Kabine.

Als die Männer fort waren, wandte sich Flossie sofort ihrer Freundin zu. »Oh, mein Liebes, hat dieser – dieser – Schurke dir weh getan? Ich muß dir sagen, ich war noch nie in meinem Leben so schockiert, als ich sah, daß er dich einfach so über der Schulter trug. Bist du sicher, daß alles in Ordnung ist?«

Aurora lächelte sie schief an. »Mein Kleid und mein Zartgefühl sind beschädigt, aber sonst nichts. Es tut mir so unendlich leid, daß du zurückgekommen bist. Wie sehr ich wünschte, daß du mit der Sache nichts zu tun hättest. Da geht es mir genau wie Captain Corbeil.«

»Was will er? Ich muß zugeben, daß ich von Piraten gehört habe, die schöne Frauen als Beute nehmen. Aber dies hier scheint so geplant und vorsätzlich. Und Isaac! Ich kann nicht glauben, daß er etwas derartig Schockierendes ohne guten Grund tut – einfach nur eine junge Schönheit und –«

»Vashon will nicht mich. Er will etwas von mir erfahren, von dem ich glaube, daß ich es gar nicht weiß.« Aurora zog die Stirn kraus und setzte sich auf die Kante von Vashons riesigem Bett. »Aber vielleicht können wir uns mit einer Lüge helfen. Und er läßt uns frei.«

»Liebes, wenn eins bei Vashon sicher ist, dann, daß er nicht der Mann ist, der sich so leicht irreführen läßt. Nein, ich glaube nicht, daß eine Lüge die richtige Antwort ist.«

»Dann werde ich eine andere Möglichkeit finden, wie ich uns befreien kann«, verkündete Aurora. »Irgendwann werden wir auch mal wieder in einem Hafen anlegen müssen. Und dann werde ich fliehen und Hilfe holen.«

»So aussichtslos, wie das auch klingt, meine Liebe, das könnte unsere einzige Chance sein.« Flossie warf ihr einen betroffenen Blick zu. »Aber laß uns beten, daß dieser Hafen nicht Le Mirage de la Mer ist. Bei einem solchen Namen scheint es tatsächlich aussichtslos zu sein, dorthin zu finden – und von dort fortzukommen.«

»Ich fürchte, du hast recht«, antwortete Aurora düster, als das Schiff aus dem Hafen schlingerte.

Flossie war längst von ihrem Stuhl losgebunden und von Isaac in ihre frühere Kabine gebracht worden. Nur sie saß noch an Vashons Bett gebunden hier. Benny war gekommen und hatte eine Tasse Tee gebracht, Koonga im Schlepptau, aber es war ihm untersagt, Aurora loszubinden. Nur Vashon konnte sie befreien.

Nun wartete sie auf den Piraten. Und er enttäuschte sie nicht. Kurz nachdem Benny fort war, hörte sie Vashons Schritte im Gang. Die Kabinentür schwang auf, und sie waren allein.

Schweigend trat er ein und schloß die Tür. Er warf ihr einen durchdringenden Blick zu, dann ging er zu einer Kommode und holte sich ein frisches Leinenhemd. Sie sah ihm zu, wie er sich umzog, und sie bemerkte mit Genugtuung den häßlichen Riß im Hemd, das er trug. Sie sah auch die Wunde an seiner Taille, die immer noch etwas blutete. Flossies Schirm hatte sein Ziel nicht verfehlt.

Ihre Genugtuung zerstreute sich jedoch wieder sehr schnell, als Vashon ihr seinen nackten Rücken präsentierte – und damit den Drachen. Sein Zopf hing teilweise über den Augen der Bestie, aber als sie sie anblickten, erfüllten sie sie mit Schrecken. Dieser Mann war wie kein anderer, mit dem sie je zu tun gehabt hatte. Das einzige, was sie über ihn genau wußte, war, daß er gefährlich war.

»Wenn ich schon als Gefangene auf diesem Schiff sein

muß, dann möchte ich wenigstens in meine Kabine zurück«, sagte sie und versuchte mit aller Macht, eine feste, ruhige Stimme zu wahren.

Auf diese überraschende Erklärung hin drehte er sich zu ihr um. Ein Lächeln spielte um seine schmalen Lippen. »Wir werden ein langes Gespräch miteinander haben, *Aurora*, dann werde ich sehen, was ich für Sie tun kann.«

»Wenn Sie meine Mithilfe suchen, werden Sie sie niemals auf diese Weise bekommen.« Sie ruckte an ihren gebundenen Händen, dann blickte sie schnell weg.

Daß sie ihn so kurz abfertigte, verunsicherte ihn. Er ging zu ihr und strich ihr eine Locke aus dem Gesicht.

»Laß uns die Dinge ein für allemal klarstellen«, flüsterte er mit einem verärgerten Blick. »Nicht ich muß dich für eine Zusammenarbeit gewinnen, es ist umgekehrt. Wenn du deine Hände losgebunden haben willst, mußt du dir das erst mal verdienen. Wenn du deine eigene Kabine möchtest, wirst du sie dir ebenso verdienen.

Und dann möchte ich dir noch was sagen. Wenn alles gutgeht, verspreche ich dir jeden Luxus auf diesem Schiff. Wenn nicht, dann – « Sein unverschämter Blick wanderte lasziv über ihren Körper. Das allein war eine schlimmere Drohung als jedes weitere Wort.

Sie versuchte, den in ihr aufwallenden hysterischen Anfall zu unterdrücken. Sie war diesem Mann nicht gewachsen. Zweifellos war sein ganzes Leben ein einziges Vergewaltigen, Ermorden und Rauben gewesen. Er nahm alles und jeden, wenn er es wollte, und wenn nicht, beförderte er seine Opfer ins Jenseits. Wie sollte sie gegen ihn ankämpfen? Welche Waffe konnte sie gegen ihn ansetzen? Sie war nur halb so groß wie er. Ihre Kraft war nichts gegen seine. Er war ein offensichtlich mächtiger Mann, einer, der viele unwürdige Schlachten geschlagen hatte. Verglichen mit ihm war sie unbedeutend, eine kleine graue Maus in den Krallen eines Löwen.

Aber eins an ihr war nicht unbedeutend. Ihr Wille konnte

gegen ihn ankämpfen, wenn es ihrem Körper schon nicht gelang. Viele hielten sie für zurückhaltend und temperamentlos. John auf jeden Fall auch. Aber tief innen hatte sie immer gewußt, daß das nicht so war, und daher hatte sie auch ihren Mut zusammennehmen können, um das Heim zu verlassen. Sie hatte eigentlich immer gedacht, daß man ihr nur eine Chance geben mußte, und sie würde genauso feurig sein wie die Heldinnen in ihren Romanen, die John so wenig schätzte. Nun war der Moment gekommen, um das zu beweisen, und wenn auch nur sich selbst.

Sie blickte auf und sah den Schimmer in seinen Augen. Vashon hatte Spaß daran, sie so erschreckt zu sehen. Wenn sie hysterisch wurde, hätte er zweifellos eine gemeine Schadenfreude. Plötzlich kochte sie vor Wut. Genau jetzt und hier, unter dem schmutzigen Blick dieses Piraten, schwor sie sich, genauso willensstark zu sein wie er – oder bei dem Versuch zu sterben.

»Ich möchte, daß meine Hände losgebunden werden«, befahl sie mit gereizter Stimme.

Er ließ ihren Zopf los und strich gemächlich eine rotgoldene Haarsträhne von ihrem Mund. Er schien Gefallen daran zu finden, denn er ließ sich abscheulich viel Zeit dabei.

Sie starrte ihn wutentbrannt an.

»Warum versuchst du nicht, ›bitte‹ zu sagen? Das macht mich immer viel zugänglicher?«

Sie drehte sich weg. Noch nie in ihrem ganzen Leben war sie so gedemütigt worden. Diesen Schurken zu bitten war unter ihrer Würde.

»Du willst es nicht sagen, Aurora?«

Sie weigerte sich standhaft, ihn anzusehen. Niemals würde sie zu diesem Barbaren »bitte« sagen.

Er lachte. »Also gut, dann bleibst du eben da, wo du bist. Ich kann gar nicht abwarten, dein Gesicht zu sehen, wenn ich mich ausziehe und ins Bett gehe. Wenn du schon beim Anblick meines bloßen Oberkörpers errötest, was wird dann wohl geschehen, wenn ich ganz nackt bin?«

Sie warf ihm einen Blick zu.

»Immer noch unsicher?« Seine Hand rieb sich lüstern an den dunklen Haaren seiner Brust. Er hatte das Hemd noch nicht zugeknöpft.

»Ich lasse mich nicht einschüchtern. Nicht von Ihnen. Überhaupt von niemandem.«

»Gut. Gut. Wir werden es auf den Kampf ankommen lassen. Ja?« meinte er. »Warum mache ich jetzt eigentlich kein kleines Schläfchen? Und wir testen mal diese altjüngferlichen Nerven.«

Ohne abzuwarten, zog er sein frisches Hemd wieder aus. Ihre Augen wurden groß, aber sie blieb hart. Sie beruhigte sich damit, daß sie ihn ja schon mit nacktem Oberkörper gesehen hatte. Das half. Auch als er sich auf einen Stuhl setzte und die Stiefel auszog. Aber als er begann, den ersten Knopf seiner Hose zu öffnen, überkam sie Panik. Sie drehte ihren Kopf weg.

»Komm schon, *Aurora*, das war aber kein langer Kampf.«

Sie hörte, daß ein Kleidungsstück zu Boden fiel. War er jetzt nackt und stand direkt hinter ihr? Allein bei dem Gedanken wurde sie blaß wie eine Wand.

»Was hast du zu sagen, Miss Dayne?« höhnte er. »Ein Wort, und du wirst losgebunden.«

Sie erschauderte. Aber sie blieb standfest. Sie wünschte, sie hätte den Mut gehabt, ihn anzusehen.

»Verweigern wir unsere Mitarbeit?«

Sie drehte den Kopf noch weiter weg. Was würde er tun, um sie zu zwingen? Sie wußte es nicht. Aber sie war bereit, da zu bleiben, wo sie war. Zur Not für immer ...

»Also gut. Wir können so nicht ewig weitermachen ...«

Plötzlich hörte sie, daß er rannte. Seine nackten Füße trommelten über den Bohlenboden, dann machte er einen Satz ins Bett. Ein Schrei entfuhr ihren Lippen. Unfähig, sich zu bremsen, blickte sie auf seinen durchtrainierten Körper. Zu ihrem Verdruß warf er seinen Kopf zurück und lachte, bis ihm Tränen in den Augenwinkeln standen.

Seine Hosen hatte er immer noch an. Er hatte sich nur einen Scherz mit ihr gemacht. Aber in diesem Moment war sie zu überrascht über seine Gaunerei, um böse zu sein.

Er faßte sie an den Handgelenken. Sie versuchte, sie wegzuziehen, aber er kniete am Bettende und schob ihre Hände den Bettpfosten hinunter. Als sie gezwungen war, sich zu bücken, nahm er ihr Haar und zog ihren Kopf an seinen. Mit einem sehr finsteren Ausdruck im Gesicht warnte er sie. »Du bist so leicht zu ängstigen, kleines Mädchen. Ein zwölfjähriger Junge könnte das schon. Aber ich bin kein zwölfjähriger Junge. Und ich weiß, wie man kleine Frauen wie dich wirklich ängstigen kann. Deshalb schlage ich vor, wir lassen diese Spielchen und du hilfst mir ... oder du siehst, wie angsteinflößend ich wirklich bin.«

Sie versuchte, sich abzuwenden. Aber er hielt ihr Haar zu fest. Sie dachte, sie würde durchhalten, aber plötzlich zog ein fremder Ausdruck über sein gutaussehendes Gesicht. Er sah hungrig aus und lüstern – als ob sie in ihrer Unschuld eine Art von Vergnügen für ihn bereithielt, das er vorher noch nie ausprobiert hatte.

Die Angst ließ ihr Herz wie wild schlagen. Er begehrte sie. So wie John Phipps sie begehrt hatte. Aber Vashons Machenschaften waren viel dunkler als die von John Phipps. Weil dieser Mann sie dazu brachte, daß sie ihn auch begehrte, und gegen ihren Willen reagierte sie auf ihn. Ihr Bauch spannte sich an, und ihr Unterleib schmolz förmlich und pulsierte. Er griff nach ihr, und obwohl sie sich nicht einmal berührten, schien sein Mund sich auf ihren zu legen. Sie war sich der Gefahr, die von ihm ausging, nur zu bewußt. Mit einem Kuß wollte er sie strafen, sie befreien und versklaven. Alles auf einmal. Seine Lippen öffneten sich schon für den Kuß.

»Bitte«, stieß sie hervor und verachtete ihn, wie sie noch nie irgend jemanden verachtet hatte.

Er riß seine Augen auf und wirkte direkt enttäuscht, als

ob er sich schon auf die Bestrafung, die er ihr zugedacht hatte, gefreut hätte.

»Bitte, binden Sie meine Hände los!« sprach er ihr in seinem Verdruß vor.

»Bitte-binden-Sie-meine-Hände-los!« wiederholte Aurora steif.

Es funktionierte. Innerhalb weniger Sekunden waren ihre Hände von den Fesseln befreit. Sie stolperte zur Tür und wollte sie öffnen, aber ihre Hände waren noch zu taub. Sie begann, sie zu reiben.

»Es ist abgeschlossen«, sagte er.

Sie wirbelte herum und blickte ihn an. »Ich darf nicht in meine Kabine zurück?«

»Noch nicht. Komm her und setz dich.« Er zeigte auf das Sofa.

Da sie sich nicht von der Stelle rührte, zog er sie einfach am Kleid dorthin, wie man ein junges Kätzchen am Genick packt.

»Was gucken Sie denn so?« Sie warf ihm einen haßerfüllten Blick zu und zog sich ungehalten das Kleid wieder über die Schultern.

»Ich dachte gerade, daß wir noch nicht sehr weit von St. George entfernt sind. Und bis wir weiter weg sind, meine ich, wirst du am besten hier bei mir bleiben. Übrigens habe ich nicht die Absicht, dir hinterherzukommen, wenn du dich entschließen solltest, zu schwimmen.«

»Ich kann nicht schwimmen.«

»Gut.«

Sie sagte nichts, schob sich nur immer wieder das Kleid zurecht, was aber im Grunde vollkommen sinnlos war.

Ihr schweigsamer Vorwurf schien ihn zu irritieren. Gereizt sagte er: »Das erste, was du dir sparen kannst, ist dieses überflüssige Wachen über deine Jungfräulichkeit. Ich verspreche dir, keiner auf diesem Schiff wird sie dir rauben.«

Sie warf ihm einen ungläubigen Blick zu. Er lachte nur.

»Ich lasse es nicht zu, daß irgendein Mann meine...

Unterwäsche ansieht«, entgegnete sie und hielt weiter verkrampft das Oberteil ihres Kleides umklammert.

Dieses nur zu bekannte Grinsen erschien wieder auf seinem Gesicht. »Was versuchst du eigentlich zu verbergen? Vielleicht ist dein Busen nicht so schön, wie man meint? – Es gibt ja da neuerdings Möglichkeiten für euch Frauen, mehr zu scheinen als zu . . . haben . . .«

»Wie – können Sie es wagen – so etwas auch nur zu erwähnen –« keuchte Aurora empört.

»Dann laß doch dein Kleid los.«

»Ganz sicher nicht.«

»Ich hasse es, dir zu nahe zu treten, meine liebe Miss Dayne, aber ich habe schon einige Frauen im Hemd gesehen, und wenn es auch noch so bezaubernd ist, wird es mich doch gewiß nicht gleich um den Verstand bringen.«

Sie warf Vashon einen schockierten Blick zu. Wie er es verstand, immer wieder die Dinge umzudrehen. Am Ende sah es gar so aus, als wollte sie etwas von ihm. In gar keinem Fall würde sie das Kleid fallen lassen!

Sein Verdruß über ihre Prüderie steigerte sich nur noch. »Vielleicht täte uns etwas Alkohol gut. Ein kleiner Brandy könnte bei dir wahre Wunder wirken, brächte dich zum Sprechen und würde dich etwas lockerer machen . . .«

»Nein!« unterbrach sie ihn. »Ich möchte keinen Alkohol. Ich möchte einfach nur wissen, was Sie eigentlich von mir wollen. Ich möchte das Ganze jetzt klären, damit wir es hinter uns bringen und nach St. George zurück können.«

Vashon war schon zum Bücherschrank getreten und griff nach einer Karaffe. Mit zwei Gläsern trat er zu Aurora.

»Trink was«, befahl er.

»Ihr mieser Likör wird meine Zunge nicht lösen. Darum verlange ich, daß Sie mir unverzüglich mitteilen, um was für ein Geschäft es eigentlich geht.«

Er füllte die Gläser zu gut zwei Drittel.

»Das ist zwecklos. Ich weigere mich, ein Wort zu sagen,

bevor ich nicht weiß, worum es sich handelt. Und bevor ich nicht mit mehr Achtung behandelt werde.«

»Ich werde dir Achtung zollen. Das war Napoleons bester.« Er stellte das Glas vor sie hin. »Komm schon, Aurora, meine prüde kleine Jungfrau. Wenn dieser gute Tropfen dir nichts anhaben kann, dann gibt es nichts, wovor du Angst haben müßtest. Trink.«

»Ich will nicht –« protestierte sie, aber bevor sie den Satz überhaupt zu Ende sprechen konnte, hatte er bereits eine ihrer Hände von dem Kleid gelöst und um das Glas gelegt.

»Was geht auf diesem Schiff vor sich?« fragte sie, nachdem er es sich wieder neben ihr bequem gemacht hatte. »Warum all diese Pläne, mich zu entführen, wo ich doch nichts über den Stern von Aran weiß?«

Er blickte sie an wie ein Schakal seine köstliche Beute. »Ich werde dir alles sagen, was du wissen willst«, sagte er bedächtig. »Aber zunächst einmal muß ich dich immer wieder daran erinnern, daß du bereit sein mußt, kooperativ zu sein.« Er blickte auf das Glas in ihrer Hand. »Ich sagte doch, du sollst das trinken. Wenn dein Glas leer ist, werden wir anfangen.«

Sie starrte auf das Glas in ihrer Hand. Im Grunde hätte sie ihm den Inhalt direkt in sein gutgeschnittenes Gesicht schütten sollen. Aber das hätte die Sache nur unnötig verzögert. Und sie wollte doch so schnell wie möglich Bescheid wissen.

Mit der größten Feindseligkeit trank sie ihren Brandy in einem Zug herunter. Das Feuer in ihrer Kehle nahm ihr fast den Atem, und sie brauchte mindestens eine volle Minute, um den heftigen Hustenanfall auf damenhafte Weise zu unterdrücken. Als sie sich endlich soweit in der Gewalt hatte, stellte sie ihr Glas auf den Tisch und blickte ihn fragend an.

»Mehr?« Er hielt ihr die Karaffe hin, den Schatten eines Lächelns im Gesicht.

»Nein«, hauchte sie.

Er grinste und füllte sein Glas. Sie beobachtete ihn dabei, und obwohl sie noch nie so mißhandelt worden war, konnte sie doch ihre widersprüchlichen Gefühle ihm gegenüber nicht unterdrücken. Er war einfach der traumhafteste Mann, dem sie je begegnet war, mit seinem langen dunklen Haar, seinem klassischen Gesicht und dem muskulösen Körper. Und immer wieder wurde ihr Traum heraufbeschworen – und damit all diese unkontrollierbaren Sehnsüchte und Wünsche. Und sie war die Gefangene dieses Mannes, und sie wußte nicht einmal, was er eigentlich von ihr wollte. Der Alkohol, so schrecklich er auch in der Kehle brannte, hatte ihr gutgetan. Sie durfte nicht kapitulieren, sie brauchte all ihren Mut.

»Was wollen Sie also?« fragte sie.

»Ich möchte wissen, wo der Stern ist. Der Stern von Aran. Wenn du mir das sagst, bist du frei.«

»Was ist das überhaupt?« flüsterte sie.

»Es ist ein Smaragd – so groß wie deine Faust. Dein Vater hat ihn dem Viscount Blackwell gestohlen . . .«

»Mein Vater! So etwas hat er niemals getan!« keuchte Aurora schockiert. Ihr Vater war kein Dieb. Obwohl sie sich kaum noch an ihn erinnern konnte, wußte sie doch, daß er ein anständiger Mann gewesen war, ein Mann, der ihr Kinderreime beigebracht und ihr die Kette geschenkt hatte. So eine großzügige, edle Seele konnte keinesfalls gleichzeitig ein Krimineller sein. Dieser Pirat befand sich offensichtlich in einem schlimmen Irrtum.

»Das gefällt dir nicht, stimmt's, daß ich deinen Vater schlechtmache?« Vashon grinste. »Isaac hat mal wieder recht. Er sagte, du würdest deine Schwierigkeiten haben, das zu glauben.«

»So etwas hat mein Vater nicht getan. Sie täuschen sich.«

»Aber er hat ihn gestohlen. Als er den Smaragd hatte, hat er dich ins Armenhaus gebracht, in Sicherheit. Also, wo hat er ihn gelassen, Aurora? Weißt du das?«

»Das Heim war kein Armenhaus. Und mein Vater hat nicht gestohlen. Sie befinden sich im Irrtum.«

Plötzlich wurde er ungeduldig. Er griff nach ihrem Kinn und zwang sie, ihn anzusehen. »Wir können diese Getue auch lassen, Miss Dayne. Du bist das Produkt eines Diebes und einer Schauspielerin – oder sagen wir besser, einer Prostituierten. Der einzige Grund, warum du den Namen deines Vaters trägst, ist, daß er offensichtlich nichts dagegen hatte. Das hat aber nichts damit zu tun, daß du unehelich geboren bist.«

Ihr Gesicht wurde aschfahl. »Was sagen Sie da?«

»Ich sage, daß du, meine liebe, höchst anständige Miss Dayne, ein Bastard bist.«

Sie riß sich von seinem Griff los. »Das sind gemeine Lügen.«

Er wurde sehr ernst. »Es sind keine Lügen. Ich sage dir die Wahrheit. Deine Mutter war eine Schauspielerin in irgendeinem miesen kleinen Theater in Bethnal Green, und sie starb bei deiner Geburt. Du warst ihr einziges Kind. Dein Vater hat dich erzogen, und womöglich hat er dich sogar gern gehabt. Bis er den Smaragd stahl und fliehen mußte. Da hat er dich im Waisenhaus untergebracht. Was ich wissen will, ist, wo dein Vater den Smaragd gelassen hat.«

Aurora hörte ihm kaum zu. Sie konnte einfach nicht glauben, was er da sagte. Ihr ganzes Wesen sträubte sich dagegen. Sie war nicht irgendein uneheliches Balg, das unerwünschte Zufallsprodukt einer Schauspielerin vom Tingeltangeltheater. Sie war die stolze Tochter von –?

Nichts. – Es gab keine Erinnerung an die Gesichter ihrer Eltern. Nur ein vager Eindruck von einem Mann, der alles sein konnte – reich, arm, ein Bettler, ein Dieb.

Sie schloß die Augen. Nein, das konnte nicht wahr sein. Sie erinnerte sich daran, wie sie als junges Mädchen Mrs. Bluefield nach ihren Eltern gefragt hatte. Und als Antwort wurde ihr der Beginn eines Gedichtes aufgesagt:

Oh, sei still, mein Baby, dein Vater war ein Edelmann,
deine Mutter eine Lady, beide schön und klug . . .

Ihr ganzes Leben lang hatte Aurora an diese Worte

geglaubt. Sie hatte hart an sich gearbeitet, an ihrem Benehmen, ihrem Auftreten, sie hatte fleißig gelernt. All das in der heimlichen Hoffnung, daß eines herrlichen Tages der Edelmann und die Lady kommen würden, um sie abzuholen. Und diese vielen einsamen Jahre, die sie im Waisenhaus zugebracht hatte, sollte sie einem Irrglauben nachgejagt haben?

. . . dein Vater war ein Edelmann,
deine Mutter eine Lady, beide schön und klug.

Tränen traten ihr in die Augen. Schnell wandte sie sich ab, denn sie wollte nicht, daß er es sehen konnte. Sie wußte ja, daß sie nicht das einzige Kind war, dem Mrs. Bluefield dieses Gedicht aufgesagt hatte. Sogar sie selbst, als sie dort als Lehrerin arbeitete, war damit den Fragen der Kinder begegnet. Und alle hatten sie daran geglaubt. Und für keinen, nicht einmal für sie selbst, traf dieser Vers zu.

»Sie sind ein schlechter Mensch, daß Sie mir so gemeine Lügen erzählen«, sagte sie mit zitternder Stimme.

»Nun, es wurde Zeit, daß dich jemand von deinem hohen Sockel holt.«

»Immerhin bin ich rechtschaffen und habe Ehrgefühl.« Aurora wandte sich wutentbrannt zu ihm. »Im Gegensatz zu Ihnen, der nicht einmal einer Schlange in die Augen sehen kann.«

Vashon schwieg, als ob ihm ihre Wut die Sprache verschlagen hätte. Dann brach er in ein spöttisches Gelächter aus. »Immer noch die strenge kleine, eiskalte Jungfer, wie ich sehe. Erinnere mich daran, Aurora, daß ich in der Hitze der Karibik meinen Wein in deiner Nähe kühlen kann.«

Sie warf ihm einen boshaften Blick zu.

Er wurde wieder ernst und sein Gesichtsausdruck hart. »Nun zurück zum Geschäft. Wo ist der Stern?«

»Sogar wenn die schändlichen Beschuldigungen zuträfen, ich war ein kleines Mädchen, als ich meinen Vater zuletzt sah. Woher soll ich wissen, wo der Stern ist?«

»Er brachte dir den Kinderreim bei. Mit diesen blöden Zeilen wollte er dir einprägen, wo du ihn finden kannst. Also, wo ist der Stern? Sag es mir, und du bist frei.«

»Mein Vater hat den Smaragd nicht gestohlen. Niemals kann ich das glauben.«

»Also, das mußt du. Michael Dayne war wirklich ein Dieb, und ein guter noch dazu.«

Aurora wurde still. Sie wünschte, sie hätte irgendeinen Beweis für die Rechtschaffenheit ihres Vaters gehabt. Aber es gab nichts. Sie hatte nur die Kette. Und von der hatte Vashon ja schon behauptet, daß sie gestohlen sei. »Wissen Sie wirklich etwas über meinen Vater?« fragte sie mit mitleiderregender Stimme.

»Ja.« Er schaute sie an.

»Aber wo ist er jetzt? Lebt er noch?« Ihre Augen schimmerten hoffnungsvoll. Sie wollte nicht glauben, daß Vashon wirklich etwas über ihren Vater wußte. Aber nach all den Jahren der Einsamkeit, ohne eine einzige Menschenseele auf der Welt, die wirklich zu ihr gehörte, war ihr ein Vater, der ein Dieb war, immer noch lieber als gar keiner.

»Das ist unwahrscheinlich«, antwortete er und beobachtete sie genau. »Man hat nichts mehr gehört, seit er dich im Waisenhaus abgegeben hat.«

Sie wandte ihr Gesicht ab. Sie wollte nicht, daß er ihre Enttäuschung sehen konnte.

»Sie wissen nichts über ihn, aber Sie beschuldigen ihn, ein Dieb zu sein. Wo ist Ihr Beweis?« fragte sie verletzt. »Sie entehren meinen Vater, ohne einen einzigen Beweis zu haben.«

Ohne Vorwarnung streckte er seine Hand aus und griff andächtig nach dem Anhänger.

»Daher weiß ich es«, sagte er mit heiserer Stimme, seinen Blick auf das Tier gerichtet. »Dieses Medaillon wurde für Lady Blackwell gearbeitet, als Hochzeitsgeschenk. Es ist bestens bekannt, daß dein Vater es ihrem Mann gestohlen hat. Es identifiziert dich als Tochter von Michael Dayne, und zwar eindeutiger noch als dies hier«, er berührte eine rötliche Locke. »Dein Vater, heißt es, hatte dieselbe Haarfarbe.«

»Es gibt noch mehr, die diese Haarfarbe haben.«

»Aber es gibt nur ein Medaillon. Das habe ich dir schon bei unserer ersten Begegnung gesagt.«

»Sie behaupten also, daß dieser Reim verraten soll, wo der Smaragd ist?«

»Ja. Da bin ich mir ganz sicher. Das ist der Schlüssel.«

In Gedanken versunken griff sie nach der Kette. Und nach und nach wurde ihr bewußt, daß sie damit eine Waffe gegen diesen Mann besaß, die nicht zu unterschätzen war. Sie würde niemals glauben, was er ihr über ihre Eltern gesagt hatte. Aber in jedem Fall wollte er diesen Smaragd. Und wenn es sich tatsächlich herausstellen sollte, daß er recht hatte mit seiner Vermutung, der Reim sei der Schlüssel dazu, dann würde sie schon dafür sorgen, daß er ihn niemals deuten könnte. Denn sie allein wußte, daß es noch einen zweiten Vers gab. Und dieser Vers war in ihr Medaillon innen eingraviert.

»Erzähl mir alles, woran du dich aus der Zeit mit deinem Vater noch erinnern kannst. Damit sollten wir beginnen«, sagte er.

Sie schluckte. »Ich möchte noch etwas Brandy.«

Seine Brauen hoben sich bei dieser Bitte. Langsam goß er ihr das Glas ein.

Währenddessen dachte Aurora angestrengt nach. Sie mußte ihm genug erzählen, um ihn zufriedenzustellen, aber doch nicht zu viel. Und von dem zweiten Vers würde sie ihm nur etwas sagen, wenn sich ihre Lage sehr verschlimmern würde. Dann konnte sie ihn immer noch als Verhandlungsbasis benutzen. Sie nahm einen Schluck. Sie haßte die Vorstellung, wieviel verzweifelter ihre Lage tatsächlich werden konnte.

»Ich erinnere mich eigentlich an gar nichts, was meinen Vater betrifft«, begann sie und konnte es nicht lassen, hinzuzufügen: »Außer, daß er natürlich ein höchst vornehmer

Mensch war. Aber in jedem Fall werden Sie den Smaragd nicht finden können bei dem wenigen, an das ich mich entsinne. Bestimmt ist er in Irland. Von seinem Namen her gehört der Stein zu den Aran-Inseln.«

»Von dort kommt der Stern. Das ist wahr. Aber dort ist er jetzt nicht mehr. Ich habe mich persönlich vergewissert. Und andere auch«, fügte er rätselhaft hinzu.

»Aber der Reim sagt mir gar nichts. Wie können Sie hoffen, daß Sie ihn deuten können?«

Unter seinem Blick wurde Aurora ganz kleinlaut. »Du wirst ihn für mich entschlüsseln. Du bist der Schlüssel.«

Ein Angstschauder lief ihr den Rücken hinunter. »Und was, wenn ich das nicht kann? Was wird dann aus mir?«

Er rückte noch näher. »Wir müssen einfach sichergehen, daß du auch dann noch nützlich bleibst, nicht wahr?«

Aurora nahm sich zusammen. Er machte ihr angst. Die ganze Ungewißheit machte ihr angst. Und beinahe wäre sie schon jetzt damit herausgeplatzt, daß es noch einen zweiten Vers gab. Aber das war schließlich ihr einziger Trumpf. Und den mußte sie ausspielen. Sie mußte jetzt tapfer sein. Denn wenn sie ihm diesen Vers verriet, dann war ihr Wert für ihn äußerst fragwürdig. Und was machten Piraten mit ihren wertlosen Gefangenen? – Es war nicht auszudenken. Schnell trank sie noch einen Schluck.

»Du wirst sternhagelvoll sein, wenn du noch mehr davon runterschüttest, als wäre es Wasser.«

Sie blickte Vashon an, ohne eigentlich seine Worte verstanden zu haben. »Vashon«, sagte sie, »Sie müssen mir glauben, daß ich nicht weiß, wo der Smaragd ist. Und wenn ich es wüßte, hätte ich dann nicht selbst schon danach gesucht?«

»Das hättest du vielleicht«, gab er zurück. »Aber wie ich sehe, wußtest du gar nichts von der Existenz des Steins. Wie solltest du dann nach ihm suchen?«

»Aber jetzt habe ich davon gehört. Und dennoch verstehe ich den Sinn des Reims nicht. Ich kann ihn nicht für Sie deuten. Sie müssen Flossie und mich gehen lassen.«

»Das werde ich nicht.«

»Warum nicht?«

»Weil du etwas vor mir verbirgst.«

Sie blickte ihn an. Seine Augen waren hart und kalt wie der Smaragd selbst. »Was sagen Sie da?« japste sie.

»Ich sage, daß du etwas vor mir verbirgst. Ich merke das an deinem Verhalten. Du weißt etwas und sagst es mir nicht.«

»Und wenn ich etwas wüßte, was würden Sie tun, wenn ich es Ihnen sagte?«

»Ich wüßte sehr schnell, ob es die Wahrheit ist.«

»Und wenn es so wäre, würden Sie dann Flossie und mich freigeben?«

»Wenn das alles ist, was du weißt – vielleicht.«

»Wie soll ich Ihnen glauben, nach allem, was Sie mir heute angetan haben? Sie sind kein Ehrenmann«, sagte sie zögernd.

Er lachte dunkel. »Vielleicht nicht, aber es gibt Schlimmere, die den Stern genauso verzweifelt suchen wie ich. Ich kann dir nur sagen, daß jede Information bei mir in besseren Händen ist als bei ihnen.«

»Oder am allerbesten bei mir selbst.«

Er griff nach ihrem Arm. »Hör mir gut zu, Aurora. Ich habe eine Menge auf mich genommen, um dich zu bekommen. Und ich werde dich hierbehalten, bis ich habe, was ich will, wie lange das auch dauern mag. Bist du bereit, solange zu warten?«

»Ich kann Ihnen nicht vertrauen. Ich habe gar keine andere Wahl, als dieses Risiko einzugehen.«

»Du hast eine andere Wahl.« Als wäre sie eine Puppe, wirbelte er sie zu sich herum. »Erzähl mir, was du weißt, und ich werde großzügig sein.«

»Und wenn ich es nicht tue?« fragte sie und schob rebellisch ihr Kinn vor. »Was machen Sie dann mit mir? Es aus mir herausfoltern? Also, vielleicht schätzen Sie mich falsch ein. Vielleicht bin ich stärker, als Sie denken.«

»Und vielleicht auch nicht. Weißt du, es gibt Foltermethoden, die nicht einmal körperlich schmerzhaft sein müssen, die einen Menschen an seinen ... Knackpunkt bringen ...«

Aurora blickte ihn voller Trotz und Trunkenheit an. »Mein ... Knackpunkt wird schwer herauszufinden sein.«

»Dein Knackpunkt, meine kleine Prüde, ist allzu offensichtlich.«

Ihre Blicke trafen sich. Und eine ganze Weile standen sie da, in ein wortloses Gefecht vertieft. Schließlich brach Aurora das Schweigen. »Das stimmt nicht«, aber wie um diese Behauptung ins Lächerliche zu ziehen, hob er spöttisch eine Augenbraue und zog das Mädchen in seine Arme.

Sie versuchte mit aller Kraft, sich aus seiner festen Umarmung zu befreien. Aber sie hatte keine Chance gegen ihn. Seine Hand fuhr ihr über den Rücken, mit der anderen strich er ihr übers Haar. Sie wollte schreien, aber sein Mund brachte sie zum Schweigen. Seine Lippen fanden ihre und ließen sie nicht mehr los. Seine Zunge brach sich einen Weg durch ihre Zähne hindurch und schob sich wieder und wieder in sie, spielte mit ihr, bis sie verzweifelt aufstöhnte. Seine Hände, genauso unerbittlich und brutal wie sein Mund, hielten sie in einem eisernen Ring und schoben sich über ihre Schenkel, preßten sie immer näher an seine Männlichkeit.

Die andere Hand fuhr über ihren Körper, immer höher, immer näher an ihre Brüste. Noch nie hatte ein Mann sie so angefaßt. Sie lehnte mit einemmal kraftlos gegen seine Brust und gab ihren Widerstand auf. Er ließ sie abrupt los, als fürchte er wirklich, sie zu zerbrechen, als sei er sicher, seinen Standpunkt deutlich gemacht zu haben.

Aurora brauchte eine Weile, um sich zu beruhigen. Mit ihrem zerwühlten Haar und dem zarten, leichenblassen Gesicht, aus denen die Augen doppelt leuchteten, wirkte sie wie ein verlorenes kleines Mädchen – und so zerbrechlich.

Aber man durfte sie nie unterschätzen. Mit einer schnellen Handbewegung nahm sie das Glas mit dem Rest Brandy vom Tisch, und mit einer Leidenschaft und einem Mut, die sie selbst überraschten, schüttete sie es ihm in das harte, schöne Gesicht.

»Sie schlechter Mensch!«

Reglos wie der Tod starrte er sie an, der Brandy lief ihm über Wangen und Nase. Allein von diesem Blick her war sie sicher, daß so etwas noch nie jemand gewagt hatte. Und wenn, dann hätte er dafür mit dem Tod bezahlen müssen. Sie fragte sich, ob er auch sie dafür so hart bestrafen würde. Aber soweit würde er wahrscheinlich nicht gehen. Er hatte ja gerade bewiesen, daß seine Foltermethoden für sie anderer Art waren.

Plötzlich hatte er sie am Kinn gefaßt und zwang sie, ihn anzusehen. »Ich weiß nicht, wo der Stern von Aran ist. Aber er ist nicht in St. George. Wir werden also zu meiner Insel segeln, und wenn wir dort sind, haben wir nichts anderes zu tun, als auf deine Informationen zu warten. Bis in alle Ewigkeiten. Denk darüber nach.«

9

Tief in Gedanken versunken stand Vashon auf dem Achterdeck und blickte über das Meer. Delphine spielten längs des Schiffes, aber er sah sie nicht.

»Wie geht es?« fragte Isaac mit ruhiger Stimme, der gerade aus dem Kompaßhaus getreten war.

Vashon warf ihm einen kurzen Blick zu. »Es ging nicht so gut, wie ich angenommen habe. Aber heute hat ja nichts geklappt.«

»Das stimmt wohl. Flossie Lindstrom ist fast in Ohnmacht gefallen, als ich ihr sagte, daß sie Aurora nicht sehen könne.« Isaac blickte schuldbewußt an den Horizont. »Ich wünschte, diese Witwe wäre nicht wieder an Bord gekommen.«

»Ich erwarte von dir, daß du sie unter Kontrolle hältst.«

»Sie bleibt eingesperrt in ihrer Kabine. Das verspreche ich dir.«

»Gut.« Vashon atmete erleichtert auf.

Isaac schien zu bemerken, in was für einer Verfassung Vashon war. »Und Aurora? Ist sie –?«

»Sie ist in meiner Kabine. Und sie wird dort bleiben, bis sie nachgibt.«

»Sie könnte womöglich lange durchhalten.«

»Sie könnte.«

Isaac runzelte die Stirn. Dann schwieg er einen Moment, bis er endlich allen Mut zusammengenommen hatte. »Mir ist nicht ganz klar, wie ihr beide in Einvernehmen eine Kabine teilen könnt.«

»Und ein Bett?« Vashon warf dem Captain einen mürrischen Blick zu.

»Das auch«, murmelte Isaac.

Vashon wandte sich ab. »Ihre Bequemlichkeit und ihr Schicksal hängen von ihr selbst ab. Das weiß sie genau.«

»Sie hat offensichtlich mehr Rückgrat, als wir ihr zunächst zugetraut haben. Ich rechne damit, daß sie sehr widerspenstig sein wird. Es wird einer ziemlichen Anstrengung bedürfen, sie auf unsere Seite zu ziehen.«

»Sie ist zart, naiv und übermäßig beschützt aufgewachsen. Ich könnte sie in einer einzigen Nacht zerbrechen, wenn ich es wollte.«

Vashons brutale Worte schienen Isaac sprachlos zu machen. Er starrte den jungen Mann von der Seite an, unsicher, was als nächstes kommen würde. »Ich habe dich niemals als einen Menschen kennengelernt, der Frauen vergewaltigt, Vashon.«

Vashon verzog sein Gesicht.

»Gott weiß«, fuhr Isaac fort, »wohin unsere Reisen uns geführt haben. Und überall gab es Frauen, die von Männern zerstört und mißhandelt worden waren. Aber damit hattest du niemals zu tun. Im Gegenteil, ich erinnere mich gut an die

Nacht in Barbados, als wir dieses geschlagene Sklavenmädchen gefunden haben. Du hast den betrunkenen Seemann fast erwürgt, der sie mit sich an die Küste gezerrt hat.«

Vashon blieb still.

»Es könnte sie umbringen«, behauptete Isaac mit weicher Stimme.

»Das weiß ich«, gab er zurück. Er fuhr sich mit der Hand übers Kinn. »Dies ist eine verdammt ärgerliche Situation.«

»Also ich verstehe dein Dilemma. Du benutzt zu viel Gewalt, und sie wird zerbrechen wie eine römische Ruine. Sie wird bis zu ihrem letzten Atemzug gegen dich kämpfen. Ja, das ist überraschend.« Der Captain nickte. »Ein ziemlich neues Problem für dich. Schließlich sind Geduld und Gerissenheit nicht deine Stärken. Aber immer kannst du deinen Willen nicht mit Gewalt durchsetzen.«

»Sie ist nur eine Frau, Isaac. Und sie ist in meinen Händen.«

»Aber du mußt zugeben, sie ist nicht wie die anderen Frauen, die du kennst. Du kannst sie nicht einfach auf dein Bett werfen und sicher sein, daß sie am nächsten Morgen wie ein kleines Kätzchen schnurrt. Nein, mein armer Freund, du wirst dir für sie eine neue Vorgehensweise ausdenken müssen.«

Vashons Mund bekam einen grimmigen Zug. »Ich weiß nur eins.«

»Und was ist das?«

»Peterborough will den Smaragd. Und weil Peterborough ihn will, schwöre ich, ihn zu finden, und nichts – keine Ozeane, keine Kontinente, nicht einmal dieses kleine Mädchen in meiner Kabine – wird mir dabei im Wege stehen.« Vashon schlug mit der Faust auf die Reling und ging, ohne auch nur einen einzigen Blick auf den besorgten Captain zu werfen.

In der Kabine war es dunkel, als Aurora erwachte. Sie hatte keine Ahnung, wie spät es war, aber es mußte mitten in der Nacht sein.

Nachdem Vashon gegangen war, hatte sie versucht, sich einen Plan zurechtzulegen. Sie hatte das Medaillon geöffnet und wieder und wieder den Vers gelesen, in der Hoffnung, einen versteckten Hinweis auf den Stern und damit zu dem Schlüssel zu ihrer Freiheit zu finden. Aber es war sinnlos. Der Reim war genauso dumm und bedeutungslos wie immer. Vielleicht noch mehr, seit sie versuchte, zwischen den Zeilen ein Anzeichen von Intelligenz zu entdecken.

Sie sorgte sich auch um Flossie. Sie war sicher, daß es der netten Witwe gutging. Sicher behandelte der Captain Flossie anständiger, als Vashon es mit ihr tat. Wenn sie nur an ihn dachte, zitterte sie vor Wut. Seine Drohung war nur zu deutlich gewesen. Sie würde sich ihm nicht unterwerfen. Niemals!

Aber wie konnte sie fliehen? Darum kreisten ihre Gedanken. Sie ging sogar so weit, nach einer Waffe in der Kabine zu suchen, nach irgend etwas, womit sie ihn zwingen konnte, den Kurs des Schiffes zu ändern. Aber sie fand nichts Brauchbares. Schließlich machte sich der Alkohol bemerkbar, und sie wurde so müde, daß sie sich ans Fußende von Vashons Bett legte.

Nun blickte sie verschlafen durch die Luken in den violettfarbenen Sternenhimmel und lauschte dem Schlagen der Wellen gegen das Schiff. Plötzlich öffnete sich die Tür, und jemand betrat die Kabine. Aurora richtete sich auf. Es war Benny, der verlegen die Wandlampen anzündete.

»Benny!« rief sie mit noch verschlafener Stimme. »Wie spät ist es?«

»Zehn Uhr, Miss.« Mit Koonga auf seiner Schulter wandte sich Benny wieder zum Gehen.

»Wird Vashon mich hier immer und ewig gefangenhalten, oder weißt du zufällig, ob er mich wieder freilassen wird?«

»Nein, Miss«, antwortete der Junge knapp, als er das Tablett mit Essen für sie hereinbrachte und auf das Tischchen stellte.

Jetzt erst wurde Aurora bewußt, daß er schon einmal hier

gewesen sein mußte, während sie schlief. Denn die Kanne mit dem kalten Tee war verschwunden, ebenso das dreckige Hemd von Vashon. Und – wer hatte sie zugedeckt? Sie konnte sich beim besten Willen an nichts erinnern.

»Benny!« rief sie hastig aus.

»Ja, Miss?«

»Benny, wenn ich schon hier bleiben muß, wärst du bitte so nett, mir meine Sachen aus meiner alten Kabine zu bringen?«

»Ich bin nicht sicher, Miss...«

»Vashon hat mir doch nicht meine Kleider verboten, oder?« fragte sie ungläubig.

Der Junge wurde rot. »Nein, Miss.«

»Dann bring mir doch bitte meine Sachen. Ich muß mich umziehen.« Benny zögerte nur einen Moment. »Ich hole sie, Miss.« Und schon war er aus der Tür.

In weniger als einer Minute war er zurück. Er stellte ihren Korb aufs Bett und legte ihren Kamm und die Haarnadeln auf Vashons massive Mahagonikommode. Dann verließ er sie und verriegelte die Tür hinter sich.

Endlich allein, wühlte Aurora ihre Habseligkeiten durch, in der stillen Hoffnung, etwas zu finden, das sie als Waffe benutzen konnte. Aber sie fand nichts, außer einer kleinen Schere, die sie von Mrs. Bluefield zu ihrem sechzehnten Geburtstag geschenkt bekommen hatte. Sie fühlte, wie scharf sie war, aber der Gedanke, Vashon mit einer Schere als Geisel zu nehmen, war einfach absurd.

Niedergeschlagen zog sie sich um und steckte die Schere sicherheitshalber in ihre Leinentasche. Was sollte sie jetzt tun? – Ihr fiel einfach nichts mehr ein. Sie blickte sich in der Kabine nach etwas um, womit sie sich beschäftigen konnte. Und da sah sie, daß ihre Haarnadeln und der Kamm neben Vashons Kamm und Utensilien lagen. Schnell lief sie hinüber und steckte sich mit den Nadeln das Haar hoch. Den Kamm ließ sie in ihrem Korb verschwinden. Das war entschieden zu intim!

Aurora setzte sich aufs Sofa und blickte unsicher auf das Essen. Aber sie nahm nichts davon. Ein voller Magen machte müde. Sie starrte auf die Kabinentür, bis ihre Augen zufielen.

»Schlafen Sie gut, Miss Dayne?« Der Schatten eines Lächelns fiel über seine Lippen. Und plötzlich war ihr klar, daß er in der Kabine gewesen sein mußte, während sie schlief. Aber war es nun Benny gewesen oder er, der sie zugedeckt hatte? Bestimmt Benny. Irgendwie konnte sie sich diesen furchteinflößenden Mann nicht bei einer so zärtlichen Handlung vorstellen.

»Werden wir mit der Ausfragerei fortfahren?« fragte sie keck. »Wenn nicht, bestehe ich darauf, mich in meine Kabine zurückziehen zu können.«

»Das hat noch Zeit.«

Vashon ging zu einem Schrank und schloß ihn auf. Es war ein Waffenarsenal mit Säbeln, drei Paar Duellpistolen, Pulverfäßchen und Munition. Kurz gesagt, genug Waffen, um einen eigenen Privatkrieg führen zu können. Aurora fiel aus allen Wolken.

»Warum bewaffnen Sie sich?« fragte sie und konnte nicht anders, als sarkastisch hinzuzufügen: »Oder haben Ihre Männer genug von Ihrer Tyrannei und haben beschlossen zu meutern?«

Er grinste. »Nein, wir haben Besuch.«

Sie riß die Augen auf. »Aber es ist doch mitten in der Nacht. Woher wissen Sie denn –?« Doch da sah sie es selbst, ein Schiff, das von Osten her direkt auf sie zuzukommen schien. Ein Schauder unerklärlicher Furcht lief ihr den Rücken hinunter. Sogar aus der Entfernung konnte sie sehen, daß das Schiff keine Flagge trug. Aber schnell schüttelte sie ihre Angst ab. Dieses sich ihnen unaufhörlich nähernde Schiff war vielleicht die Rettung für sie. Und es konnte wohl kaum schlechter sein als das, auf dem sie sich befand. Die Seabravery war sicher bekannt als Piratenschiff, und genauso ihr Besitzer als Pirat.

Da segelte möglicherweise ihre Freiheit. Wenn sie nur aus ihrer Kabine hätte ausreißen können, um irgendein Zeichen zu geben, damit man Flossie und sie retten würde.

Sie warf Vashon einen nervösen Blick zu. Er hatte die Schranktür verschlossen. Sie konnte also an keine Waffe kommen.

So blieb ihr nichts anderes übrig, als schnell zu sein und einen Moment zu nutzen, wo er unaufmerksam sein würde. Wenn sie Glück hatte, konnte sie aufs Wetterdeck entwischen und um Hilfe rufen, bevor er sie wieder in die Kabine zurückbringen würde.

Gerade schloß er die Kabinentür auf. Sie hatte nur eine Sekunde, um hindurchzuschlüpfen, aber sie mußte es einfach versuchen. Er trat einen Schritt zurück, um durch die Tür zu gehen. Das war ihre Chance. Sie floh auf den Gang und war schon zwei Schritte von der Kabine entfernt, als er sie fing. Sie schrie laut auf, als er sie an der Taille faßte und wieder hineinzog. Aurora kämpfte verzweifelt, aber sein Griff war fest. Schließlich, in einem letzten sinnlosen Versuch, griff sie in ihre Tasche und zog die Schere heraus. Sie grub sie in seine Hand. Er stöhnte und ließ sie sofort los. Sie wollte noch einmal durch die Tür, aber er holte sie sofort ein. Er entriß ihr die Schere, bevor sie sie noch einmal gegen ihn richten konnte.

Vashon warf einen Blick auf die winzige Schere und verdrehte amüsiert die Augen. Die Wunde an seiner Hand schien ihm nicht viel auszumachen. Und er ging überhaupt nicht weiter auf ihren Fluchtversuch ein.

»Ich wollte fliehen«, rief sie aus. »Und wie Sie sehen, bin ich bereit zum Kampf. Warum lassen Sie mich nicht gehen, bevor ich eine richtige Waffe in die Hände bekomme und Ihnen wirklich Schaden zufüge?«

Er starrte sie mit einem sarkastischen Lächeln an. »Sie haben recht, Miss Dayne, wie konnte ich nur so dumm sein«, spottete er und legte eine seiner Pistolen in ihre Hände. Dann zeigte er ihr den Abzug.

Schockiert blickte sie auf die Pistole in ihrer Hand. Sie wußte nicht, was sie sagen sollte.

»Was versuchen Sie zu beweisen?« fragte sie mit zitternder Stimme.

»Komm schon. Wenn du frei sein willst, erschieß mich. Sonst muß ich mich auf die Ankunft des Schiffes vorbereiten.«

»Sind Sie wahnsinnig geworden? Wollen Sie ermordet werden?«

»Die Frage ist, Miss Dayne, sind Sie eine Mörderin?« höhnte er. »Na los, schieß!«

Sie konnte es einfach nicht glauben. Er forderte sie tatsächlich auf, ihn zu erschießen. Aber konnte sie es denn? Konnte sie leben mit dem Gedanken, ihn ermordet zu haben? Er lachte, weil sie sich nicht rührte, und sie fragte sich, ob sie es nicht vielleicht doch könnte. Sie verachtete diesen Mann, wie sie noch nie jemanden verachtet hatte. Aber konnte sie ihn erschießen?

»Zieh am Abzug. Du bist im Nu ungehindert auf dem Deck, wenn du es tust.«

Langsam senkte sie die Pistole. So sehr sie auch ihre Freiheit herbeisehnte, sie wollte sich nicht mit seinem Blut beschmutzen. Und genau das war es ja auch gewesen, womit er fest gerechnet hatte. Er nahm die Pistole zurück, als hätte er sie ihr nie gegeben. Dann ging er mit großen Schritten zur Tür und war schon fast aus der Kabine, als sie ihn am Ärmel zu fassen bekam und ihn zwang zuzuhören.

»Sie werden mich nicht wieder in dieser Kabine einsperren! Ich bin fest entschlossen, noch in dieser Stunde auf dem anderen Schiff zu sein und zusammen mit Flossie heimzukehren!« Sie war so wütend, wie er sie noch nie gesehen hatte. Er sollte ihr nicht jeden Plan vereiteln.

»Aurora, glaub mir, du wünschst nicht wirklich, auf diesem anderen Schiff zu sein.«

»Doch. Jedes andere Schiff soll mir recht sein, wenn ich nur von hier fortkomme. Lassen Sie mich raus! Augenblicklich!« zischte sie und durchbohrte ihn förmlich mit ihrem Blick.

»Du möchtest fort?« Er trat näher an sie heran. »Gut. Du wirst den berühmten Captain und die Leute der ›Bleeding Heart‹ kennenlernen. Wenn es dann immer noch dein Wunsch ist, mit ihnen zu reisen, werde ich dich nicht halten.«

»Meinen Sie wirklich –«

Bevor sie den Satz beenden konnte, griff er nach ihr. Nachdenklich betrachtete er ihr zurückgenommenes Haar. Plötzlich hatte er eine Idee, und er lachte in sich hinein. Bevor sie sich dagegen wehren konnte, zog er eine Nadel aus ihrem Haar und ließ eine Strähne über ihren Busen fallen.

»Wollen wir doch den Männern der Bleeding Heart die Beute nicht ganz verweigern.« Seine Lippen verzogen sich zu einem kalten Lächeln. Er nahm ihre winzige Schere und schnitt die Strähne ab. Er hielt sie fest in der Hand. Dann öffnete er die Kabinentür und schob Aurora mit sich hinaus aufs Wetterdeck.

10

Aurora sah vom Achterdeck aus, wie sich ihnen die Bleeding Heart näherte. Die Männer der Seabravery bereiteten sich auf einen Kampf vor. Es lag eine wahnsinnige Spannung in der Luft, die Männer hasteten hin und her, aber Aurora war überzeugt, daß sie schon öfter in solchen Situationen gewesen waren. Manche schienen direkt erfreut über die Abwechslung, die ihnen geboten wurde. So auch Vashon.

Sie beobachtete ihn, wie er hin und wieder seine Befehle ausstieß und auf eleganteste Weise vom Französischen ins Spanische und in welche Sprache auch immer verfiel, je nachdem, welcher Nationalität seine Leute waren. Seine

Augen leuchteten lebhaft und voller Vorfreude, seine Schritte waren entschlossen und schnell. Als sich ihre Blicke trafen, lächelte er ihr zu, aber es war kein liebenswürdiges, ermutigendes Lächeln, es war begehrlich und aufglühend, als sei sie selbst der Stern von Aran, und kein anderer solle sie besitzen.

»Immer noch voller Hoffnung auf Rettung?« Vashon ging an ihr vorbei und warf einen Blick auf die Bleeding Heart.

Aurora folgte seinem Blick zu dem ankommenden Schiff und bemerkte, daß die Segel nicht nur dreckig, sondern auch zerrissen waren. Welch ein Kontrast zur Seabravery! Aber das klarste Zeichen, daß dieses Schiff nicht ihre Rettung bedeuten konnte, war die Flagge, die gerade eben gehißt wurde. Ein lächelnder Totenkopf und darunter zwei knochige Hände, die ein blutendes Herz hielten – voller Entsetzen wandte sich Aurora von dem grauenhaften Bild ab.

»Ich sehe, du änderst deine Meinung.« Ein Lächeln spielte um Vashons Lippen.

Plötzlich sehnte sie sich nach der Sicherheit seiner widerlichen Kabine. »Ich gehe davon aus, daß es ein Piratenschiff ist«, platzte sie heraus.

»Deine Auffassungsgabe ist phänomenal, Aurora.«

Wütend wandte sie sich ab. Seinen Sarkasmus in dieser Situation konnte er sich wirklich sparen. Sie schaute wieder hinüber zur Bleeding Heart. Und auf einmal kam ihr ein grauenhafter Gedanke. Sie drehte sich zu Vashon um und legte ihre Hand auf seinen kräftigen Arm. »Sie – Sie haben doch nicht zufällig vor, Flossie und mich an sie auszuliefern? Und sie so vielleicht dazu zu bringen, die Seabravery nicht anzugreifen?«

Er blickte auf ihre zarte Hand, die noch auf seinem Arm lag. Er schob seine große Hand darüber und sagte: »Du hörst dich fast hoffnungsvoll an, Aurora. Sollte ich?«

»Das können Sie nicht ... es sind Piraten!« keuchte sie entsetzt.

»Und was bin ich?«

»Ein Pirat.« Ihre Augen wurden ganz dunkel vor Angst, und ihre Blicke verschmolzen ineinander, bis Vashon lachte.

Die Situation war einfach hoffnungslos. Sie war gefangen zwischen Spinne und Wespe. »Woher kennen Sie diese Leute?« fragte sie mit angespannter Stimme.

»Oh, sagen wir, es sind alte Bekannte.«

Sie hätte sich auf die sarkastische Zunge beißen können, aber sie konnte nicht anders. »Was, alte Kumpel von der Piratenschule?«

Er lachte noch lauter. »Nun, wo du weißt, mit wem du es zu tun hast, mit wem willst du mit?«

Sie blickte weg. Widerwillig traf sie ihre Entscheidung. »Ich schätze, die Seabravery ist das kleinere Übel. Immerhin segeln Sie unter britischer Flagge.«

»Nicht immer.«

Aurora blickte nach oben. Und wirklich, statt der Flagge, die dort sonst immer im Wind flatterte, hing eine neue. Ein Drachen genau der, den Vashon auf dem Rücken trug.

»Wie? Keine vernichtende Kritik? Keine Beschimpfungen, daß ich ein Verräter bin?«

»Warum sollte ich? Sie haben endlich Ihr wahres Gesicht gezeigt. Ich vermute, Sie hissen die britische Flagge nur, wenn Sie von der Royal Navy verfolgt werden.«

»Ach, so ist das. Du nennst mich einen Feigling?«

Trotzig blickte sie ihn an.

Er lachte nur. »Du magst es vielleicht nicht glauben, aber die Seabravery ist das beste Schiff meiner Flotte – und alle segeln sie unter britischer Flagge und sind absolut gesetzestreu.«

»Von Zeit zu Zeit. Nur wenn es Ihnen paßt, denke ich.«

»Ja. Wenn es mir paßt. Und das ist immer.«

»Aber im Moment nicht«, sagte sie.

»Nein, im Moment nicht«, antwortete er mit einem Blick auf die Flagge. »Weil meine Flagge mehr Eindruck macht als der Union Jack.«

»Die Bleeding Heart läuft aber nicht vor Ihnen davon.« Sie blickte zu dem Schiff, das in wenigen Minuten bei ihnen sein würde.

»Die Bleeding Heart sieht nicht nach viel aus, aber sie steht der Seabravery in nichts nach. Wenn sie es so wollen, können wir uns gegenseitig ausblasen.«

»Aber sie fürchten den Drachen zu sehr?«

Er betrachtete sie mit einem rätselhaften Ausdruck im Gesicht.

»Sagen wir einfach, ich habe wertvolle Fracht an Bord«, meinte er schließlich. »Fracht, die die Bleeding Heart willens wäre zu zerstören.« Mit diesen Worten nahm er sie gefangen. Er stand hinter ihr und legte seine Hände auf die Reling, so daß sie eingesperrt war. Und ob sie es nun wollte oder nicht, gemeinsam warteten sie auf die Bleeding Heart.

Das runtergekommene Schiff erreichte sie längsseits. Auf beiden Seiten standen sich die Männer wie Soldaten gegenüber, jederzeit zum Angriff bereit. Aurora warf einen Blick zu Captain Corbeil, der sich nervös die verstümmelte Hand rieb. Der andere Captain richtete seine volle Aufmerksamkeit auf Vashon.

»Vashon!« schrie der Pirat übers Wasser. »Wie gut, dich wiederzusehen, mon ami!«

Vashon grinste. Aurora fühlte, wie sein Herz gegen ihren Rücken schlug, schneller als vorher.

»Azzedine, salaud! Was willst du hier? Wenn du deinen Schöpfer suchst – ich glaube, wir haben alle Haie im Riff von Bermuda gelassen.«

Der Captain von der Bleeding Heart lachte so laut, daß er sich den Bauch halten mußte. »Vashon, ich habe schon immer deinen Humor geschätzt. Aber ich denke, Peterborough wird sich nicht so darüber amüsieren.«

»Sag Peterborough, daß es hier für ihn kein Blutlecken gibt.«

»Ich sagte ihm schon im voraus, daß du nicht kooperativ sein wirst!« Der Captain lachte und schüttelte seinen Kopf.

Er war ein kleiner Mann, dunkelhäutig und ungepflegt, mit blitzenden schwarzen Augen und einer weichen, kaffeefarbenen Haut. Aurora vermutete, daß er Marokkaner oder Algerier sein mußte.

»Und wer ist die Schöne, Vashon?« rief der Pirat hinüber. Er warf einen abscheulich brutalen Blick auf Aurora, und sie drückte sich gegen Vashons Brust.

»Ach, das ist mein kleiner Juwel, Azzedine.« Vashon legte seine Arme um sie und atmete mit großem Getue den Duft ihres Haares ein. »Und du wirst nicht raten, wo ich sie gefunden habe!« schrie er. »In einem Armenhaus in London! Man sollte nie das Prosaische übersehen, mein Freund. Man kann schließlich nie wissen, wo es einen Schatz zu finden gibt.«

Aurora schreckte zurück. Verzweifelt wünschte sie, sich aus Vashons Griff befreien zu können. Aber im Moment saß sie in der Falle. Wenn sie zu sehr gegen Vashon ankämpfte, würde er sie vielleicht doch an die Bleeding Heart übergeben. Und instinktiv wußte sie, daß sie hier besser aufgehoben war.

»Ich möchte, daß du Aurora kennenlernst, Azzedine!« fuhr Vashon fort. »Das ist Miss Aurora Dayne, ein sehr geschätzter Gast auf der Seabravery. Wir würden auf ihre Gesellschaft nur ungern verzichten.«

»Das sehe ich«, bemerkte Azzedine mit einem ernsten Blick. »Wenn ich so eine niedliche Gesellschaft hätte, wäre ich auch sehr traurig, sie zu verlieren. Aber ich soll sie mitnehmen, Vashon. Und aus diesem Grund bitte ich um die Erlaubnis, an Bord kommen zu dürfen, damit wir den Preis aushandeln.«

Bei diesen Worten preßte sich Aurora noch näher an Vashons Brust. Er sollte sie mitnehmen? War denn jeder Pirat auf dem Ozean darauf aus, sie zu entführen? Unbewußt klammerte sie sich an Vashons Arm. Vashon lachte und zog sie an sich. Sie verabscheute ihn immer noch. Er schien sich direkt an ihrer Angst zu weiden.

»Azzedine!« rief er erfreut. »Aber gerne, komm an Bord! Doch ich warne dich, sie geht nicht mit dir. Eher sehe ich dich tot, Azzedine, so leid mir das auch täte.«

Azzedine kicherte. Er winkte Vashon zu, und die Männer der Seabravery bereiteten alles für sein Kommen vor.

»Man spricht immer noch von dir in der Casbah, Vashon. Den Frauen fehlst du, die Männer hassen dich, wie eh und je.« Der Piratencaptain Azzedine legte seine Gabel auf den Teller und rieb sich den Bauch. Er wirkte direkt zufrieden. Und Aurora war sicher, wenn es ihm gelingen würde, sie zu entführen und der Seabravery zu entkommen, würde er dies einen geradezu perfekten Tag nennen.

Der Küchenchef hatte ihnen ein geradezu fürstliches Mahl bereitet, aber Aurora hatte keinen rechten Appetit. Ständig während des Essens hatte sie den Blick dieses widerlichen Piraten auf sich gespürt. Und obwohl Vashon ihn im Zaum hielt, war es doch nur zu offensichtlich, daß Azzedine nur zu gern seine Mission erfüllen wollte. Aber gleichzeitig schien er genau zu wissen, daß er Vashon nicht gewachsen war, und so nahm er Vashons Gastfreundschaft an und würde wohl unverrichteter Dinge wieder von Bord gehen müssen.

»Also, Vashon«, begann Azzedine, »was soll ich Peterborough sagen, falls ich mit leeren Händen komme?«

»Du meinst, wenn du mit leeren Händen dort auftauchst«, korrigierte ihn Vashon.

Azzedine lachte. »War mein Fehler, mon ami. Es gab ja nie viel für mich, was ich vom Drachen bekommen konnte. Aber was soll ich ihm sagen? Peterborough will das Mädchen wirklich haben. Ich wünschte, du würdest sie mir geben.« Wieder richtete Azzedine seinen begehrlichen Blick auf Aurora. Sie blickte wütend zurück. Sie fühlte sich tief gedemütigt von den Gesprächen der beiden Männer. Sie war doch kein Kalb, das auf dem Markt verhökert wurde.

»Du kannst sie nicht mitnehmen, Azzedine. Aber ich biete

dir das hier.« Vashon holte die Haarsträhne hervor, die er Aurora abgeschnitten hatte. Er warf sie über den Tisch. »Gib das Peterborough mit meinen Empfehlungen. Und sag ihm, daß er nicht länger nach dem Stern suchen muß. Er gehört bereits mir.«

»Das werde ich«, stimmte Azzedine zu, »wenn das meine einzige Wahl ist.« Anmaßend blickte er Aurora an. Dieser Mann war der Abschaum. Und allein die Vorstellung, er könnte sie anfassen, brachte in ihr den Wunsch hervor, über Bord zu springen. Und daß er mehr wollte, als sie einfach nur anfassen, das war mehr als eindeutig.

»Azzedine, du sollst nicht begehren deines Nächsten Esel.« Der Piratencaptain riß sich mühsam von Auroras Anblick los, und er wandte sich wieder Vashon zu.

»Das ist schon besser«, bemerkte Vashon trocken.

Offensichtlich gefiel es ihm gar nicht, daß Azzedine sie so ansah und abschätzte, wo er sie doch selbst als seinen Besitz betrachtete.

Aurora traf seinen Blick, und ihre Wangen flammten rot auf vor Wut. Sie konnte diese Tortur keine Minute länger ertragen. Sie war schließlich keine Leibeigene, und sie ließ es nicht zu, von irgend jemanden so behandelt zu werden. Vashon war sie kaum dankbar für seine Einmischung. Er war im Grunde auch nicht besser als sein Piratenkumpel und hatte sie schließlich in diese ekelhafte Lage gebracht.

Abrupt stand sie auf. »Ich hoffe wirklich, daß die Herren mich entschuldigen, aber ich möchte mich doch jetzt meiner Toilette widmen.« In dem Moment, in dem sie sprach, nahm Azzedine ihre Locke und führte sie an die Nase. Er sog aufreizend den Duft in sich ein. Aurora wurde immer wütender. Sie konnte den Gedanken nicht ertragen, daß Teile von ihr in die Hände von Fremden gelangten, und schon gar nicht an diesen Mann namens Peterborough.

»Aurora, wo wolltest du hin?« fragte Vashon in einem Ton, der ihr noch von John Phipps nur allzu bekannt vorkam.

Sie ging zur Tür. »Ich gehe in meine Kabine. Und ich wünsche nicht, begleitet zu werden.«

»Wie kannst du dem einzigen Gast der Seabravery gegenüber so unhöflich sein?« Vashons Mund verzog sich zu einem Lächeln. »Aurora, setz dich hin und iß auf.«

»Ich bin nicht hungrig.«

Er zog die Augenbrauen zusammen und sprang von seinem Stuhl auf. Ehe sie gehen konnte, hatte er sie in seinem schraubstockähnlichen Griff und zog sie auf den Gang, fort von den neugierigen Blicken des Algeriers.

»Aurora«, flüsterte Vashon ihr zu. »Ich lasse dich diesmal gehen. Aber ich warne dich, dieses Benehmen wird in der Zukunft nicht mehr toleriert. Du kannst in meine Kabine gehen, aber lauf nicht herum. Die Männer der Bleeding Heart sind zu sehr darauf aus, ihre Beute zu bekommen ... und ich glaube nicht, daß du ihre Gesellschaft so ... erfreulich finden wirst.«

Sie riß sich von ihm los. »Machen Sie sich keine Sorgen, Sir. Ich habe keinerlei Bedürfnis auf die Gesellschaft von Piraten.« Ihre wutblitzenden Augen ließen wenig Zweifel daran, daß sie ihn damit genauso meinte.

»Piraten oder nicht, du solltest auf mich hören, Aurora.« Er schüttelte sie.

»Ich verstehe ... aber vielleicht auch wieder nicht«, höhnte sie. »Vielleicht wäre ich besser auf der Bleeding Heart. Vielleicht würde dieser Peterborough ein menschliches Wesen nicht wie ein Stück Ware behandeln, die an den Meistbietenden verkauft wird.«

Er griff wieder nach ihren Armen und schnitt ihr das Wort ab. »Jetzt hör mir mal gut zu, kleiner, vorlauter Fratz. Du bist hier bei mir besser aufgehoben als sonstwo. Und wenn du je wieder auf die idiotische Idee kommen solltest, zu Peterborough zu wollen, dann denk vorher genau darüber nach! Ich habe mit eigenen Augen zugesehen, wie Peterborough so einem armen Kerl Tauwerk ins Maul gestopft und angezündet hat. Der Mann ist elendig bei lebendigem Leibe verbrannt. Und Peterborough konnte sich bei dem Anblick vor Lachen kaum halten. Du solltest dem Allmächtigen auf Knien dafür danken, daß er dich in meine Hände gegeben hat, denn du könntest schlechter, sehr viel schlechter dran sein.«

»Hören Sie auf . . . hören Sie auf!« forderte Aurora atemlos. Sie blickte zu ihm auf und sah, daß sein Gesicht vor Wut verzerrt war. Sie schluchzte auf. Es schien kaum vorstellbar, daß es einen so grausamen Menschen wie diesen Peterborough überhaupt geben sollte. Aber als sie in Vashons grüne Augen blickte, wußte sie, daß er die Wahrheit sprach. Und nun, wegen ihres Vaters – eines Vaters, den sie ja nicht einmal richtig kannte – befand sie sich in einem Strudel, mitten in dieser gewalttätigen Welt der Piraten.

Und was sollte sie zu dieser grauenerregenden Geschichte sagen? – Er allein kannte diesen Mann Peterborough, nicht sie. Und sie hatte keine andere Wahl, als ihm zu glauben, daß er ein Monster war.

»Es war nicht meine Absicht, dich zu ängstigen, kleines Mädchen.« Beim Anblick ihres leichenblassen Gesichtes wurde Vashon weicher. Er trat auf sie zu, aber sie hielt ihn mit ihrem anklagenden Blick davon ab.

»Es war Ihre Absicht, mich zu ängstigen«, rief sie aus. »Und zwar von dem Moment an, als ich an Bord dieses Schiffes kam. Sie sind ein unzivilisierter, lasterhafter Verbrecher, dessen einziger Spaß darin zu bestehen scheint, alle Schwächeren zu schikanieren. Aber lange werden Sie das mit mir nicht tun.«

Seine Augen blickten plötzlich warm. »Aha, da ist dieser Geist, den ich so wenig bei dir sehe. Weißt du, Aurora, du solltest glücklich sein, daß ich dich entführt habe und zum Kämpfen bringe, sonst wärst du noch in diesem Armenhaus verwelkt und gestorben.«

»Es war – kein – Armenhaus!« rief sie hitzig.

Vashon brach in zustimmendes Gelächter aus, und als sie das nicht mehr länger mit anhören konnte, hob sie ihre Röcke und floh in die Stille seiner Kabine.

11

Sie warf, schäumend vor Wut, die Tür hinter sich zu. In was für einem Schlamassel sie sich aber auch befand! Sollte sie diesem Plünderer ihren Vers geben und ihm glauben, daß er sie und Flossie dann unbeschadet gehen ließe? Oder sollte sie so weitermachen und sein lüsternes, unverschämtes Benehmen noch länger ertragen? Sie wußte es nicht. Sie mußte mit Flossie darüber sprechen, aber er hatte sie von ihr getrennt.

Sie biß sich auf die Unterlippe und dachte über die begrenzten Fluchtmöglichkeiten nach. Von draußen hallte das wilde, ausgelassene Gelächter der Männer der Bleeding Heart herein. Offensichtlich hatten die Leute eine großartige Zeit, während ihr Captain auf der Seabravery bestens unterhalten wurde.

Aurora wollte gerade die Luken schließen, als ihr etwas Seltsames auffiel. Vashons schwarze Bettvorhänge aus Satin, die normalerweise immer mit schweren Goldkordeln zurückgenommen wurden, waren vollständig zugezogen. Das war eigenartig, besonders weil sie nur bei größter Kälte benutzt wurden, nicht bei den milden Sommertemperaturen des Atlantiks.

Sie konnte sich einfach nicht vorstellen, warum Benny sie geschlossen haben sollte. Zögernd ging sie auf das Bett zu. Es war bestimmt dumm von ihr, aber irgendwie fühlte sie sich nicht sicher, solange sie nicht wußte, was sich hinter den Vorhängen verbarg.

Sie nahm ein Ende des schweren chinesischen Satins. Sie wollte ihn mit einer schnellen Drehung zurückziehen, aber dazu kam sie nicht mehr. Ein fleischiger Arm griff nach ihr und zog sie aufs Bett.

»Wen haben wir denn hier?« fragt eine Stimme. Der Mann, an dessen Bart noch Meerestropfen hingen und von dem ein feuchtdumpfer Geruch ausging, hielt sie fest.

»Loslassen!« schrie Aurora und versuchte vergeblich, sich aus der festen Umklammerung zu befreien. Ihr Herz schien bis in die Ohren zu schlagen, so tödlich erschrocken war sie.

»Noch ein Wort, schöne Lady, und ich schlitze dir den Hals auf.«

Er hielt ihr ein scharfes Messer an die Kehle. Und Aurora stöhnte voller Angst auf und versuchte, ihre zitternden Hände ruhig zu halten. Wenn sie sich auch nur ein wenig bewegte, würde die Klinge in ihre Haut eindringen. Und sie zweifelte keinen Moment daran, daß es diesem Mann nicht das geringste ausmachen würde, sie zu töten.

»Also, sprich leise«, befahl er ihr. »Ich hab 'n paar Fragen an dich.«

»Sie sind vom anderen Schiff?« flüsterte sie. Im Grunde wußte sie gar nicht, warum sie diese Frage stellte. Die Männer der Seabravery waren nie so schmutzig und ungepflegt.

Als der Mann nickte, fiel sie fast in Ohnmacht vor Schrecken. Sie wußte zwar nicht, wie dieser Kerl es anfangen wollte, sie aufs andere Schiff zu schmuggeln, aber immerhin hatte er es ja auch bis in Vashons Kabine geschafft. Und sie wußte, daß es ihr auf der Bleeding Heart sehr viel schlechter ergehen würde als hier.

»Wessen Kabine ist das?« fragte er.

»Es ist Vashons Kabine.«

»Ach, Vashon. Dieser Bastard!«

Aurora sah Haß in den wässerigen Augen des Mannes. Es war klar, daß er schon mit Vashon zusammengeprallt ... und unterlegen gewesen waren. Verzweifelt darum bemüht, ihn irgendwie zur Vernunft zu bringen, fragte Aurora: »Wagen Sie es, seinen Zorn zu riskieren? Sie müssen wissen, er wird nicht sehr erfreut sein, wenn ich fort bin.«

Er ließ ein träges Kichern hören. »Ich wage es für einen Stein so groß wie meine Nase. Ich werde ein reicher Mann sein, bevor das hier alles vorbei ist. Und du bist genau das Mädchen, das mir dabei behilflich ist.« Er zog sie brutal vom Bett herunter.

»Aber Sie müssen mich anhören! Ich kann Ihnen nicht helfen! Ich weiß selbst nicht, wo der Stern ist!« protestierte sie und versuchte verzweifelt, möglichst unerschrocken zu wirken.

»Och, du wirst uns schon behilflich sein. Peterborough kennt ein, zwei Sachen, womit man ein Weibsbild zum Sprechen bringt. Wir kriegen das schon raus aus dir – und vielleicht noch was mehr – eh?« Er lachte und drückte ihre Taille. Als sie zurückzuckte, drückte er ihr das Messer noch fester an die Kehle. »Du bist ein hübsches kleines Weibchen . . .« flüsterte er und zog sie näher an seine nasse Brust. Er fuhr sich mit der Zunge über die Lippen, und das ängstigte Aurora mehr als jedes weitere Wort. Mit seinem Blick zog er sie förmlich aus und betrachtete ihren Körper begehrlich, bis sie eine Gänsehaut bekam.

»Vashon wird Sie nicht entkommen lassen«, sagte sie. »Ich wage zu behaupten, nach allem, was ich gesehen habe, hat jemand wie Sie keine Chance gegen ihn.«

»Vashon wird zu tot sein, um viel zu tun, Liebchen.« Seine Hand strich über ihre Taille, und Aurora mußte sich sehr zusammennehmen, um weiterzusprechen.

»Wie – wie wollen Sie das wissen?«

»Azzedines Befehle. Wenn Vashon tot ist, nehmen wir das Schiff . . . und seine hübsche Fracht.« Er blickte bedeutungsvoll an ihr herunter. Seine salzigen Finger versuchten, ihre Lippen zu berühren, aber sie fuhr erschrocken zurück. Das allerdings entfachte seinen Zorn. »Zu fein für mich, Liebchen?« fragte er und schubste sie zurück auf Vashons Bett.

»Nein!« schrie sie auf, aber gleich fühlte sie wieder das Messer an ihrem Hals. Sie wehrte sich, aber sie hatte keine Chance gegen den Mann. Und doch kämpfte sie gegen ihn an. Sie schluchzte und stieß seinen Kopf fort, als er an ihrem Rock zog. Aber er lachte nur. Ihr Widerstand schien ihn nur anzustacheln. Er riß schon an ihrem Höschen, bevor sie irgend etwas gegen ihn ausrichten konnte. Er würde sie vergewaltigen, er lag schon auf ihr. Aber gerade als sie spürte, daß sich das Messer in ihre Haut grub, segelte der Pirat von ihr herunter und landete in einer Ecke.

»Sag etwas,Robert«, knurrte Vashon und näherte sich drohend dem Mann. »Sag etwas, das dein Leben retten könnte.«

Aurora setzte sich auf. Die Tür zur Kabine stand offen. Irgendwie mußte Vashon ihren Kampf gehört haben und hereingekommen sein. Nun stand er über Robert, sein Gesicht eine grimmige, wütende Maske.

»Also, Robert, was wird es sein? Wie wirst du mich um Vergebung bitten?« Vashon rührte sich nicht von der Stelle. Aurora merkte, daß er kein Mann war, der jähzornig und leidenschaftlich handelte. Er wußte immer, was er tat. Er erschreckte durch Berechnung. Und genauso verfuhr er auch jetzt. Brillant. Robert war weiß wie ein Leichentuch.

»Vashon, es war Azzedine! Er hat mich beauftragt, mich an Bord zu schleichen! Es ist Azzedine, den du töten solltest!« wimmerte Robert.

»Und es ist Azzedine, der dich beauftragt hat, meine Gefangene zu vergewaltigen?«

Robert griff nach dem Messer. Mit vor Angst hervortretenden Augen starrte er Vashon an. »Sie is' doch nur 'ne Frau, Vashon. Das ist doch ein nettes Spielchen hier auf hoher See.«

Vashon stellte seinen Fuß auf Roberts Oberkörper. Der Mann stöhnte auf und ließ das Messer los.

»Dieses Mädchen ist mein Eigentum!« stellte Vashon klar. »Und du weißt, was auf der See mit Männern geschieht, die anderer Leute Eigentum stehlen wollen.«

»Vashon! Töte mich nicht! Töte mich nicht!« bettelte Robert. Er drückte sich weiter in die Ecke vor Angst. Und Aurora hatte noch nie einen Mann so außer sich gesehen. Die Art, wie Vashon sich benahm, ängstigte sie auch. Er war so ruhig. Und so wütend. Und obwohl sie diesen Mann, der unter ihm kauerte, verabscheute, brachte sie es doch nicht fertig, untätig dabeizustehen, während Robert ermordet wurde. Sie konnte nicht verantwortlich sein am Tode eines Menschen.

»Vashon!« rief sie. »Ich bin nicht verletzt! Sie können diesen Mann nicht töten!«

Vashon wandte sich zu ihr um. Seine Augen sprühten vor Zorn. Mit einem Blick bemerkte er, wie verstört sie war.

»Robert, du Hund, steh auf«, sagte er.

»Nein! Vashon, bitte . . .!«

»Vashon!« Sie sprang aus dem Bett. »Mir ist nichts geschehen. Ich sehe ein, er muß bestraft werden, aber nicht mit dem Tod. In Wirklichkeit hat er auch nicht viel mehr getan, als Sie selbst – «

Vashon wirbelte herum, und die Worte erstarben ihr auf den Lippen. Daß sie ihn beschuldigt hatte, das getan zu haben, was dieses Schwein vor ihm tat, schien ihm unerträglich. Er war kurz vorm Explodieren. Sie war nicht sicher, was er als nächstes tun würde. Aber gerade als er seine Aufmerksamkeit von Robert abwandte, zog dieser plötzlich eine in der Weste versteckte Pistole hervor und zielte. Aurora schrie entsetzt auf. Aber im Bruchteil einer Sekunde, gerade noch bevor Robert abziehen konnte, hatte Vashon nach dem Messer gegriffen und zog es fachmännisch durch Roberts Kehle. Der Pirat war im selben Augenblick tot.

Sie hatte nie zuvor so viel Blut gesehen. Es lief auf den Boden, klebte an der Wand, an der Leiche. Und an Vashon. Ohne es überhaupt zu bemerken, schrie sie, aber als Vashon nach ihr greifen wollte, schlug sie seine Hand weg.

»Fassen Sie mich nicht an«, weinte sie hysterisch. »Fassen Sie mich nicht mit diesen Händen an!«

Vashon starrte düster auf seine Hände. Sie waren blutbespritzt. Sie wandte sich ab und fragte sich, ob sie würgen müßte. Plötzlich, unkontrolliert, begann sie zu schluchzen.

»Das Leben dieses Mannes ist deine Tränen nicht wert«, sagte Vashon.

»Sie haben ihn getötet«, weinte sie.

»Und er hätte dich umgebracht. Bestimmt.«

»Aber er hat es nicht.«

»Wäre es dir lieber gewesen, wenn ich gewartet hätte, bis er soweit war?«

Mit zitternder Hand wischte sie sich die Tränen von den Wangen. »Es wäre mit lieber gewesen, Sie hätten mich in St. George von Bord gehen lassen. Ich will mit Mördern nichts zu tun haben!«

So kalt wie jetzt hatte er noch nie ausgesehen. Kein Wort kam von seinen Lippen.

»Vashon! Was ist los?« Isaac stürmte in die Kabine und blickte sich wie wild um. Sein Blick blieb an dem toten Piraten hängen, der in der Ecke zusammengebrochen war, und wanderte dann weiter zu Aurora.

»Old Robert ist also an Bord gekommen«, sagte der Captain.

Vashon nickte nur. Er blickte Aurora unverwandt an.

Isaac warf einen zweiten unbehaglichen Blick auf die Leiche. »Also, so wie der aussieht, ist er geschwommen. Ich habe keine Ahnung, wie er es angestellt hat, unerkannt an Bord zu kommen, Vashon. Wir waren so vorsichtig –«

»Was ist geschehen?« Azzedine trat in die Kabine und blickte ruhig auf den Mann, der in einer Blutlache lag.

»Wir wissen, daß du ihn geschickt hast, Azzedine«, meinte Isaac. Vashon sprach immer noch nicht.

»Er hat auf eigene Faust gehandelt.« Azzedine schaute wieder auf die Leiche, dann lächelte er. »Aber faßt euch, mes amis, wenigstens war Robert so rücksichtsvoll, nicht diesen prachtvollen Teppich mit Blut zu besudeln.«

Aurora schaute auf den Toten. Sie konnte kaum glauben, daß dieser Mann noch vor Minuten gelebt, geatmet hatte. Es stimmte, daß der Pirat Robert ein ekelhafter Kerl gewesen war, aber nun, wo er gestorben war, stand ihm da nicht mehr Achtung zu? Oder war das die übliche Art, wie diese Männer ihre Toten behandelten, genauso gefühllos wie sie mit den Lebenden umgingen?

Azzedine trat näher auf die Leiche zu. Isaac schüttelte den Kopf und murmelte etwas davon, daß Benny diese Sauerei beseitigen müsse. Vashon starrte immer noch Aurora an. Unbeobachtet beugte sich Azzedine über seinen Mann. Er hob etwas vom Boden auf, und erst als es auf Vashon gerichtet war, erkannte Aurora, daß es eine Waffe war.

»Vashon, ich würde dich zu gern töten«, sagte Azzedine. Er entsicherte die Waffe, und Aurora blieb vor Schrecken das Herz stehen. Sie wartete darauf, daß Vashon etwas tat, mit Sicherheit würde er diesen Piraten auch töten, aber er rührte sich nicht von der Stelle. Er starrte Azzedine lediglich an, während sich der Pirat darauf vorbereitete, ihn zu töten.

Niemals hatte Aurora einen Mann gesehen, der so völlig leidenschaftslos mit seinem eigenen Leben umging. Sie beobachtete Vashon, und da bemerkte sie hauptsächlich das an ihm, was so viele Menschen in Angst versetzte. Vashons Bereitschaft zu sterben war entsetzlich.

Als Azzedine den Auslöser zog, schrie Aurora auf. Aber wunderbarerweise feuerte das Gewehr nicht. Die Waffe gab ein lautes Puff von sich, dann brach Azzedine in ein Gelächter aus, als ob er die ganze Sache nur als grauenhaften Scherz geplant hatte.

»Ich würde dich wirklich sehr gern töten, Vashon«, kicherte der Pirat, »aber leider ist das Pulver naß. Armer Robert! Er starb völlig ohne jeden Grund. Als er dich mit seiner Waffe bedrohte, hat er keine Sekunde daran gedacht, daß sie durchs Schwimmen nutzlos geworden war.«

»Azzedine«, knurrte Isaac. »Kehr sofort auf dein Schiff zurück. Und schätze dich glücklich, daß du nicht wie dein Mann endest.«

Azzedine verneigte sich. »Bis zum Wiedersehen, mes amis!« Er ging aus der Kabine, immer noch lachend, als wäre das Ganze der köstlichste, ausgefallenste Witz gewesen.

Als der Pirat fort war, blickte Isaac seinen Freund ungläubig an. Aber Vashon bemerkte ihn gar nicht. Er starrte Aurora an.

»Sie hätten getötet werden können«, sagte sie mit gequälter Stimme. Sie würde diesen Mann nie verstehen. Manchmal benahm er sich, als wäre er von einem Dämon besessen.

»Also, willst du mich nun lieber ermordet oder als Mörder?« fragte er.

»Gibt es denn außer diesen beiden Extremen nichts? Ist Ihr Leben so unzivilisiert, daß nichts dazwischen existiert?«

Ein bitterer Ausdruck lag auf seinem gutgeschnittenen Gesicht. »Dazwischen existiert nichts, Aurora. Und daran solltest du dich beim nächsten Mal erinnern, wenn ich dein Leben rette.«

»Mein Gott«, stöhnte sie und legte ihren Kopf in beide Hände. »Ich habe nicht darum gebeten. Ich wollte an diesen Dingen niemals teilhaben. Ich bitte Sie, lassen Sie Flossie und mich am nächsten Hafen frei!«

Er ging zu ihr, legte seine Hände auf ihre Arme und schüttelte sie. Als sie aufschaute, sagte er: »Du hast vielleicht nicht darum gebeten, aber es war dir vorbestimmt, hier zu sein, seit dem Tag, an dem dein Vater Peterborough bestohlen hat. Also vergiß deine spröde, langweilige kleine Vergangenheit. Es war sowieso alles eine Lüge. Das Schicksal hat dir diese Karten zugespielt. Du bist jetzt in meinen Händen. Und da wirst du bleiben, bis ich den Stern bekomme.«

Aurora schluchzte. Fast unbewußt wurde ihr Blick förmlich von seinen Händen auf ihren Armen angezogen. Die Blutspritzer auf seinen Fingern waren zu einem dunklen Braun getrocknet, aber einige davon waren noch naß und hatten eine rote Schmiere auf ihrem Kleid hinterlassen. Sie versuchte, die Abscheu, die sich auf ihrem Gesicht widerspiegelte, zu unterdrücken, aber er sah es. Bevor sie sich von ihm zurückziehen konnte, schleuderte er sie fast in Isaacs Arme.

»Raus hier!« befahl er mit eigenartig fremder Stimme.

Schluchzend klammerte sich Aurora an die Brust des Captains. Isaac warf Vashon einen bestürzten Blick zu. Aber bevor er ein Wort sagen konnte, wiederholte Vashon seinen Befehl. »Raus hier!« Schweigend gehorchte Isaac und zog das junge Mädchen mit sich zur Tür hinaus.

12

»Was für ein Mensch ist er?« fragte Aurora, während sie sich eine Träne wegwischte, die die Wange hinuntergelaufen war. Sie blickte über die Reling auf den leuchtend blauen Atlantik. Neben ihr stand Isaac, der nicht sicher war, wie er sie trösten konnte. »Was für ein Mensch ist er, daß er so schnell töten kann und sich dann nicht einmal vom Fleck rührt, um sein eigenes Leben zu retten?« Sie wischte sich noch eine Träne weg.

»Vashon hatte schon immer etwas Rätselhaftes an sich.«

»Ist ihm denn sein Leben überhaupt nichts wert? Dieser Pirat Azzedine wollte ihn erschießen, und Vashon zuckt nicht einmal mit der Wimper.«

»Er hat eine Menge erlebt in seinen vierunddreißig Jahren, Aurora. Das hat ihn hart gemacht. Manchmal denke ich, daß er sein Leben wirklich nicht allzusehr schätzt. Irgend etwas scheint ihm zu fehlen, der Glaube an das Gute vielleicht. Ich bin mir nicht sicher, was es ist. Aber weil er es nicht hat, scheint er sich auch nicht besonders darum zu scheren, ob er lebt oder stirbt. Ich habe erlebt, daß er unglaubliche Risiken eingegangen ist. Aber diese Risiken haben sich letztlich bezahlt gemacht.«

»Aber Sie mußten doch auch hart kämpfen, oder Sie wären nicht ein Pirat wie er. Und doch sind Sie nicht so hart geworden.«

Isaac lachte verlegen. Er fuhr sich mit der Hand über seine Glatze und schien nach den rechten Worten zu suchen. »Ich bin kein Pirat, Aurora. Ich weiß, Sie müssen mich für einen halten, aber in Wahrheit bin ich einfach nur ein Captain. Und das ist das Leben, das ich in den letzten vierzig Jahren geführt habe, seit die Pocken mir meine Frau Rachel hinweggerafft haben.«

»Das verstehe ich nicht«, sagte Aurora. »Wie sollte Vashon

einen guten Captain zur See überreden können, mit ihm ein so schändliches Unternehmen zu wagen?«

»Ich bin schon seit fast zehn Jahren mit ihm zusammen.« Er lachte. »Wenn er Ihnen sagt, daß er nur rechtmäßige Geschäfte betreibt, dann müssen Sie ihm glauben. Er hat fast so viele Schiffe wie die British East India Company. Er ist ein sehr wohlhabender Mann.«

»Aber er war und ist doch immer noch ein Pirat.« Ihre Augen verdunkelten sich, und sie warf Isaac einen anklagenden Blick zu. »Und Sie, ein ehrlicher Mann, arbeiten für ihn.«

»Na ja, das ist wahr. Aber Vashon ist kein Pirat mehr – außer – im Augenblick«, fügte er hastig hinzu. »Im Grunde ist er am glücklichsten, wenn er auf seiner Insel ist, am Strand durch die Gischt reiten kann und sich um seine Londoner Geschäfte kümmert.«

»Und warum tut er das jetzt nicht und vergißt diese schreckliche Suche nach dem Smaragd?«

Isaac blickte an den wolkenlosen Horizont. »Er haßt Peterborough. Er haßt ihn wirklich. Nichts wird ihn davon abhalten, diesen Stein zu bekommen.«

Aurora ergriff eine letzte Chance zur Flucht. »Aber Sie und die Männer, Isaac, Sie wissen, wie unmoralisch solch eine Entführung von zwei Frauen ist, und das alles nur einer Rache wegen. Handeln Sie, unternehmen Sie etwas gegen ihn, Isaac«, flehte sie, »und lassen Sie Flossie und mich frei.«

»Die Männer und ich stehen hinter Vashon«, sagte der Captain schlicht. Er blickte auf seine verkrüppelte Hand.

»Aber Sie bezeichnen sich doch als einen moralischen Mann! Sie können sicher nicht für die Männer sprechen! Aber es muß doch einen anständigen Mann auf diesem Schiff geben, der gewillt ist, uns zu helfen – und ich schwöre, ich werde ihn finden!«

»Sie werden niemanden auf diesem Schiff finden, der Ihnen zur Flucht verhilft, solange das bedeutet, Peterborough aufzugeben. Glauben Sie mir, Aurora, ich spreche für alle anderen. Einige dieser Männer sind schon seit vierzig Jahren bei mir.«

»Aber doch nicht vierzig Jahre auf diesem Schiff. Nicht vierzig Jahre mit Vashon.«

»Nein«, antwortete der Captain. »Wir dienten auf einem anderen Schiff, auf der Leviathan. Und obwohl kaum mehr ein Fünftel der Leute noch am Leben ist, sind sie alle auf der Seabravery, und alle gehorchen sie Vashon.«

»Das kann doch nicht möglich sein«, stöhnte Aurora.

»Es ist möglich«, bestätigte er. »Glauben Sie mir.«

Enttäuscht blickte Aurora wieder übers Wasser. Eine Million Meilen schienen zwischen ihr und der Freiheit zu liegen. Je näher sie Vashons Insel kamen, desto kleiner wurden ihre Möglichkeiten zu entkommen. »Bringen Sie mich zurück zur Kabine, Isaac«, sagte sie. »Ich muß mit Vashon sprechen.«

Isaac nickte und reichte ihr seinen Arm. Zitternd nahm sie ihn.

Die Leiche war inzwischen aus der Kabine entfernt worden, und alles war wieder sauber. Vashon war nicht da, so blieb Aurora etwas Zeit, um sich auf die Auseinandersetzung vorzubereiten. Ihr Gesicht hatte einen entschlossenen, wütenden Ausdruck. Sie wußte genau, was sie Vashon sagen wollte. Sie würde nicht mehr länger schüchtern und ängstlich in seiner Gegenwart sein. Sie hatte ihn gesehen, als er die schlimmste aller Taten vollbrachte, und nun, wo sie wußte, wozu er fähig war, fühlte sie sich in ihrem Handeln freier. Sie war endlich bereit, es mit dem Teufel aufzunehmen. Benny brachte ihr das Essen, und diesmal verzehrte sie es auch. Sie badete und zog sich etwas anderes an. Das blutverschmierte Kleid vergrub sie ganz weit unten in ihrem Korb. Schon bald hörte sie Vashons Stimme auf dem Gang. Er trat ein, ohne ein Wort zu sagen. Nachdem er sie kurz angeblickt hatte, nahm er sein Logbuch und schrieb etwas hinein.

»Der Reim hat noch einen zweiten Vers.«

Er blickte von seinem Schreibtisch auf. »Was hast du gesagt?« fragte er vorsichtig.

»Ich sagte, der Reim hat noch einen zweiten Vers.«

Langsam legte er die Feder nieder. »Warum sagst du mir das jetzt?«

»Weil ich eine Garantie brauche, daß Flossie und mir kein Unrecht geschieht.«

Er blickte finster drein. »Du wirst es vielleicht nicht glauben, aber ich habe nie das Vergewaltigen und Quälen alter Frauen praktiziert.«

»Ich bin keine alte Frau.«

»Das sehe ich.« Sein Blick strich über ihren Körper, dann blieb er an ihrem Gesicht haften. »Sag mir den Vers auf.«

Sie schüttelte den Kopf. »Nein, das werde ich nicht.«

»Willst du mich reizen? Willst du, daß ich ihn aus dir heraushole?«

Sie blickte ihn an. Er spielte auf irgend etwas Schmutziges an, da war sie sicher. Sie ging nicht darauf ein, schüttelte nur wieder den Kopf. »Nein. Sie können ihn nicht aus mir herausholen. Ich weiß nicht, wo der Stern ist, aber dennoch halte ich den Schlüssel zu ihm in der Hand. Sie werden diesen Schlüssel bekommen, sobald Flossie und ich frei sind.«

»Ich werde ihn jetzt bekommen.« Er erhob sich von seinem Stuhl und baute sich in seiner vollen Größe vor ihr auf. Aber diesmal ließ sie sich davon nicht einschüchtern.

»Sie werden ihn niemals von mir bekommen, Vashon. Es sei denn, Sie lassen mich vorher frei. Und wenn Sie mich nach Mirage entführen, schwöre ich, werden Sie nichts erfahren.«

Er runzelte die Stirn, aber dann hoben sich seine Mundwinkel zu einem finsteren Lächeln. »Offensichtlich hast du meinen Rat nur zu gut befolgt.«

Sie blickte ihn unerschrocken an. »Ja. Ich habe meine kleine Vergangenheit hinter mir gelassen. Ich bin keine Lehrerin mehr. Von nun an bin ich die Frau, die das Geheimnis trägt, von dem all Ihre verflixten Pläne abhängen. Und ich bin die Frau, der Sie zu Gefallen sein müssen.« Unbewußt spielte sie mit ihrem Medaillon.

»Und wie soll ich dir zu Gefallen sein?« spottete er.

»Um einen Anfang zu machen, fordere ich meine eigene Kabine.«

»Ich verstehe.«

Sie zögerte nicht. »Auf der nächsten Insel werden Flossie und ich freigelassen und für dieses Elend entschädigt.«

»Und wie das?«

»Sie geben Flossie genug Geld für ihre Reise zurück nach St. George und mir für meine Rückreise nach London.«

Er sah aus, als würde er jeden Moment lachen. »Ist das alles?« fragte er mit gespieltem Ernst.

»Ja, das ist alles. Dafür bekommen sie den zweiten Vers, und Sie können allein weiter nach diesem verdammten Stein suchen.«

Er verschränkte die Arme hinter seinem Rücken und betrachtete sie.

»Aber bist du denn so gefühllos, Aurora? Immerhin wollte doch dein Vater ganz offensichtlich, daß du den Stein bekommst. Warum sonst sollte er dir den Reim beigebracht haben?«

Sie hatte sogar sehr viele Gefühle für ihren Vater. Er war der einzige der Familie, den sie gekannt hatte, und jedesmal, wenn sie an ihn dachte, tat ihr vor Einsamkeit und Sehnsucht das Herz weh. Sie wünschte glühend, er hätte sie nie verlassen, und als Kind hatte sie sogar die heimliche Hoffnung genährt, daß er eines Tages im Heim erscheinen und sie mitnehmen würde. Aber nun, nach allem, was während der letzten Tage geschehen war, war sie nicht mehr so sicher, ob dieses Gefühl wirklich ihrem Vater gegolten hatte oder dem Mann, für den sie ihn hielt.

»Wenn ich irgendwelche Gefühle habe«, antwortete sie, »ist es der Wunsch zu beweisen, daß mein Vater kein Dieb war. Aber solange ich das nicht kann, will ich bestimmt nichts von den Dingen, die er Ihrer Behauptung nach gestohlen hat. Alles, was ich will, ist, daß Flossie und ich freigelassen werden.«

»Und wenn ich dich und die Witwe gehen lasse, wirst du mich nicht dann wegen Entführung anklagen?«

»Wenn Flossie das wünscht, soll sie es tun. Aber ich würde am liebsten dieses traurige Abenteuer vergessen und in Frieden nach London zurückkehren.«

»Und zu deinem verflixten Verlobten, John Philips, vermute ich.«

»Phipps«, berichtigte sie.

»Ach ja, natürlich, Phipps«, sagte er mit Nachdruck. »Ich vermute, du willst sobald wie möglich Mrs. Phipps werden.«

Sie schwieg. Sie würde John nicht heiraten. Wenn diese Reise ihr irgend etwas gegeben hatte, dann die Erkenntnis, daß sie nicht die richtige Frau für John Phipps war.

»Was immer ich auch tue«, sagte sie energisch, »es geht Sie nichts an. Was Sie interessieren müßte, ist der zweite Vers des Reims. Und den werden Sie bekommen, sobald . . .«

»Ja, ja«, machte Vashon plötzlich seinem Ärger Luft. »Aber was du Fratz in deiner Naivität nicht bedenkst, ist die Tatsache, daß ich, solange ich den Smaragd nicht gefunden habe, nicht wissen kann, ob dieser zweite Vers wirklich der deines Vater ist.«

»Sie haben mein Wort, daß ich Ihnen die Wahrheit sage.«

Er warf seinen Kopf zurück und lachte. Und Aurora fühlte sich, als habe sie ihm soeben irgendeinen besonders unflätigen Witz erzählt.

»Was ist denn daran so komisch?« fragte sie irritiert.

»Dein Wort«, spottete er. »Dachtest du, ich wüßte nicht, daß ein Gefangener alles tut, um in Freiheit zu gelangen, auch lügen?«

»Aber ich werde Ihnen die Wahrheit sagen, und ich kann beweisen – « Sie biß sich fast auf die Zunge. Beinahe hätte sie ihm von dem Medaillon erzählt. Aber wenn er das erst wußte, hatte sie keine Möglichkeit mehr, mit ihm zu verhandeln.

Nun war seine Neugier geweckt. »Wie willst du es beweisen?« fragte er.

»Wenn die Zeit gekommen ist, werde ich es können. Lassen Sie Flossie und mich einfach am nächsten Hafen frei, und Sie bekommen Ihren Vers.«

»Ist er irgendwo aufgeschrieben, Aurora?« Sein Blick glitt zu ihrem Korb am Fußende seines Bettes. Er ging hin.

»Darin ist er nicht.«

»Aber er ist niedergeschrieben?«

Sie gab keine Antwort.

Plötzlich schaute er ihr Kleid genauer an. Aurora hob schützend ihre Arme vor die Brust. »Wo ist er, Aurora? Ist er auf ein winziges Stückchen Papier geschrieben und dann in den Saum eines Ihrer Kleider oder Unterröcke genäht?«

»Natürlich nicht«, sagte sie beunruhigt.

»Oder steckt er vielleicht im Saum eines Hemdes? Er wäre dort gewiß sicher untergebracht, nicht wahr?« Er begann, sich an sie heranzupirschen.

»Nein, das ist er aber nicht.« Aurora begann zurückzuweichen.

»Zieh dein Kleid aus, Aurora.«

»Das werde ich nicht!«

»Zieh es aus, oder ich übernehme das.«

Sie stolperte über seinen Armlehnstuhl. Er fing sie auf, bevor sie fallen konnte. Seine Hand faßte sie an der Taille, und langsam wanderte sie hinauf zu ihrem ungeschnürten Oberkörper.

Er lächelte. »Ach, wie ich Frauen liebe, die sich nicht schnüren müssen.« Damit zog er sie zum Bett, und unbekümmert ging er über ihre Proteste und Versuche hinweg, nach ihm zu schlagen und zu treten.

»Da ist es nicht!« schrie sie unnötig, als er sie aufs Bett warf. Sie wand sich unter ihm, aber es nützte ihr nichts. Und plötzlich hörte sie ein Messer, das durch ihr Kleid schnitt. Er öffnete den Saum, die Nähte, und in Sekundenschnelle war ihr Leinenkleid in Stücke geschnitten. Und mit seinen Händen strich er über Stellen ihres Körpers, an denen sie noch niemand berührt hatte.

Sie war außer sich vor Wut, daß er seine Suche nach dem Vers offensichtlich nur als Vorwand nahm, sie anzufassen. Aber sie wurde noch wütender, als sie bemerkte, wie sie darauf reagierte. Stöhnend blickte sie an sich hinunter und sah, daß sich ihre Brustwarzen aufgerichtet hatten und sich unter dem Leinen genau abzeichneten.

»Ich hasse Sie«, rief sie erstickt.

»Ja, ich weiß . . . ich sehe, wie sehr du mich haßt . . .« Er begann zu lächeln.

»Sie müssen dumm sein zu glauben, daß ich je einen unwürdigen Wüstling wie Sie begehren könnte!«

Seine grünen Augen glitzerten voller Übermut. »Natürlich, du hast vollkommen recht. Dein Verlobter Phyfe ist der einzige Mann, den du begehrst. Darum läufst du ja auch vor ihm davon, bis ans andere Ende der Welt.«

»Phipps«, rief sie. »Sein Name ist Phipps.«

»Oh, Entschuldigung, Phipps«, antwortete er.

»Und sehen Sie zu, daß Sie sich an diesen Namen erinnern, denn wenn John kommt, um Flossie und mich zu retten, wird er zweifellos die Royal Navy mitbringen, und wir werden Sie hängen sehen!« Das war natürlich eine Lüge, aber sie hoffte, ihm trotzdem Angst einzujagen.

Aber ohne Erfolg. Er hob aufreizend eine Augenbraue und sagte: »O je. Und das wird Phelps wirklich tun?«

Aurora explodierte förmlich. Sie hob ihre Hand, um ihm die Augen auszukratzen, aber er fing sie mit Leichtigkeit. Er hielt sie fest, es gab kein Entkommen. Sie stöhnte unglücklich auf und sehnte sich nach ihrer kleinen Schere. Jetzt hätte sie sie bestimmt gebrauchen können.

»Wo ist dein Beweis, Aurora?« fragte er.

»Sie werden nichts in meinen Kleidern finden. Lassen Sie mich los!« Aurora schrie fast.

»Aber ich muß sichergehen.« Er blickte sie mit einem spöttischen Lächeln an. »Woher soll ich denn wissen, daß du die Wahrheit sagst, bevor ich nicht gründlich nachgeschaut habe?«

Er zog an ihrem Kleid oder was davon noch übrig war, dann warf er es auf den Boden. Aurora fühlte sich nackt, nur in ihrem spitzenbesetzten Hemd und ihrem Unterhöschen. Vashon lauerte über ihr wie über einer Beute. Sie wußte nicht, was er als nächstes tun würde, aber als er das Messer auf die Matratze legte und statt dessen ihre kleine Schere zutage förderte, stöhnte sie verzweifelt auf. Es war abscheulich, wie er ihr die Kleider vom Leibe riß, aber wie sollte sie es ertragen, daß er mit der Schere an ihre letzten Kleidungsstücke ging – und sich dabei seine Hände so warm und so seltsam angenehm auf ihrer Haut anfühlten? –

»Tu es nicht«, flüsterte sie, plötzlich ins Du fallend.

»Aber diese Unterwäsche braucht eine besondere Behandlung.« Nachdenklich fuhr er mit der Schere über ihren Oberkörper. Aurora zuckte unter dem kalten Metall zusammen. Aber der noch kältere Blick des Mannes jagte ihr einen eisigen Schauer den Rücken hinunter.

»Bitte«, stieß sie atemlos hervor. »Ich habe nicht viel anzuziehen –«

»Und das, was du hast, ist das letzte. Selbst die Ärmsten kleiden sich besser als du, Liebes.«

»Meine Sachen mögen zwar einfach sein, aber sie sind alles, was ich habe.«

»Sie sind erbärmlich . . . doch ich wage zu behaupten, das schönste aller Kleider könnte dich wohl kaum noch schöner machen, als du jetzt bist.«

Ihre Augen trafen sich, und sie war schockiert über seinen hungrigen Blick. Er hatte bestimmt viele Frauen gehabt. Und es war vielleicht nicht einmal überraschend, daß ein Mann wie er seinen während der langen Reise angestaute Lust an der einzigen verfügbaren jungen Frau abreagieren wollte. Aber was sie überraschte, war der Schatten von Sehnsucht, der tief in seinen smaragdgrünen Augen flackerte. Irgendwie glaubte sie nicht, daß es nur körperliche Bedürfnisse waren, denen er nachgab. Statt dessen fühlte sie, daß sie ihn auf eine seltsame Weise fesselte. Daß er in ihr etwas entdeckte, womit er bisher noch keine Erfahrungen gemacht hatte. Und weil er sich plötzlich davon so gefangen fühlte, wuchs mit jeder Sekunde sein Verlangen, sie zu besitzen.

»Nein«, flüsterte sie, als er begann, ihr Hemd aufzuschneiden. Aurora versuchte, seine Hand festzuhalten, aber vergeblich.

Er schnitt weiter.

»Das ist nicht recht«, flehte sie und legte ihre Hände bittend auf seine Brust.

Er achtete nicht auf sie.

»Ich werde dir nie den zweiten Vers sagen. Hörst du mich?«

Nicht einmal das schien ihn zum Anhalten zu bewegen. Er blickte auf sie nieder, dann fuhr er bedächtig fort, ihr Hemd aufzuschneiden. Er hielt nur einen Moment inne, als der Schnitt das Tal zwischen ihren Brüsten bloßlegte. Dann, wie außer sich, hob er seine Hand, um sie zu berühren.

»Nicht«, sagte sie verzweifelt. Sie versuchte ihn wegzuschieben, aber sie kam nicht gegen ihn an. Er fuhr fort, zögerte nur einen kurzen Moment, um ihr ins Gesicht zu schauen.

Der Ausdruck, der darin lag, war eine köstliche Mischung aus Furcht und Verlangen. Furcht, weil er an diesem Morgen einen Mann getötet hatte, und egal, wie brutal seine Feinde auch sein mochten, so hatte er doch bewiesen, daß er genauso brutal sein konnte. Und Verlangen, weil sie beim Anblick dieses wilden, gutaussehenden Piraten plötzlich von dem schrecklichen Wissen überwältigt war, was ihr bei John Phipps alles gefehlt hatte.

»Warum siehst du mich so an?« fragte er plötzlich in ihre Gedanken hinein.

Schnell wandte sie ihre Augen ab. Was war los mit ihr? Wieso konnte sie einem solchen Mann Gefühle entgegenbringen? Er hatte nicht mehr Ehre als irgendein Dieb. Sie mußte verrückt geworden sein. Sie blickte ihn wieder an und sah in sein wütendes, schönes Gesicht. Sie mußte verrückt sein, dachte sie, als sie wieder wegblickte. Das war die einzige Erklärung dafür.

»Und warum wendest du dich jetzt von mir ab?« Vashon griff nach ihrem Kinn und zwang sie, ihn anzusehen.

»Laß mich gehen«, sagte sie und krümmte sich unter ihm.

»Nicht, bis du mir nicht sagst –«

»Laß mich gehen!« forderte sie. »Was muß ich dir sagen? Daß ich die Hände eines Mörders an mir nicht mag?«

Sein Gesicht verhärtete sich, und er ließ sie augenblicklich los. Er schaute die Hand an, mit der er ihr Kinn gehalten hatte. Dann griff er wütend nach der Tagesdecke, als wolle er das Blut von seinen Händen wischen, das dort gar nicht mehr klebte. »Der Mörder hat dir das Leben gerettet, Mädchen«, sagte er mit leiser, drohender Stimme. »Hast du das vergessen?«

Sie sah, wie wütend er war. Er mochte wohl nicht, daß man seine Werte in Frage stellte. Es war, als ob er seinen Lebensweg sehr bewußt gewählt hatte und als ob ihn jegliches Infragestellen seiner Wahl irritierte.

»Ich danke dir, daß du mich vor diesem Schuft gerettet hast«, gab sie zu, »aber das macht dich noch lange nicht zu einem Heiligen.«

»Nein, ich bin kein Heiliger.« Sein Blick fiel auf ihre Brustwarzen, die sich gegen die durchsichtige weiße Baumwolle abzeichneten. Schützend legte sie ihre Arme über die Brust, aber das reizte ihn nur noch mehr. »Zieh dich aus, Aurora, ich möchte den Beweis, den du so keck angeboten hast.«

»Er ist nicht unter meinen Kleidern zu finden.« Irgendwie war es ihr möglich, sich unter ihm hervorzuwinden. Sie rutschte ans Kopfende, die Hände ums Hemd geklammert.

»Genug mit diesem Spielchen. Gib mir deine Sachen.«

»Nein.«

»Dann bereite dich schon mal darauf vor, daß ich sie dir vom Körper schneiden werde. Alle.«

Er stürzte sich auf sie. Entsetzt sprang Aurora vom Bett, aber Vashon hatte bereits ihr Hemd gepackt und es ihr mit einer einzigen Bewegung vom Leib gerissen. Sie schrie auf und versuchte nach den Bettvorhängen zu greifen, aber sie konnte es nicht verhindern – sie enthüllte dabei ihre beiden vollen Brüste, verführerisch und schön.

»Du Biest!« fluchte sie und hüllte sich in den schwarzen Satin, während er sich über ihr Hemd hermachte, um nach dem Vers zu suchen. Er ließ nicht eine Naht heil bei seiner Suche nach dem Schlüssel zum Stern.

»Gib mir dein Höschen«, sagte er und warf das Hemd achtlos beiseite.

»Das werde ich nicht.« Sie blickte auf die Matratze, auf der noch das Messer lag. Sie griff danach, als er sich ihr wieder näherte.

»Bleib, wo du bist!« Sie bedrohte ihn mit dem scharfen Messer.

Er lachte. »Old Robert konnte das Messer nicht besonders gut führen. Und du willst es besser machen?«

»Das werden wir sehen! Bleib da!« Ihre Hand zitterte, sie konnte das Messer kaum stillhalten.

»Wirf mir dein Höschen zu, und ich lass' dich in Ruhe.«

Sie starrte ihn unentschlossen an. Sie haßte es, ihm ihr Spitzenunterhöschen zu überlassen, aber wenn er sie angreifen würde, hätte sie keine Chance gegen ihn, auch nicht mit dem Messer. Voller Abscheu und Widerwillen zog sie ihr Unterhöschen aus. Sie warf es ihm zu, während sie hinter dem schwarzen Vorhang verborgen stand.

Als er es auffing, sah er fast etwas enttäuscht aus. Sie hatte ihm keinen weiteren Kampf geboten. Er riß die Hose entzwei und warf sie mechanisch zu den anderen ruinierten Teilen.

»Bist du jetzt fertig?« fragte sie bitter. Sein Blick fiel auf ihren Kleiderkorb. »Nicht den! Ich habe nicht viele Kleider mehr übrig!« Aber er stellte sich taub.

Er schlenderte hinüber zu dem Korb und kippte ihn aus.

Wie ein Bär, der nach Honig sucht, zerrte er ein Kleidungsstück nach dem anderen hervor und ließ keines heil. Auroras Gesicht verzog sich schmerzhaft bei jedem Riß, aber als er zu ihrem letzten Kleid kam, dem blauen mit den aufgestickten Rosenknospen, konnte sie nicht mehr an sich halten. »Bitte nicht das. Ich habe monatelang daran gearbeitet.«

Sie war sicher, daß ihn diese Bitte nicht abhalten würde. Er würde alles zerstören, was sie liebte. Sie war fast enttäuscht darüber, daß Vashon letztendlich John so sehr ähnelte. Denn auch John Phipps hatte einen großen Gefallen daran gefunden, ihre Stickerei zu verbrennen.

Nichts tat sich, und sie blickte auf. Er starrte sie wie gebannt an. Eine Weile standen sie so, die Blicke aufeinander gerichtet. Und gerade als sie ganz sicher war, daß ihr Kleid verloren war, fuhr er mit der Hand über alle Säume und Nähte und warf es ihr zu.

Verblüfft blickte sie auf das Kleid in ihrer Hand und beobachtete, wie er den Rest ihrer Habseligkeiten durchwühlte. Wieder war sie überrascht, als er alles zusammenschob, auch ihre Haarnadeln. Sie vermutete, daß er ihr das Bündel geben würde, zumal ihr Haar nach diesem langen Kampf aufgegangen war. Wie schockiert war sie, als er zur Luke ging und ihre Sachen angewidert in den Ozean warf.

»Warum hast du das getan?« fragte sie. Er mußte den Verstand verloren haben! »Meine Haarnadeln, meine Schuhe und Strümpfe, all das hat nichts mit deinem Stern zu tun.«

»Von nun an wirst du dein Haar offen tragen und nicht mehr diesen altjüngferlichen Knoten. Und du wirst barfuß gehen, wie es sich für eine Gefangene gehört. Du bist auf einem Piratenschiff.« Er trat zu ihr hin und griff nach ihrem Haar. Fast zärtlich zog er die letzte Haarnadel, die noch darin baumelte, aus der schweren rotgoldenen Masse und warf sie aus der Luke. »Von nun an, meine entzückende Miss Dayne, hast du nur noch ein Kleid, bis wir nach San Juan kommen. Daher schlage ich vor, du zügelst dein Temperament, damit ich nicht womöglich gezwungen bin, dir dieses auch noch zu nehmen.«

Er warf ihr einen letzten warnenden Blick zu und ging. Als er fort war, seufzte Aurora erleichtert auf. Sie preßte ihr letztes, kostbares Kleid an ihre Brust. Voller Entsetzen schaute sie auf den Haufen Fetzen auf dem Boden und verfluchte ihn. »Du Lump! Du hast mir alle Unterwäsche genommen!«

13

Stunden später saß Aurora in der Kabine und blickte verbittert an sich hinunter. Wie sah sie nur aus? Ihr Haar hing ihr unordentlich über die Schulter. Ihr blaßblaues Kleid war nur noch ein Fetzen. Ohne Schuhe und Strümpfe sah sie nicht viel besser aus als die Waisenkinder, wenn sie ins Heim aufgenommen wurden. Mrs. Bluefield wäre entsetzt gewesen. Sie würde sich im Grabe umdrehen, wenn sie ihre Lieblingslehrerin so hätte sehen können.

»Aha, ich sehe, wir haben uns angezogen.«

Aurora schaute auf und warf Vashon einen bösen Blick zu. Er grinste.

»Was hast du mit meinen Haarnadeln gemacht?« fragte sie und vermochte kaum die Wut in ihrer Stimme zu verbergen.

»Wozu brauchst du sie?« Sein Blick verweilte bei ihren Händen, die das Vorderteil des Kleides notdürftig zuhielten. Es war offensichtlich, wofür sie die Nadeln brauchte.

»Ich bin dir keinerlei Antwort schuldig. Ich will lediglich mein Eigentum zurück. Und wenn du schwimmen mußt, um sie mir zurückzubringen.« Ihre wasserblauen Augen waren dunkel vor Ärger. Sie hätte ihn umbringen können! –

»Ich mach' dir einen Vorschlag.« Er hielt seine Arme verschränkt. »Ich gebe dir eintausend goldene Nadeln, wenn du mir nur den zweiten Vers oder den Beweis dafür gibst.«

Sie kniff ihre Augen zusammen, schäumend vor Wut. Sie würde ihm das Medaillon nicht aushändigen. Hatte er doch gerade wieder bewiesen, was für ein Schurke er war. Nur für ihre Freiheit würde sie sich herablassen, ihm zu helfen.

»Nimmst du mein Angebot an?« fragte er. »Mädchen?«

Sie schloß die Augen, um nicht auf ihn einzuschlagen. Sie öffnete sie wieder, um streitlustig durch die offenen Lukenfenster zu blicken.

»Aurora.« Als ob er mit einem Kind sprechen würde, beugte er sich zu ihr hinab und blickte in ihre Augen. »Laß es mich anders sagen: Was, wenn ich dir auch noch die letzte Nadel nehmen würde?«

Instinktiv griff Aurora an ihr Dekolleté, an dem die einzige verbliebene Nadel steckte. Er lachte, und sie trat zurück an den Bücherschrank, griff nach einem schweren chinesischen Porzellanlöwen und drohte ihm damit.

»Du wirst sie mir nicht nehmen. Eher sterbe ich«, rief sie aus.

»Oh, wie dramatisch! Eine Szene reif fürs Theater!«

Er trat vor und, sehr zu ihrer eigenen Überraschung, warf sie den Löwen nach ihm. Er verfehlte sein Ziel. Aber sein Aufschlag auf dem Boden verursachte einen derartigen Krach, daß die Männer oben auf dem Deck nervös nach Kanonenfeuer Ausschau hielten.

»Willst du das ganze Schiff alarmieren?« fragte er, als sich die Schritte über ihnen wieder beruhigten.

Er trat noch näher auf sie zu. Und diesmal warf sie mehrere der schönen gravierten Weingläser nach ihm. Das Klirren der zersplitternden Gläser mußte die Männer oben wohl darüber aufgeklärt haben, was in Vashons Kabine vor sich ging. Mit jedem Glas wurde ihr Lachen schallender.

»Bleib weg, hörst du?« warnte Aurora.

»Du kleine Range. Ich werde nicht zulassen –«

Sie warf ein weiteres Glas nach ihm. Dann noch eins. Gekonnt duckte sich Vashon jedesmal, wenn ein Geschoß ihm zu nahe kam. Und bald gab es nichts mehr, was Aurora werfen konnte. Sie schleuderte das letzte Weinglas in seine Richtung, dann wandte sie sich ab, um fortzulaufen. Er fing sie in dem Moment, in dem sich ihr Gesicht vor Schmerzen verzerrte.

»Was ist?« fragte er, als sie sich auf die Unterlippe biß.

»Mein Fuß«, jammerte sie mit leichenblasser Miene. »Es... es tut so weh.« Ihr Fuß schmerzte bis in die Wade hinein! Sie humpelte, bevor er sie in die Arme nahm und zum Bett trug.

Für den Moment war ihr Streit vergessen. Er schob ihren Rock hoch und schaute sich die Fußsohle an. Sie wimmerte, als er eine Glasscherbe aus dem Ballen zog. Blut schoß hervor, er versuchte, es aufzuhalten.

»Das hast du davon, wenn du so einen Wutanfall hast«, tadelte er sie und ließ ihren Fuß los. Er suchte nach einem Taschentuch und verband sie. Dann schaute er auf seine Hand. Sie war blutverschmiert.

Sie konnte nicht anders, sie mußte seinem Blick folgen. Zum zweiten Mal an diesem Tag klebte Blut an seinen Händen. Aber diesmal aufgrund einer guten Tat.

»Es tut mir leid«, sagte sie, als er sie schließlich ansah. Sie wußte selbst nicht genau, wofür sie sich entschuldigte, aber irgendwie platzten diese Worte so aus ihr heraus.

»Möchtest du eine zweite Nadel, Aurora?« Sein Gesicht wurde wieder hart.

Sie blickte ihn trotzig an. Er hatte ihr geholfen, aber für eine freundliche Handlung würde sie dem Teufel noch lange nicht ihre Seele verkaufen!

»Willst du die Nadel?« wiederholte er unerbittlich.

»Ja«, antwortete sie.

»Dann küß meine Hand.«

Sie blickte ihn schockiert an. Sie konnte gar nicht glauben, um was er sie da bat.

»Vashon –«, begann sie. Aber er unterbrach sie sofort. Er hob seine Hand an ihr Gesicht.

»Küß meine Hand«, flüsterte er seltsam eindringlich.

Sie starrte ihn unsicher an. Es war verrückt, was er da von ihr verlangte, aber der Grund dafür war noch viel schlimmer. Sie glaubte, daß er sie irgendwie dazu zwingen wollte, dem zuzustimmen, was er am Morgen getan hatte. Es störte ihn, daß sie ihn dafür verurteilte. Sie würde einem Mord niemals zustimmen können. Und doch fragte sie sich, als sie ihm jetzt tief in die Augen blickte, ob er nicht noch etwas anderes suchte – Vergebung.

Widerwillig nahm sie seine Hand und hob sie an ihre Lippen. Seine Haut fühlte sich warm und rauh an, so schön, daß sie mit ihrem Mund am liebsten dort verweilt hätte. Aber schnell endete der Kuß. Er zog seine Hand zurück, und als ob sie ihn losgesprochen hätte, fiel plötzlich der düstere Ausdruck in seinen Augen von ihm ab. Er ging zu seinem Schreibtisch und nahm eine Nadel für sie heraus. Er warf sie auf die Bettdecke, dann ging er zu seinem goldfarbenen Wasserkrug und wusch sich die Hände. Er tat so, als habe der Kuß und alles andere nie stattgefunden. Erstaunt beobachtete Aurora ihn. Sie nahm die Nadel und rutschte vom Bett.

»Du kannst ebenso gleich dableiben«, sagte er, als er sich sein Hemd auszog und es aufs Sofa warf.

Sie sah ihm zu, wie er aus seinen Stiefeln stieg. Nervös fragte sie: »Warum?«

»Überall auf dem Boden verstreut liegen Glassplitter, Miss Dayne, und ich werde Benny nicht aus dem Bett holen. Er kann auch morgen alles wegräumen.«

Es war spät. Draußen war es längst dunkel geworden. Und sie hatte immer noch nicht ihre eigene Kabine.

»Vashon, ich muß darauf bestehen, daß ich meine eigene . . .« Sie stockte. Als ob sie gar nicht vorhanden war, machte er sich fürs Bett fertig. Und das bedeutete, daß er sich sämtlicher Kleidungsstücke entledigte. Und diesmal nahm er auf Auroras Gefühle keine Rücksicht. Er zog den schwarzen Stoff seiner Hose herunter. Und erst, als der Drachen auf seinem Rücken vollständig sichtbar war, drehte sich Aurora um.

»Gute Nacht, Miss Dayne.«

Sie hörte, wie er in sich hineinlachte und unter die Decke seines Bettes schlüpfte. Dann blies er das Licht aus, und sie waren in tiefste Dunkelheit eingehüllt. Sie war allein mit diesem nackten Mann, und der Fußboden war übersät mit Glasscherben. Es graute ihr davor, sich noch einmal zu schneiden, und so wußte sie kaum, wie sie unbehelligt zu dem Sessel gelangen sollte. Sie tastete sich langsam vorwärts, stolperte dabei über seine Stiefel und stieß gegen den Schreibtisch. Endlich warf sie sich in den Sessel.

»Bequem, Miss Dayne?«

Ihr Mund war trocken. Sogar seine Stimme klang irgendwie nackt. »Es geht mir ganz gut, danke.«

»Du könntest heute nacht deine eigene Kabine haben, wenn du nur etwas sagst.«

Sie war nahe daran, es ihm zu gestehen. Aber um in ihre alte Kabine zu kommen, würde er das Licht wieder anzünden müssen, und das würde bedeuten, ihn nackt zu sehen. Das allerdings war fast noch grauenhafter, als zu bleiben, wo sie war.

»Ich sage dir nichts, ehe ich nicht meine Freiheit habe«, flüsterte sie.

»Ich verstehe.« Er drehte sich in seinem Bett um. »Ich vermute, der Sessel wird mit den Tagen immer unbequemer für dich werden.«

»Der Sessel wird ausreichen.«

»Aber im Bett ist es schöner.«

»Das Bett ist . . . schon besetzt.«

»Ich bin absolut bereit, es zu teilen.«

Sie schluckte. »Nein – nein, vielen Dank!«

Er lachte. »Wie du meinst. Bis morgen früh.«

Vashon war sofort wach, als es klopfte. Er griff nach seinen Hosen, wich geschickt den Glasscherben aus – es fiel genügend Licht vom Sternenhimmel in die Kabine hinein – und war in Windeseile an der Tür.

»Was ist los?« fragte er Isaac, der mit seiner Laterne auf der Türschwelle stand.

»Es gibt ein Problem«, antwortete Isaac mit seinem von Müdigkeit gezeichneten Gesicht. »Benny hat mich gerade darüber informiert, daß einer der Wasserbehälter leckt. Mit dem verbleibenden Rest schaffen wir es nicht mehr bis San Juan.«

Vashon war verärgert. »Mußt du mir das zu so später Stunde mitteilen? Das ist doch keine Tragödie, Mann. Wir legen einfach am nächsten Hafen an –«

»Das ist genau der Grund, warum ich hier bin. Der nächste Hafen ist auf der Grand Talimen Insel.«

Vashon zögerte. »Ich verstehe«, sagte er leise.

»Sollen wir dort haltmachen?«

»Haben wir eine andere Wahl?«

Nun war es Isaac, der zögerte. »Das hängt von dir ab, Vashon. Es ist dein Kopf, den sie dort wollen. Nicht meiner. Wir könnten natürlich versuchen, noch bis St. Kitts zu kommen.«

Vashon schüttelte den Kopf. »Wenn es nur die Männer wären, vielleicht, aber wir haben zwei Frauen an Bord. Wir können nicht ihr Leben riskieren. Ich werde nachdenken, ob es noch eine andere Route gibt.« Er ging zurück ins Zimmer, um sein Hemd anzuziehen.

Isaac schien nur widerwillig seinen Blick von Vashons Bett zu wenden. Verblüfft stellte er fest, daß es leer war. Wie um sicherzugehen, hob er die Lampe und schaute genauer hin.

»Glaubst du, ich habe sie über Bord geworfen?« Vashon warf ihm ein flüchtiges Lächeln zu, dann kehrte er zur Tür zurück.

»Natürlich nicht«, antwortete Isaac mürrisch. »Aber wo ist sie?«

Vashon wies in die Nische seiner Kabine, wo sein Schreibtisch stand. Aurora saß schlafend davor, Kopf und Arme auf der Schreibtischplatte.

Isaac mußte an sich halten, um nicht in ein lautes Gelächter auszubrechen.

»Bist du fertig?« fragte Vashon trocken.

»Aber ja«, keuchte Isaac und warf einen letzten Blick auf die schlafende Aurora.

»Ich bin sofort da.«

Isaac nickte spöttisch und verließ kichernd die Kabine.

Vashon drehte sich zu Aurora um. Sie schlief tief und atmete regelmäßig, und er fühlte sich von ihr angezogen, wie ein Kind von der Dunkelheit der Wälder angezogen wird, in der Hoffnung, dort Magisches zu finden.

Er ging zu ihr und beugte sich über ihre schlafende Gestalt. Ohne sie zu wecken, hob er sie zärtlich auf und trug sie in sein Bett.

»Das wird allmählich zur Gewohnheit, kleines Mädchen«, murmelte er, bevor er sie auf die Matratze legte. Statt einer Antwort rollte sie sich auf die Seite und griff nach der Decke. Er beugte sich über sie und schob eine Locke aus ihrem Gesicht. Dann, ganz sachte, küßte er ihre Lippen.

Der Kuß war kurz und voller Unschuld, aber doch schien es ihn zu überraschen. Ihm war, als habe er dies gegen seinen Willen getan, und schlimmer noch, gegen sein besseres Wissen. Sein Gesicht verhärtete sich, und er wirkte nachdenklich. Er blickte eine Weile auf sie nieder. Daß es dunkel war und sie nur ein Schatten, störte ihn dabei nicht.

»Was für eine Frau bist du, Aurora Dayne?« flüsterte er. Er holte tief Luft und verließ die Kabine, fast erleichtert, von ihr fortzukommen.

In der Dunkelheit öffnete Aurora kurz ihre Augen und sah, wie sich der Schatten von ihr entfernte. Sie hörte, wie sich die Tür leise schloß und fiel wieder in den Schlaf zurück. Wieder träumte sie von Vashon. Aber diesmal waren die Einzelheiten atemberaubend. Sie sah ihn mit seinem langen schwarzen Haar und dem kleinen Silberohrring, der in der heißen Sonne der Karibik glitzerte. Sie sah, wie ein tragisches und gleichzeitig unglaublich schönes Lächeln sein Gesicht umspielte.

Sie träumte, er sei der Drachen.

Ihr war klar, daß er keinem Menschen traute, auch ihr nicht. Aber das hielt sie nicht von der Vorstellung ab, ihn zu berühren, ihn zu riechen, neben sich zu spüren. Sie wollte alles von ihm. Und alles in diesem Traum war so greifbar, als hielte sie es in ihren Händen.

Sie war die Mörderin.

Es war eine unmögliche Aufgabe. Vashon war unerreichbar in den Fängen des Drachen. Ihr Innerstes wehrte sich zu töten, aber sie war gezwungen, ihn zu retten. Das Biest hatte ihn an der Kehle gepackt, und wenn sie ihn nicht von dem tobenden Monster befreite, würde er zerfetzt werden.

Sie nahm ihr Schwert und zielte auf den Rücken des Drachen. Doch als sie es ihm entgegenschleuderte, war der Drachen verschwunden.

Sie suchte überall nach ihm, aber er war fort. Ihr Traum wechselte, und Vashon erschien wieder, aber in ihrem Entsetzen war sie nicht sicher, wie sie ihm von dem Drachen erzählen sollte. Instinktiv wich sie ihm aus; er nahm sie trotzdem. Seine Arme legten sich um sie wie heißer Stahl, und obwohl sie sich wehrte, gab es kein Entrinnen. Sie war sein.

Er küßte sie.

Wie eine Flamme brannte sein Kuß bis in ihre Zehenspitzen. Sie kämpfte tapfer, aber schon hatte ihr Körper sie verraten. Sie sehnte sich danach, frei zu sein, aber sein Geruch umhüllte sie und lockte sie zurück, zurück in seine Umarmung. Seine Berührungen, seine Nähe, seine Männlichkeit erregten sie. Gegen ihren Willen antwortete ihr Körper auf eine Weise, von deren Existenz sie bisher nicht gewußt hatte. Als schließlich seine warme feste Hand ihre Brust versengte, konnte sie es nicht länger ertragen. Sie schrie seinen Namen und schmolz in einem süßen, atemlosen Stöhnen dahin. Es überwältigte sie mit einer solchen Gewalt, daß sie weinend aufwachte.

Der Drachen hatte gesiegt.

Schluchzend und von panischem Schrecken erfaßt, setzte sich Aurora kerzengerade auf. Zunächst konnte sie kaum verstehen, was ihr geschehen war. Nie zuvor hatte sie einen so lebhaften Traum gehabt, der ihren ganzen Körper gegen ihren Willen in einen Strudel hineingezogen hatte. Verwirrt spürte sie, daß sie zwischen den Schenkeln feucht war, und als sie mit ihrer Hand über die Stirn fuhr, merkte sie, daß sie schweißüberströmt war. Entnervt wischte sie sich das Haar aus dem Gesicht. Überall hing Vashons Duft. Irgendwie hatte man sie in sein Bett gebracht, während sie schlief. Die Kabine war leer, aber das Kissen neben ihr war noch warm.

Hatte er neben ihr geschlafen? Hatte er sie in der Nacht berührt? Hatte sie deshalb diesen Traum gehabt?

Ihr Gesicht wurde blaß, und sie dachte wieder an den Traum. Was war nur los mit ihr, daß ein Traum sie so stark reagieren ließ?

Allein bei dem Gedanken daran wurde sie rot. Sie verstand nicht, was mit ihr geschehen war, aber sie war sehr glücklich, allein zu sein.

Es klopfte. Aurora fuhr sich mit den Fingern durchs Haar, dann rief sie verschlafen: »Herein.«

Benny steckte seinen Kopf durch die Tür. Wie immer hing Koonga an ihm wie eine Klette.

»Ich habe Ihr Frühstück, Miss.« Er blickte Aurora vorsichtig an, als habe er den Streit zwischen ihr und Vashon am letzten Abend mitbekommen. Beschämt blickte sie auf den Scherbenhaufen. Nervös plazierte er das schwere Silbertablett auf dem Schreibtisch.

»Vashon sagt, Sie können heute morgen aufs Oberdeck, Miss. Wann immer Sie wollen.«

Zerstreut nickte sie.

»Ist alles in Ordnung, Miss?«

Betroffenheit machte sich in dem freundlichen Gesicht des Jungen breit. Und Aurora hatte das Gefühl, jeder, aber auch jeder könne ihr ansehen, was sie diese Nacht geträumt hatte. Auch Vashon.

»Es geht mir gut, Benny. Du mußt dir meinetwegen keine Sorgen machen. Wie geht es Flossie?« Sie begleitete ihn zur Tür.

»Die Witwe ist wütend wie eine Hornisse. Aber sie werden sie auf dem Oberdeck treffen.«

»Das ist ja wunderbar. Ich werde mich beeilen.«

»Wann soll ich Ihnen Ihr Bad bereiten, Miss?«

»Mein Bad?« Aurora blickte an ihrem hoffnungslos zerknitterten Kleid herunter. Sie sah schlimm aus. Ein Bad würde ihr bestimmt guttun.

»Ich denke gleich, wenn es nicht zuviel Mühe macht.«

»Gar keine Mühe, Miss.«

»Danke, Benny.« Plötzlich lächelte sie ihm zu, und sein ganzes Gesicht begann zu leuchten. Koonga, die vorher geschrien hatte, beruhigte sich. Sie mußte die Spannung ihres Herrn gespürt haben.

»Aurora, mein Gott, was hat dieser schlimme Mensch dir angetan! Bist du in Ordnung, Liebes? . . . Liebes! Wo, um Himmels willen sind deine Schuhe?« Flossie segelte auf Aurora zu, ihr Gesicht voller Betroffenheit und Entrüstung. Sie streckte ihre Arme aus und umarmte Aurora. »Dieser ehrlose Pirat! Dieser Freibeuter! Lump! Ist er es, der dir die Schuhe genommen hat?«

»Ja«, antwortete Aurora. »Aber sonst geht es mir gut. Du mußt dir meinetwegen keine Sorgen machen. Du bist es, an die ich ständig denken mußte.«

»Oh, mein liebes Kind! Du mußt keinen weiteren Gedanken an mich verschwenden. Es ist doch so wie die Fortsetzung unserer Reise. Ich hatte jeden Komfort. Außer daß man mich in meine Kabine eingeschlossen hat.« Bei diesen Worten warf sie Isaac einen bitterbösen Blick zu. Der Captain kümmerte sich nicht darum.

»Aber du, Liebes« – sie drehte sich wieder zu Aurora um. »Du siehst vielleicht aus! Ich hoffe nur, dieser schlimme Vashon hat sich... also... einigermaßen anständig verhalten.«

Aurora lachte fast. Das allerdings war nicht gerade der passende Ausdruck für Vashons Verhalten. Dennoch versicherte sie der Witwe: »Vashon und ich sind aneinandergeraten, das muß ich zugeben. Aber er hat nichts getan, was nicht wiedergutzumachen wäre.«

»Gott sei Dank. Ich war so besorgt. Ich mußte sogar etwas von Janes Riechsalz nehmen.«

Aurora lächelte und drückte die zitternde Hand der Witwe. Flossie war gewiß ein starker Mensch. Aber sie war keine junge Frau mehr, und die Nervenprobe auf dem Schiff machte ihr zu schaffen. Und in diesem Moment versprach sich Aurora, daß sie alles in ihrer Macht Liegende tun würde, um sie nach St. George zurückzubringen.

»Du solltest dich nicht sorgen, Flossie«, sagte sie weich. »Sieh das doch als ein Abenteuer. Und in Null Komma nichts wirst du wieder zu Hause sein und all deinen wundervollen Freunden von deinem Aufenthalt auf einem Piratenschiff erzählen.«

Die Witwe schüttelte entschieden den Kopf. »Es wäre schon ein rechtes Abenteuer, wenn du nicht so viel Ärger hättest. Und schließlich bin ich eine alte Frau. Was können sie mir schon antun? Aber dir, Aurora – da gibt es eine ganze breite Palette von Dingen, vor denen du beschützt werden mußt. Und weil mich das einfach rasend macht, ist es für mich überhaupt kein nettes Abenteuer.«

»Nein, nein! Ich kann schon selbst auf mich aufpassen. Ich habe es Vashon heimgezahlt, was er mir angetan hat. Doppelt und dreifach!« Sie übertrieb. Sie stand vor der Witwe, ohne Schuhe, ohne Wäsche. Aber sie konnte einfach diesen besorgten Ausdruck in Flossies Augen nicht ertragen. Besonders nicht, weil er sie betraf.

»Flossie, wir müssen eine Möglichkeit finden, von hier zu entkommen.« Aurora trat näher an ihre Freundin heran. »Ich habe viel darüber nachgedacht. Wir haben fast eine

Woche, um uns etwas zurechtzulegen. Und ich glaube, wenn wir in San Juan anlegen, sollte ich –«

Ein Hüsteln ertönte hinter ihnen. Die beiden Frauen blickten sich um. Captain Corbeil war neben sie getreten, mit einem irritierten Ausdruck im Gesicht. Aurora zweifelte daran, daß er etwas mitgehört haben konnte, aber bestimmt hatte er genug mitbekommen, um sie wieder zu trennen.

»Es ist Zeit für die Witwe, in ihre Kabine zurückzukehren.« Er legte eine Hand auf Flossies Arm, um sie zurückzubegleiten.

»Captain, das ist nicht nötig«, begann Aurora. »Was ist denn daran so schlimm, wenn wir zusammen an der frischen Luft sind und uns unterhalten?«

»Ich kann nicht zulassen, Aurora, daß Sie beide miteinander wie Diebe flüstern.«

Auroras Kopf schnellte hoch. Neben ihr stand Vashon. Er sah überwältigend aus. Es war warmes Wetter. Er trug nur seine Stiefel, dünne Lederhosen und eine Lederweste über dem nackten Oberkörper. Seine Augen glitzerten grüner als der Ozean.

Und wieder kehrte ihr Traum mit einer überraschenden Klarheit zurück. Sie wandte errötend ihren Blick von ihm ab, wütend über ihn und über sich selbst. Mit eisigem Ton sagte sie: »Ich glaube nicht, daß man ausgerechnet uns als Diebe bezeichnen sollte.«

Er nickte Isaac zu.

»Warten Sie!« bat Aurora den Captain. »Was ist so schlimm daran, daß wir zusammen sind?«

»Es ist überhaupt nicht schlimm, kleines Mädchen«, antwortete Vashon. »Aber Regel Nummer drei auf diesem Schiff besagt, daß Gefangene nicht miteinander flüstern sollen, und wenn man sie dabei erwischt, müssen sie unverzüglich getrennt werden.«

»Was?« Aurora wirbelte herum und blickte ihn herausfordernd an. Aber Flossie war bereits von Isaac fortgezogen worden. »Deine Regeln«, rief sie aus, »können zum Teufel gehen.«

Er lachte. »Aber das sind sie doch schon, Miss Dayne. Oder hast du das noch nicht bemerkt?«

Sie warf ihm einen verächtlichen Blick zu, dann ging sie zur Reling. Sie hatte gehofft, daß er sie in Ruhe lassen würde, aber vergeblich.

»In drei Tagen werden wir in Grand Talimen anlegen.«

Er stellte sich neben sie an die Reling. »Ich dachte, wir würden vor San Juan ankern«, sagte sie und fühlte seinen Blick auf ihr ruhen.

»Eine Änderung der Reiseroute. Einer unserer Wasserbehälter hat geleckt. Ich möchte kein Risiko eingehen.«

»Dann werden wir etwas später in San Juan anlegen, oder werden wir dann direkt zu deinem Satansparadies segeln?«

Er warf den Kopf zurück und lachte. Bevor sie ihn daran hindern konnte, streichelte er zärtlich ihre Wange. »Wie scharfsinnig du bist.«

Von seiner Berührung entnervt, trat sie einen Schritt von ihm zurück. Seine Zärtlichkeit brachte all ihre Gefühle aus ihrem Traum zum Brodeln. Aber sie nahm sich zusammen. Schließlich gab es für sie nun eine Reihe neuer Probleme zu bedenken.

Sie hatte doch vorgehabt, sich in San Juan irgendwie vom Schiff zu stehlen und dann Flossie zu befreien. Aber nach San Juan waren es noch einige Tage, Zeit zum Nachdenken und Planen ihrer Flucht. Aber nun sollten sie schon in drei Tagen anlegen, und sie fragte sich, ob ihr bis dahin schon etwas Gutes eingefallen sein würde.

Der Ausdruck auf ihrem Gesicht mußte ihre Gedanken widergespiegelt haben. »Gedanken an Flucht, Liebes?«

Sie blickte ihn an. Die Röte in ihrem Gesicht verriet sie. Wütend ließ sie die Reling los und wollte sich entfernen, aber seine Worte ließen sie zögern.

»Du hast mich nicht um Erlaubnis gebeten, gehen zu dürfen.«

Wütend versteifte sie sich. Sie würde gar nicht darauf reagieren.

»Miss Dayne, ich möchte, daß du weißt, Regel Nummer zwei auf diesem Schiff ist, daß alle Gefangenen mir zu gehorchen haben. Wenn du das Deck ohne meine Erlaubnis verläßt, wirst du bestraft, und du wirst die Witwe bis Mirage nicht mehr sehen.«

Diese Drohung traf sie. Sie brauchte Flossies Hilfe und Mitdenken, was die Flucht betraf. Sie konnte es sich nicht leisten, isoliert zu werden, nicht drei Tage vor Ankunft im Hafen.

Mit trotzigem Gesicht kehrte sie zu ihm zurück. Wenigstens konnte sie ja so tun, als existiere er gar nicht. Aber es war gar nicht so einfach, über einen so gutaussehenden Mann hinwegzusehen. Sie tat aber immerhin ihr Bestes, bis sie merkte, daß er ihr einen Arm um die Taille gelegt hatte.

»Aurora?« flüsterte er in ihr Haar.

Ihre Augen wurden dunkel. »Was ist, du Tyrann?«

Er lächelte über ihre Worte. »Möchtest du, daß ich dir Regel Nummer eins sage?«

Sie blickte ihn an. Sie wollte eigentlich seine verabscheuungswürdigen Regeln nicht wissen. Da sie ihm aber ausgeliefert war, wenigstens bis Grand Talimen, war es ja unausweichlich, sie kennenzulernen. Aufgebracht nickte sie mit dem Kopf.

»Regel Nummer eins«, sagte er mit heiserer Stimme, »ist, alle Beutestücke gehören mir . . . und zwar mir allein.«

Er hob ihr Haar und küßte sie auf den Nacken. Seine Lippen waren wie Feuer auf ihrer Haut. Sie schloß die Augen und konnte es kaum ertragen. Sein Kuß beschwor wieder die Bilder des Traums herauf. Und sie zitterte bei dem Gedanken daran, welch eine Macht dieser Mann über sie hatte.

14

Grand Talimen Island – weiße Sandstrände und sich im lauen Wind wiegende Kokospalmen.

Am nördlichen Ende der Insel befand sich die winzige, bunte Stadt New Providence mit ihrem Hafen und den unzähligen Schiffen, die von der Mayaguana Passage kamen und gingen. Aurora blickte von der Reling auf die rosafarbenen und gelben Gebäude. Sie sah Sklavenfrauen in schmutzigen Madras, die Körbe voller grüner Brotfrüchte zum Markt trugen. Neugierig schauten die Frauen auf das im Hafen eingelaufene Schiff, sie blieben stehen, die Körbe in die Hüften gestemmt. Verkäufer in weißen Jacken und mit weißen Schürzen lungerten vor den Türen ihrer kleinen Geschäfte, auch sie sahen mit Interesse der Seabravery entgegen. Eine exotische Atmosphäre umgab sie, als sie im Hafen lagen. Gerüche von reifen und süßen Mangos verschmolzen mit dem Gestank faulender Früchte. Aurora konnte ihre Aufregung kaum zurückhalten. Endlich hatten sie wieder Land erreicht. Endlich gab es eine Chance zur Flucht.

Nervös blickte sie sich nach Flossie um. Vashon hatte es strikt abgelehnt, daß sie sich während der letzten drei Tage sehen konnten. Sie hatte ihren Plan, das schon, aber es machte sie fast verrückt, daß sie ihn nicht der Freundin mitteilen konnte. Nun mußte sie ihn allein durchziehen. Und sie konnte nur hoffen, daß Flossie ihre Handlungen verstand und sie unterstützte.

»Aurora!«

Sie drehte sich um und sah Flossie auf sich zulaufen. Seltsamerweise war der Captain, der sie sonst immer begleitete, diesmal nicht in der Nähe.

Das war die Chance. Sie hoffte nur, daß sie genug Zeit haben würden.

Aurora ging ruhig zur Witwe hinüber und tat ihr Bestes, nicht aufgeregt auszusehen und nicht die Aufmerksamkeit des grünäugigen Mannes, der sie von weitem beobachtete, auf sich zu ziehen. Als sie die Hände der Witwe ergriff, begann sie sogleich zu sprechen und vergaß für einen Moment ihre gute Erziehung.

»Flossie, ich habe einen Plan«, flüsterte sie hastig. »Du mußt mir helfen. Ich werde –« Plötzlich erschien der Captain, und als er sie zusammen sah, kam er auf sie zu. Hoffnungslosigkeit erfüllte Auroras Herz, und sie fiel in Schweigen.

Flossie drehte sich herum und warf dem Captain einen vernichtenden Blick zu. Wenn sie immer noch ihren Schirm gehabt hätte, wäre sie damit sicherlich wütend auf ihn zugelaufen. Statt dessen konnte sie nur unwirsch in die andere Richtung weggehen.

Aurora konnte nur hoffen, daß Flossie ihre Handlungsweise richtig deuten würde. Sie mußte es eben allein schaffen. Wenn es funktionierte, würden sie frei sein. Wenn nicht . . . Sie holte tief Luft und nahm ihren Mut zusammen. Wenn nicht, dann würden sie eben für die Konsequenzen zu zahlen haben. Aber wenn sie es nicht versuchte, würde man sie nach Mirage bringen, und man würde vielleicht nie wieder von ihnen hören.

Die Menge auf den Docks verdichtete sich, und mit einem Mal bemerkte Aurora die erstaunten, verblüfften Gesichter, die ihnen entgegenstarrten. Sklaven begannen, sich in Gruppen zusammenzufinden, und sahen das Schiff mit dem Drachen als Galionsfigur ehrfürchtig an, als sei es fast so etwas wie eine Legende. Das war höchst eigenartig, besonders als eine Truppe bewaffneter Infanterie am Hafen erschien.

Der Captain trat zu ihr an die Reling, um die Vorgänge dort unten zu beobachten. Er schüttelte den Kopf. »Nun sind wir schon einmal da«, murmelte er.

»Ich habe den Eindruck, die Seabravery ist hier nicht willkommen«, sagte sie und fragte sich dabei nur, welchen Einfluß diese Tatsache auf ihre Pläne haben würde.

Der Captain lachte. »Nicht willkommen! Etwa so willkommen wie Napoleon in Austerlitz.«

Aurora warf noch einen genaueren Blick auf die Soldaten. Sie hatten silberne Jacken mit einer glitzernden goldenen Borte an der rechten Schulter an. Es waren keine britischen Uniformen. Hatte sich diese kleine Insel, so englisch sie auch wirkte, vom Commonwealth getrennt?

»Was wollen sie?« fragte sie.

»Vashon«, antwortete er einfach und betrachtete den Captain der Garde, der sein Pferd vorantrieb.

Aurora blickte Isaac überrascht an, aber bevor sie noch ein weiteres Wort sagen konnte, erschallten Hochrufe von den Docks. Gruppen von Sklaven hatten ihre Hände zu Fäusten geballt und erhoben und riefen den Namen ›Vashon‹, während ihre Aufseher finster zur Seabravery hinüberblickten. Haßerfüllt blickten sie zu Vashon, der oben stand und die Hochrufe der Sklaven lächelnd entgegennahm, bis die Rebellion zu einem schnellen, gewaltsamen Ende kam.

»Was hat er getan, um . . . all diese Aufmerksamkeit zu verdienen?« fragte sie, gleichzeitig erstaunt und bestürzt. Offensichtlich war Vashon der Held dieser Sklaven, während die berittene Truppe eher so aussah, als wolle sie jeden Moment das Schiff stürmen und ihn hängen. Sie konnte das einfach nicht verstehen.

»Der Gouverneur dieser Insel hat nicht gerade eine Vorliebe für Vashon«, antwortete Isaac. »Er hat einmal eine Schiffsladung mit Sklaven gestohlen, die nach New Orleans gebracht werden sollten. Der Gouverneur hat sein Geld nie bekommen; und dabei war die Ladung über zweihunderttausend Pfund wert.«

»So also hat Vashon sein Vermögen gemacht. Er hat mit der Haut schwarzer Menschen gehandelt.« Angeekelt blickte Aurora zur Seite. John Phipps hatte gewiß seine Fehler, aber als ein guter Christ hatte er wenigstens die Abschaffung der Sklaverei unterstützt.

Sie blickte finster drein. Wie konnte es ihr überhaupt nur in den Sinn kommen, Vashon mit John Phipps zu vergleichen? John war ein Heiliger verglichen mit Vashon. Und doch, aus einem unerklärlichen Grund war sie enttäuscht, daß Vashon wieder einmal bewiesen hatte, was für ein schlechter Mensch er war.

»Vashon ist der Letzte, der sich mit Sklaverei befassen würde«, sagte der Captain mit ruhiger Stimme. »Wenn Sie ihn erst einmal besser kennen, werden Sie das selbst feststellen.«

Aurora starrte Isaac verblüfft an. »Aber was hat er denn mit dem Schiff des Gouverneurs gemacht?«

Isaac lächelte. »Also, ich gebe zu, daß er einen beträchtlichen Gewinn mit dem Verkauf des Schiffes erzielt hat. Ich sage ja gar nicht, daß dieser Mann perfekt ist. Aber was die Sklaven betrifft, so brachte Vashon sie nach La Tortué und ließ jeden einzelnen frei. Deshalb wurde er heute so geehrt. Einige dieser Leute hatten ihre Kinder auf dem Schiff. Ich denke, es macht sie sehr glücklich, daß ihre Söhne und Töchter auf Haiti in Freiheit leben, auch wenn sie selbst auf Grand Talimen immer noch in Sklaverei gehalten werden.«

Aurora blickte sich nach Vashon um, der mit verschränkten Armen auf dem Vordeck stand und in das Geschehen an Land vertieft war. Er hatte mit der Befreiung dieser Sklaven eine edle Tat vollbracht. Aber aus diesem Grund hielten ihn viele für einen Helden und andere für einen Verbrecher.

Ihr mußte er erst noch beweisen, was er für sie sein würde.

»Miss, Captain.« Der erste Offizier, ein junger Franzose namens Philippe, verbeugte sich steif vor ihnen. »Gouverneur Ignatio Roberto Aquila Lopez hat eine Nachricht geschickt, Captain.«

»Was will er?« Isaac wischte sich den Schweiß von der Stirn.

»Er informiert uns, daß Vashon erschossen wird, sobald er das Schiff verläßt.«

»Ich verstehe. Was sonst?«

»Er sagt, er würde gern über Vashon verhandeln.«

Isaac kicherte. »Natürlich.«

»Er schlägt ein Treffen in seinem Haus vor, heute zum Abendessen. Dann will er auch erst über das Wasser und alles andere verhandeln, was für die Seabravery benötigt wird.«

»Danke.« Isaac nickte dem jungen Franzosen zu und entließ ihn.

»Ist es wahr, was er über das . . . Erschießen von Vashon gesagt hat?« fragte Aurora.

»Sie bekommen ihn nicht.«

»Aber – aber dieser Gouverneur könnte bestimmt das Schiff einnehmen und –«

»Und einen Aufstand riskieren? Nein, das wird er nicht tun. Der Gouverneur ist nicht dumm.«

Aurora fühlte sich auf einmal so lächerlich erleichtert. Plötzlich hatte sie einen Gedanken. »Also ist wirklich die einzige Konsequenz, daß Vashon das Schiff nicht verlassen darf.«

»Das ist richtig.« Der Captain betrachtete sie einen Augenblick aufmerksam, und Aurora fragte sich nervös, ob ihre Bemerkung vielleicht zu offensichtlich gewesen war. Aber schon blickte der Captain zum Vordeck und winkte Vashon zu.

»Vashon!« schrie er. »Ich bin zum Abendessen eingeladen worden! Ich bekomme einen besseren Empfang als du, wage ich zu behaupten. Und nebenbei auch ein besseres Essen.«

Vashon lächelte. »Ich will aber nicht, daß es dir zu gutgeht, Isaac. Nachher lieferst du mich doch noch aus.«

»Das werden wir sehen, Vashon! Ich werde sehen, was Ignatio anzubieten hat!«

»Dann sollte ich dir vielleicht doch besser einen Wachhund mitgeben. Flossie!« schrie Vashon über die Decks. »Ich möchte, daß Sie mit Isaac zum Essen gehen und aufpassen, daß er mich nicht ausliefert.«

Flossie stand am anderen Ende der Reling. Als sie Vashon hörte, warf sie ihm und Isaac einen vernichtenden Blick zu. »Wirklich!«

Vashon lachte und rief dem Captain zu: »Also, abgemacht. Sie gehört dir, Isaac!«

Beide, Isaac und Flossie, öffneten den Mund, um zu protestieren. Aber beide wollten andererseits auch nicht zugeben, wie sehr die Situation sie beunruhigte. Und beide schlossen ihn wieder. Flossie ging schnell fort. »Also, wirklich!« murmelte sie wieder.

Aurora sah sich das Ganze an, gegen ihren Willen amüsiert. Sie wußte, wie angetan Flossie von dem Captain gewesen war – bis zur Entführung. Es war eigenartig, was für eine Abscheu sie nun dem Mann gegenüber empfand. Wenn sie zusammen zu dem Abendessen des Gouverneurs gehen würden, würde es Funken sprühen.

Aber wenn ihr Plan funktionierte, wie sie hoffte, würde Flossie diese Nacht schon frei in New Providence verbringen, nicht als gefangener Gast von Captain Corbeil.

Sie holte tief Luft und nahm sich zusammen. Wenn Vashon das Schiff nicht verlassen konnte, war sowieso alles viel einfacher. Wenn sie von Bord waren, würden sie es nur mit einem Seemann zu tun haben. Das war viel einfacher, als es mit Vashon aufzunehmen.

Sie warf dem Captain einen verstohlenen Blick zu. Er war in ein Gespräch mit Philippe vertieft. Sie wandte sich um und sah Flossie am Bug des Schiffes, sehnsüchtig auf den Hafen schauend. Dies war der richtige Moment. Sie mußte nur ihren Mut zusammennehmen und es tun.

Sie trat einen Schritt von der Reling weg und strauchelte. Mit einer ziemlich dramatischen Geste fuhr sie sich mit ihrer Hand über die Augen und versuchte, wieder das Gleichgewicht zu finden. Aus ihren Augenwinkeln konnte sie sehen, daß der Captain zu ihr schaute. Erfreut machte sie eine große Schau daraus, in sich zusammenzusinken. Sie schlug mit einem schreckenserregenden Knall auf den Boden auf.

Sie hatte vorgehabt, wie die Damen aus ihren Romanen elegant und weich zu fallen. Statt dessen war sie wie eine alte Mähre in ihrem Stall vollkommen ungraziös gestürzt. Sie stöhnte leise auf. Morgen würde sie einige blaue Flecken haben.

»Gütiger Gott!« hörte sie Flossie ausrufen. »Aurora, mein Liebes! Aurora! Hörst du mich?«

Und schon berührte sie jemand an der Stirn. Sie wußte, es war eine Männerhand, denn sie war rauh und schwielig. Aber doch warm und weich. Sie hoffte, es war die des Captains. Aber als sie unter ihren langen Wimpern hindurchspähte, sah sie, daß Vashon über ihr gebeugt war. In seinem Gesicht stand eine herrliche Mischung von Argwohn und Betroffenheit.

Plötzlich war Flossie an ihrer Seite. »Aurora! Kannst du sprechen, Liebes? Bist du in Ordnung? Was ist denn nur geschehen?«

Aurora schloß die Augen und stöhnte. Sie drehte sich leicht zur Seite, so daß nur Flossie sie sehen konnte. Kurz öffnete sie die Augen und gab ihr ein Zeichen, um Himmels willen so fortzufahren. Schockiert blickte Flossie sie an, aber in Sekundenschnelle hatte sie verstanden.

»Sie braucht einen Doktor, Captain!« Flossie stand auf. »Und was werden Sie unternehmen? Ich fordere eine Antwort, unverzüglich!«

»Wir werden uns um sie kümmern. Es wird ihr bald besser gehen.« Isaac warf Vashon einen Blick zu. Langsam hob Vashon sie in seine Arme. Stirnrunzelnd schaute er auf Auroras schlaffe, zarte Gesichtszüge.

»Sie braucht einen Doktor. Bestimmt!« Flossie ließ nicht locker.

»Wir können uns auf dem Schiff um sie kümmern«, meinte Vashon.

»Nein, sie muß angemessen behandelt werden. Das hier ist eine ernste Sache. Ich weiß das.«

»Woher wissen Sie das?«

Flossie überlegte einen Moment. »Es ist – ist eine Frauenkrankheit, Sir! Eine, die ich kenne!«

Aurora mußte fast lächeln.

»Was für eine Frauenkrankheit? Wenn Frauen ein Kind erwarten, verhalten sie sich so.«

Tödliches Schweigen.

Flossie schien, als wäre sie gezwungen, sich mit etwas auseinanderzusetzen, das sie im Grunde ihres Herzens fürchtete. »Und ist das der Fall?« fragte sie ruhig.

Vashon blickte den Captain an, in dessen Gesicht die gleiche Frage stand.

Aurora merkte direkt, wie sich Vashons Körper vor Ärger anspannte.

»Nein«, antwortete er. »Und wenn doch, dann bin nicht ich der Vater des Balgs.«

Aurora hoffte inständig, sie würde nicht rot werden. Solch eine Unterhaltung hatte sie noch nie mit anhören müssen. Es war fast nicht auszuhalten, Gegenstand dieser Debatte zu sein und sich doch ohnmächtig stellen zu müssen.

Mit äußerst erleichterter Stimme begann Flossie wieder zu schwatzen: »Aber nichtsdestotrotz ist alles Ihr Fehler, Vashon. Sie haben irgend etwas mit ihr angestellt, was ihr nicht bekommen ist. Wenn Sie sie nicht entführt hätten, ginge es ihr gut. Und so stirbt das arme Mädchen womöglich. Aurora muß von einem Arzt untersucht werden. Und ich werde sie begleiten. Ich hole nur meine Tasche. Und dann gehen wir sofort los.«

Aurora unterdrückte ein Lachen. Flossie war himmlisch.

»Ich mache das, Vashon«, schaltete sich der Captain ein. »Ich nehme sie mit.«

»Du kannst sie nicht mitnehmen. Auf gar keinen Fall.« Vashon schüttelte den Kopf. »Wenn du nicht zum Gouverneur gehst, werden wir noch vor Einbruch der Nacht Ignatios gesamte Armee hier haben. Ich nehme sie. Schick einen Mann los zu Neville. Sag ihm, wir brauchen ein paar Leute, die uns die Wachen für eine Weile vom Halse halten.«

Aurora zuckte entsetzt zusammen und versuchte, dies durch ein Stöhnen zu überspielen. Was sagte Vashon da? Er konnte sie doch nicht zum Arzt bringen. Er würde sein Leben dabei riskieren, und er würde es nur aus Tollkühnheit tun, ganz bestimmt nicht für eine kranke Frau. Besonders nicht für solche, und da war sie ganz sicher, denen er ihre Krankheit gar nicht abnahm.

»Vashon, das kannst du nicht tun.« Isaacs Stimme war belegt vor lauter Sorge. »Es ist eine Sache, Ignatio von dem sicheren Schiff aus zu reizen, mit an die hundert Seeleute, die dich schützen. Aber eine völlig andere Sache ist es, an Land zu gehen. Du kannst keine Armee mit dir nehmen.«

»Ich werde vor dir und der Witwe zurück sein.« Er nahm Aurora fest in seine Arme. »Schick Philippe. Ich gehe, sobald es dunkel wird.«

Aurora wurde auf Vashons Bett gelegt, und Flossie kühlte ihre Stirn mit feuchten Tüchern. Hin und wieder öffnete sie die Augen und blinzelte Flossie zuversichtlich zu. Aber die Hand der Witwe zitterte die ganze Zeit.

Es würde alles gut werden, sprach sich Aurora selbst Mut zu. Sie würde Vashon entkommen, sobald sie an Land waren, und sie würde für Flossie Hilfe holen. Diese Nacht noch würden sie frei sein.

Minuten verstrichen, lange quälende Minuten, während Aurora die Bewußtlose spielte. Der Captain kam, um Flossie abzuholen. Wieder bat Flossie darum, doch bei der Kranken bleiben zu können. Aber es war sinnlos. Vashon war unnachgiebig. Also machten sich Flossie und Isaac auf den Weg zur Residenz des Gouverneurs.

Kurz darauf schob sich Vashon eine Pistole in den Hosenbund und hob Aurora wieder auf seine Arme. Als sie auf dem Kai waren, ließ sie ihre Augen ein wenig aufflattern. Es war schon dunkel. Fackeln brannten in einer Reihe entlang dem Hafen. Die Wachen in ihrer silbern und goldenen Uniform standen immer noch auf ihren Posten, direkt an der Gangway der Seabravery. Aber sie mußte zweimal schauen, um sich zu vergewissern, denn jetzt am Abend waren die Männer schwarz wie Ebenholz.

»Neville«, begrüßte Vashon den neuen Captain der Wache. »Ich bin für immer in deiner Schuld. Du bist schnell gekommen.«

Der Mann namens Neville antwortete im weichen Inseldialekt. »Der Gouverneur kein Freund von mir, Vashon.« Er lächelte mit seinen weißen Zähnen ein wunderschönes Lächeln. »Und auch nicht die Truppen des Gouverneurs. Ich glaube, einen Schlag auf den Hinterkopf werden sie persönlich nehmen.«

»Geht zurück auf eure Pflanzungen, wenn wir weg sind. Bleibt nicht, bis ich zurück bin. Es ist zu gefährlich.«

»Wir bleiben, wenn du uns brauchst.«

»Nein.« Vashon schüttelte den Kopf. »Ich bestehe darauf. Ich werde zur Seabravery zurückschwimmen, wenn es sein muß.«

»Aber was ist mit der hübschen Lady?«

Aurora schloß schnell ihre Augen und hoffte fieberhaft, daß er sie im nächtlichen Schatten nicht zu genau gesehen hatte.

Vashon blickte auf sie herab, sein Gesicht bekam einen harten Ausdruck. »Wenn sie wirklich krank ist, bleiben wir eine Weile im Hafen. Wenn nicht, wird sie schwimmen, ob ich dabei bin oder nicht.«

Die Männer lachten.

Es wurde ein Pferd herbeigebracht, und Vashon stieg auf, Aurora fest in seinem Arm.

Bevor sie reiten konnten, schien Neville ängstlich bedacht, noch etwas zu sagen. Vashon hielt das Pferd zurück und blickte den Mann an.

»Du weißt, Freund, morgen sind wir Helden. Nicht sehr viele Leute von dieser Insel durften dir helfen.«

Vashon blickte den schwarzen Mann bewegt an. Es fehlten ihm die Worte. »Neville«, begann er. »Du weißt, daß für dich immer ein Platz auf der Seabravery da ist. Für dich und deine Leute. Verdammt nochmal, wenn mein Schiff groß genug wäre, würde ich noch den letzten von hier nach La Tortué bringen. Aber diesmal, sag, daß du mitkommst. Geh an Bord. Philippe weiß, daß wir euch erwarten.«

»Kann nicht, guter Freund. Es gibt Arbeit auf der Insel. Eines Tages ist die Insel frei.«

Vashon seufzte. Er blickte Neville fest an und schloß seine Arme um Aurora. Widerwillig nickte er. Es gab nichts weiter zu sagen. Er trieb das Pferd an und galoppierte in die Nacht.

Innerhalb weniger Minuten erreichten sie ein hübsches kleines Häuschen. Licht drang durch die weiße heruntergezogene Jalousie. Vashon sprang vom Pferd und trug Aurora zum Haus.

»Wer ist da?« Ein alter Mann in kurzem Nachthemd erschien an der Tür. Er hob die Kerze hoch.

»Gott im Himmel! Ich trau' meinen Augen nicht! Ist das Vashon?« rief der Mann aus.

»Höchstpersönlich. Sovens, alter Mann, wie geht es dir?« Ohne eine Einladung abzuwarten, brachte Vashon Aurora ins Haus.

»Ich kann es nicht glauben!« Sovens folgte Vashon mit seiner Kerze. Er betrachtete Aurora. »Wen hast du mir gebracht, mein Sohn?«

»Sie ist auf dem Schiff ohnmächtig geworden. Wir haben angelegt, weil wir Wasser brauchen, und sie hatte einen Anfall. Vielleicht hat sie etwas gegessen, was ihr nicht bekommen ist.«

Aurora wurde auf eine Matratze gebettet. In dem Raum roch es nach Limonen. Sie öffnete für einen kurzen Augenblick die Augen und schaute aus dem offenen Fenster, vor dem ein Limonenbaum blühte.

»Ich will ehrlich sein, Sovens. Sie ist nicht allzu glücklich über meine Gesellschaft. Sie könnte das Ganze auch nur vortäuschen.« Er senkte die Stimme. »Aber wenn nicht, dann müssen wir alles für sie tun. Ich kann mir nicht leisten, sie zu verlieren.«

Aurora glaubte, eine Spur von Zärtlichkeit in seiner Stimme gehört zu haben, aber dann dachte sie an ihre Kette und diesen verdammten Stern von Aran. Das war es natürlich, was er nicht verlieren wollte, erinnerte sie sich bitter. Das war alles, was sie ihm wert war.

Verzweifelt schloß sie ihre Augen noch fester und hoffte nur auf einen Moment, in dem sie alleingelassen wurde. Sie würde aus dem offenen Fenster klettern und in die Zuckerrohrfelder verschwinden. Die Insel war so klein, daß sie den Weg zurück zur Stadt mit Leichtigkeit finden würde und mit dem Gouverneur über Flossies Gefangennahme reden konnte. Sie würden noch in dieser Nacht frei sein. Flossie würde nach St. George zurückkehren und sie nach London.

London.

Sie hörte, daß sich der Doktor die Hände wusch. Sie dachte an ihre Zukunft. Würde John zu wütend sein, um sie wieder im Heim aufzunehmen? Oder würde sie sich woanders nach einer Stellung umsehen müssen? Oder würde sie überhaupt nicht dorthin zurückkehren, sondern mit Flossie nach St. George gehen, wo sie vielleicht in einer Familie als Gouvernante arbeiten konnte?

Bevor sie mit ihrem Grübeln fertig war, wanderten ihre Gedanken weiter, genau dahin, wohin sie nicht sollten. Sie hatte sich immer dagegen gewehrt, daran zu denken oder es in Worte zu fassen. Aber nirgendwo in ihrer Zukunft sah sie einen Ehemann. Sie kannte auch die Gründe dafür. Sie besaß weder eine Mitgift noch die Familienverbindungen, um einen zu bekommen. Und sie war auch nicht die feurige Verführerin, die einen Mann so umgarnen konnte, daß er diese Dinge für absolut nebensächlich hielt. Sogar der einfachste Mann erwartete von seiner Braut, daß sie irgend etwas mit in die Ehe brachte.

Und doch, tief in ihrem Innersten hatte sie immer die Hoffnung gehegt, daß ihr eines Tages ein Mann begegnen würde, der sie trotzdem wollte. Und sie vermutete, daß sie in erster Linie deshalb in dieses Abenteuer geraten war. Tja, hier war sie nun, allein mit einem Piraten, dessen größter Ehrgeiz es sein mußte, dem Henker zu entgehen – wenigstens für diesen Tag. Sie konnte nur noch darauf hoffen, nach London zurückzukehren und ihr trostloses Leben – dem sie eigentlich hatte entrinnen wollen – wieder aufzunehmen.

»Weißt du, Vashon, die normale Krankheit eines Mädchens in ihrem Alter ist . . .«

»Ich bezweifle ganz entschieden, daß sie schwanger ist«, unterbrach Vashon den alten Mann. »Ich weiß, von mir kann es nicht sein, und ich kann mir keinen anderen vorstellen, der sie nehmen würde. Sie ist so verdammt prüde. Jeder Kerl fände lebhaftere Gesellschaft auf dem nächsten Friedhof.«

Beinahe wäre sie hochgeschossen und hätte ihm eine Ohrfeige verpaßt. Statt dessen war sie gezwungen, still dazuliegen und das schallende Lachen des Arztes über sich ergehen zu lassen.

»Ich verstehe«, kicherte Sovens. »Wenn sie so ein prüdes Mädchen ist, beneide ich dich wahrhaftig nicht. Da bin ich ja direkt dankbar, daß du sie ohnmächtig hierher gebracht hast. Weißt du, wie das ist, diesen Fräuleins zu erzählen, daß sie sich zur Untersuchung ausziehen müssen? Es ist als würde man einem Stier die Hörner nehmen. So ist das. Sie denken, jeder Mann wäre nur darauf erpicht, sie zu vergewaltigen . . .«

Aurora merkte, daß der Arzt ihr die Nadel aus dem Oberteil des blauen Kleides zog. Was sollte sie nur tun? Panik überkam sie. Sie hatte ja nie an die Möglichkeit gedacht, daß man sie untersuchen würde. Und dann auch noch mit

Vashon als Zuschauer in der ersten Reihe! Das war schon beinahe komisch, besonders wo er doch von Anfang an darauf aus gewesen war, sie nackt zu sehen.

»Oh, verdammt.« Sovens fluchte und sog an dem Finger, in den er sich gerade mit der Nadel gestochen hatte. »Ich muß doch wohl noch eine Kerze holen. Entschuldige mich, Vashon. Diese alten Augen sind auch nicht mehr das, was sie mal waren.«

Endlich hörte Aurora die Worte, auf die sie gewartet hatte. »Laß, mich dir helfen, Sovens.« Vashon ging zur Tür. »Vielleicht könntest du ja sogar etwas von dieser Affenpisse entbehren, wie ihr hier den Rum nennt.«

Sie hörte den Doktor lachen, dann das Geräusch von Schritten, die sich aus dem Zimmer entfernten. Ihr Herz hämmerte wie verrückt gegen die Brust. Sie öffnete ihre Augen und blickte zur Tür. Sie waren fort. Der Raum war dunkel, die einzige Kerze warf lange Schatten. Aber durch die Tür konnte sie Sovens hören, der nach einer weiteren Lichtquelle suchte, während Vashon sich anscheinend etwas zu trinken nahm. Nun war ihre Chance gekommen. Sie konnte nicht länger warten.

Sie erhob sich vom Bett und trat von der Tür weg. Ein leiser Fluch von Sovens im anderen Zimmer ließ sie rasch zum Fenster laufen. Als sie aber auf das Fensterbrett kletterte, wurde sie von zwei unnachgiebigen Armen festgehalten.

»Also, das ist . . . was für eine wunderbare Heilung.« Die Wut in Vashons Gesicht ließ ihr Herz zittern.

Keuchend versuchte sie, ihm zu entkommen. Aber es war aussichtslos.

»Und was hast du zu deiner Verteidigung zu sagen, Aurora? Du hast mich gezwungen, an Land zu gehen und meinen Kopf zu riskieren –«

»Nein, nein! Ich habe ja nie angenommen, daß du das tust. Laß uns gehen, Vashon! Laß Flossie und mich gehen!« versuchte sie, ihm mit fester Stimme zu entgegnen. Er war so wütend! Sie konnte sich nur zu gut vorstellen, wie seine Strafe für sie aussehen würde.

»Du mußt wissen«, flüsterte er drohend, »wenn ich hier gefangengenommen werde, werden sie dich für meine Geliebte halten. Sie werden dich mitaufhängen, Aurora. Direkt an meiner Seite. Nun, wäre das nicht ein passendes Ende für uns beide?« Er lachte bitter auf und zog sie näher an sich. Sie roch den Limonenduft in der heißen tropischen Luft, und gleichzeitig roch sie ihn. Er war wütend, und das machte ihr Angst. Aber sie wollte nicht nachgeben. Denn das war es doch, was er wollte. Das war es doch, was ihm am meisten gefiel, sie feige und demütig und als Sklavin zu sehen.

»Nun, war es das wert?« fragte er hitzig. »Bist du bereit, als meine Geliebte hingerichtet zu werden?«

Mit diesen Worten stachelte er ihren Ärger an. Sie erinnerte sich an seine Bemerkungen dem Arzt gegenüber, und obwohl sie wußte, daß es nicht vernünftig war, ihn weiter zu provozieren, konnte sie nicht an sich halten. Herausfordernd hielt sie seinem Blick stand. »Ich bitte um Entschuldigung, aber niemand könnte mich für deine Geliebte halten. Wenn du dich entsinnst, hieltest du mich für so aufregend wie die Leichen auf dem nächstbesten Friedhof.«

Ohne jede Vorwarnung brach er in schallendes Gelächter aus. Sein Griff lockerte sich, aber nicht genug, als daß sie sich von ihm hätte losreißen können. Sie lag immer noch in seinen Armen, als der Doktor ins Zimmer trat.

»Aufgestanden und schon wieder gesund?« fragte er überrascht. »So etwas habe ich ja noch nie gesehen. Vashon, welche Kur auch immer du verschreiben magst, ich würde sie nur zu gern für meine anderen Patienten haben.«

Aurora versuchte, sich aus dem festen Griff zu befreien. Als es ihr nicht gelang, wandte sie sich an den Arzt. »Bitte, Sovens. Helfen Sie mir. Ich bin entführt worden. Was auch immer Sie über diesen Mann denken, Sie wissen im Grunde nichts von ihm. Er ist ein Pirat. Er schreckt nicht einmal vor dem Schlimmsten zurück – «

»Aber kommen Sie, Miss! Übertreiben Sie nicht etwas! Ein Pirat! Nein, das kann er nicht sein!« Sovens blinzelte ihr zu, und Aurora verstand die Welt nicht mehr.

»Sie – Sie glauben mir nicht?« keuchte sie.

Sovens kicherte. Er blickte Vashon an. »Im Gegenteil, ich glaube Ihnen nur zu gut. Um die Wahrheit zu sagen, ich habe selbst auf der Seabravery gedient. Ich war Schiffsarzt, bis Vashon mich vor ein paar Jahren in den Ruhestand versetzt hat.«

»Oh, mein Gott.« Aurora sackte in Vashons Armen in sich zusammen. Eine Flucht schien noch aussichtsloser geworden zu sein.

»Aber kommen Sie, reißen Sie sich zusammen, Miss. Sicher hat Vashon Sie nicht so schlecht behandelt.«

»Er ist ein widerlicher Kerl, nicht wert, ein Gentleman genannt zu werden!« rief Aurora wütend aus.

»Barmherziger Gott! So bös?« Sovens blickte Vashon an und verkniff sich mit Mühe ein Lächeln. »Also, dann wünschte ich, ich könnte Ihnen helfen.«

Aurora straffte sich. Sie streckte bittend ihre Hände aus. »Aber das können Sie. Rufen Sie Hilfe. Es ist noch eine andere Lady auf der Seabravery und –« Sie unterbrach sich. Sovens schüttelte unerbittlich seinen Kopf.

»Es tut mir leid, Miss. Selbst wenn ich versuchen würde, Hilfe zu holen, würden sich nicht viele für mich die Hände schmutzig machen.«

»Aber Sie sind Arzt! Bestimmt hat ein Mann Ihres Standes viel Einfluß.«

»Nein, Miss, leider nicht. Ich behandle die Schwarzen auf dieser Insel und bin deshalb nicht sehr angesehen.«

»Gibst du auf?« fragte Vashon ruhig.

»Nie«, flüsterte sie, bevor er sie am Arm nahm und zur Tür zog.

15

Isaac und Flossie saßen schweigsam in der goldverzierten Kutsche des Gouverneurs. Sie taten ihr Bestes, einander vollkommen zu ignorieren, was gar nicht so leicht war, da das Vehikel klein und die beiden nicht gerade gertenschlank zu nennen waren. Aber schlimmer noch als die Enge waren die Blicke, die sie sich zwischendurch doch immer wieder wie spitze, giftige Pfeile zuschossen.

Flossie hatte damit begonnen. Sie konnte ihre Gefühle einfach nicht im Zaum halten. Sie durchbohrte ihn förmlich mit ihren funkelnden, anklagenden Blicken. Aber er blickte sie noch schlimmer als der Teufel höchstpersönlich an – der er ja war.

»Ich kann nicht glauben, daß ich Sie fast zum Tee in meine Kabine eingeladen hätte! Nein, ich kann es einfach nicht glauben!« Sie wandte sich abrupt von ihm ab und blickte am Kutscher vorbei auf das große Herrenhaus, das prachtvoll vor ihnen auf der Anhöhe lag.

»Oh, können Sie damit nicht endlich aufhören?« gab Isaac ärgerlich zurück.

»Nein, das werde ich nicht. Es war die größte Dummheit, die ich je in meinem Leben begangen habe! Ich werde es mir nie verzeihen können! Ich, Mrs. Stefan Lindstrom von St. George und London, hätte fast einen Piraten zum Tee in meine Kabine gebeten!«

»Um damit zu beginnen«, antwortete er gehässig, »ich bin kein Pirat, und ich bin es allmählich leid, das immer wieder zu erklären. Ob Sie es nun glauben oder nicht, ich bin ein Captain zur See, und ich habe vor, ein Captain zur See zu bleiben!« Nachdem er sich etwas beruhigt hatte, fuhr er fort: »Und noch etwas. Ich habe noch nie eine Frau so bar jeden Verstandes erlebt wie Sie. Meine Rachel war halb so alt, als sie starb, und sie hatte mehr Verstand. Die Menschen grämen sich über Dinge, die sie getan haben oder die sie womöglich tun könnten. Aber nicht über etwas, was sie getan haben könnten!« Als er sich das von der Seele geredet hatte, drehte er sich ostentativ um und starrte aus dem Fenster, bis sie am Ziel waren.

Das Haus des Gouverneurs war ein mit Stuck reichlich verzierter, prunkvoller Palast. Der Gouverneur, Ignatio Roberto Aquila Lopez erwartete sie im Salon mit einem alten Toledo-Schwert in der Hand. Als er seine Gäste sah, strich er sich über den Bart und nickte ihnen einen Gruß zu. Bald erschien ein Bataillon von Sklaven in kanariengelber Livree und servierte Erfrischungen. Ein junger Mann mit Turban fächelte ihnen mit einem Palmenblatt frische Luft zu.

Der Gouverneur ergriff das Wort. Seine ungehobelte Art wurde nur noch übertroffen von seinem offensichtlichen Größenwahn.

»Sie wissen natürlich, Captain, daß es mein kühnster Traum ist, Vashon mit meinem Schwert aufzuschlitzen und zuzusehen, wie er zu meinen Füßen ausblutet. Nun« – der Spanier setzte sich selbstzufrieden hin – »was kann ich tun, um mir diesen Wunsch zu verwirklichen?«

Flossie verschluckte sich fast an ihrem Tee. Sie begriff erst jetzt, daß der Gouverneur nicht ganz zurechnungsfähig war.

»Also . . .« Isaac rieb sich die Augen und sah so aus, als würde er über den Vorschlag nachdenken. Er schien von den Worten seines Gastgebers nicht besonders überrascht zu sein. »Also, ich bin mir nicht sicher, Ignatio. Vashon ist der Eigentümer meines Schiffes. Wenn ihm etwas zustieße, hätte ich kein –«

Ignatio winkte mit der Hand ab. »Schiffe – Schiffe – ich kann Ihnen Schiffe geben. Ist das alles?«

Isaac nippte an seinem Rum und wurde wieder nachdenklich. »Ein Schiff . . . das könnte mir gefallen, schätze ich.«

»Möchten Sie vielleicht eine Frau? Es gibt hier auf der Insel drei, die ich sehr schätze. Ich werde Ihnen eine überlassen. Und es sind wirklich nette . . . üppige Frauen, Sie verstehen, Captain?« Der Spanier wölbte plump seine Hände vor der Brust.

»Verzeihen Sie!« Plötzlich stand Flossie auf. Sie starrte den Gouverneur wütend an, dann Isaac.

»Was für ein Mann sind Sie, auf solch eine Art und Weise Ihren Freund zu verkaufen?« rief sie aus. »Ich verstehe das überhaupt nicht. Nach allem, was er mir angetan hat, habe ich keine große Achtung vor Vashon. Aber bevor er für seine Verbrechen belangt wird, muß er sich vor einem ordentlichen Gericht verantworten können. Das ist doch wirklich das Mindeste.«

»Wer ist diese Frau?« Ignatio stand auf. »Ist das Ihre Frau?«

»Gütiger Gott, nein!« platzte Isaac heraus.

Wütend blitzte Flossie Ignatio an. Er war so klein, sie konnte ihm direkt in die Augen sehen. »Sie sind ein abscheulicher Mensch, solche Dinge in meiner Gegenwart auszusprechen.«

»Captain.« Ignatio wandte sich wieder an Isaac. »Ich frage Sie noch einmal, wer ist diese Frau? Ich werde sie dafür hinrichten lassen, daß sie in diesem Ton mit mir spricht.«

Isaac sah betroffen aus. Ungläubig blickte Flossie ihn an. Isaac stand langsam auf, als wäre er nicht ganz sicher, wie er den Schaden wiedergutmachen konnte. »Gouverneur, sie weiß nicht, was sie sagt –«

»Oh, also wirklich! Ich weiß sehr wohl, was ich sage«, widersprach sie. Als ob sie den Gouverneur gar nicht oder zumindest vollkommen falsch verstanden hätte, fuhr sie mit ihrer Strafpredigt fort. »In der Tat bin ich mir bewußt, was ich sage, denn ich halte Sie beide für feige Hunde ohne jede Kinderstube. Sonst würden Sie in meiner Gegenwart Ihre Zungen hüten. Ich verlange, unverzüglich zum Schiff zurückgebracht zu werden. Wenn ich schon entführt wurde und als Gefangene gehalten werde, können Sie nicht erwarten, daß ich Ihre grauenhafte Gesellschaft auch nur eine Minute länger ertrage.«

»Heute abend noch werde ich den Kopf dieser Frau in meinen Händen halten!« Wutentbrannt drohte ihr Ignatio mit der Faust. Ihre Kinnlade fiel vor Schreck herunter. In einer unbewußten Geste fuhr sie sich mit beiden Händen an den Hals, wie um ihn zu schützen.

Isaac stellte sich zwischen sie. Die Angst stand ihm auf dem Gesicht geschrieben. »Gouverneur, ich werde mich angemessen entschuldigen. Wenn Sie mich ein Wort mit Mrs. Lindstrom sprechen lassen, werde ich ihr klarmachen, welchem Irrtum sie unterlegen ist.«

Ignatio schäumte vor Wut. Sein kleiner schwarzer Schnurrbart, der so fabelhaft die Syphilispickel um seine Lippen verdeckte, zuckte merklich. Er sah eigentlich nicht so aus, als ob er sich damit einverstanden erklären würde, aber dann nickte er doch.

Isaac lächelte dem Gouverneur zu und zog Flossie beiseite. »Wissen Sie eigentlich, was Sie da getan haben? Wollen Sie sterben? Haben Sie denn nicht ein Fünkchen Verstand im Kopf?«

Flossie warf dem Gouverneur einen ungläubigen Blick zu. »Dieser ekelhafte kleine Mann ist verrückt. Ich verlange, zum Schiff zurückgebracht zu werden.« Sie öffnete einen glitzernden schwarzen Fächer, der an ihrem Handgelenk befestigt war, und fächelte sich Luft zu.

»Natürlich ist er das! Ich weiß es! Und er hat die Macht zu tun, was immer er will. Dies hier ist seine Insel, das haben Sie wohl vergessen. Ich schwöre, ich werde sie nicht vor dem Hackklotz retten, wenn Ihr vorlauter Mund Sie dorthin befördert.«

Flossie beäugte Isaac voller Abscheu. »Gibt es denn keine Gentlemen auf dieser Insel?«

»Gentlemen? Gentlemen?« flüsterte Isaac genervt. »Ich sage Ihnen ein für allemal, halten Sie Ihren Mund, oder ich werde ihn Ihnen schließen.«

Abrupt schloß Flossie ihren Fächer. Und sie warf Isaac den allerbösesten Blick zu, den sie hatte. »Mein Mann, der liebe Heilige, der er war, hätte nie so mit mir gesprochen. Sie sind ein Schurke, Sir, schlicht und einfach. Sie bringen mich in die Höhle dieses Irrsinnigen, und dann beleidigen Sie mich noch. Ich werde meinen Mund nicht halten, bis Sie Aurora und mich freigelassen haben.«

»Das werden wir noch sehen. Sie werden ruhig sein, und wenn ich Sie zur Ruhe bringen muß.«

»Und wie wollen Sie das, bitteschön, tun? Sie können mich entführen, Sie können mich einsperren, Sie können mich quälen, aber Sie können mich nicht zum Schweigen bringen.«

»Oh, aber ich weiß einen Weg, Sie zum Schweigen zu bringen.«

»Und wie, Sir?« fragte sie sarkastisch und nicht ein bißchen eingeschüchtert.

»Auf dieselbe Art, auf die Männer schon seit Jahrhunderten Frauen zum Schweigen gebracht haben.«

»Also, dann tun Sie es doch! Das würde mich ja doch sehr interessieren.«

»Ich werde es tun, und zwar sofort!« Isaac trat zu Flossie. Sie hatte ihr Kinn vorgeschoben und war offensichtlich darauf gefaßt, daß er sie schlagen würde. Aber statt dessen tat er etwas vollkommen anderes. Sie war so überrascht, daß sie sich nicht einmal wehren konnte, als er sie in seine Arme zog. Verwirrt blickte sie ihn an, mit großen Augen. Er küßte sie so heftig, daß sie fast einen Herzanfall bekam.

Als er schließlich von ihr abließ, war Flossie wie erstarrt. Isaac blickte ein bißchen verlegen drein, als überlegte er, ob er nicht doch ein bißchen zu weit gegangen war. »Endlich ist sie still«, murmelte er gereizt und setzte sich auf das rote Satinsofa des Gouverneurs.

Der Gouverneur klopfte Isaac anerkennend auf den Rücken, als habe Isaac soeben als Torero den wilden Stier besiegt. Und Flossie starrte Isaac an, als sei er nun auch noch verrückt geworden. Sie reagierte nicht einmal, als die livrierten Diener in den Salon kamen und verkündeten, das Abendessen sei bereitet.

Schweigend erreichten sie den prachtvollen, fast königlichen Speisesaal. Es war an nichts gespart worden. Ignatio saß am Kopfende der langen Tafel, von dem aus er Flossie einen kriegerischen Blick zuwarf. Isaac sah schlecht aus.

»Können wir jetzt fortfahren, Captain, ohne Unterbrechung?« drohte Ignatio mit einem bitterbösen Seitenblick auf Flossie. Aber sie bemerkte das gar nicht, weil sie sprachlos Isaac anstarrte.

»Ja, ja.« Isaac setzte sich hastig.

»Ich will Vashon. Wie hoch ist der Preis?«

»Zuerst müssen wir unser Wasser haben.«

»Sie bekommen Ihr Wasser. Wann kann ich Vashon haben?«

Isaac wollte ihm gerade erneut ausweichen, als einer der Wachen in den Eßsaal gestürmt kam. Der Mann sah übel mitgenommen aus, vollkommen verdreckt und mit zerrissenen Kleidern. Aufgeregt redete er in schnellem Spanisch auf den Gouverneur ein und zeigte immer wieder auf seinen Kopf, auf den er offensichtlich geschlagen worden war. Immer wieder sagte er: »El Drague! El Drague!«

Ignatio sprang auf. Er wechselte ein paar Worte mit der Wache, dann rauschte er aus dem Saal. Als er fort war, lief Isaac zu Flossie und zog sie von ihrem Stuhl.

»Wohin gehen wir?« schrie sie und versuchte, sich von ihm loszureißen.

»Zurück zum Schiff. Unverzüglich!« Isaac zerrte sie aus der Tür.

»Aber warum? Was ist denn geschehen?«

»Hast du nicht gehört, daß der Mann von ›El Drague‹ gesprochen hat? Das kann nur eins bedeuten. Sie haben Vashon.«

Aurora dachte an Vashon, während sie mit ihm zusammen auf dem Pferd saß. Er war wütend. Fort waren die zärtlichen

Arme, die sie gehalten hatten. Statt dessen war sein Griff so fest wie ein Lederriemen, der ihr fast den Atem nahm. Seine Brust an ihrem Rücken schien aus Granit, und seine Schenkel schlugen unbarmherzig gegen ihren Hintern, während sie ritten. Sie wußte nicht, was er tun würde, wenn sie erst zurück auf der Seabravery waren, und sie hatte Angst, überhaupt darüber nachzudenken. Er sprach kein Wort. Das war auch nicht nötig.

Obwohl sie sich geschworen hatte, gegen ihn anzukämpfen, hatte sie keine andere Wahl, als sich zu fügen und mit ihm zurückzukehren. Er hatte wieder eine Schlacht gewonnen. Aber der Kampf würde weitergehen, und sie wollte alles tun, ihm zu entkommen, bevor er sie die Gangway der Seabravery hinaufziehen konnte.

»Und welche kleinen Pläne werden zur Zeit in diesem Kopf geschmiedet?« Er beugte seinen Kopf und knabberte an ihrem Ohrläppchen. Es sollte eine spielerische Geste sein, aber in seiner Wut biß er leicht zu. Aurora machte sich steif. Sie versuchte, den Schauder, der ihr verräterisch über das Rückgrat lief, nicht zu beachten.

»Wie willst du unentdeckt zum Schiff zurückkommen?« fragte sie betont kühl. In der Ferne konnte man eine Reihe von glitzernden roten Feuern sehen, brennendes Zuckerrohr. Neville und seine Leute waren nicht untätig geblieben. Aurora erinnerte sich, von Sklavenaufständen in der Karibik gelesen zu haben. Sie war sicher, wenn der Gouverneur sich nicht vorsehen würde, könnte es auf Grand Talimen einen ähnlichen Aufstand geben wie auf Haiti.

Plötzlich hielt Vashon das Pferd zurück. Er blickte nach vorn. Lichter flackerten auf der Straße, die zur Stadt führte. Aurora hatte sich nichts dabei gedacht, denn sie sahen aus wie Kerzenschimmer, der aus den Stadthäusern drang. Aber nun merkte sie, daß die Lichter sich bewegten, sich auf sie zubewegten, in einer langen, dünnen Linie, wie Ameisen.

»Was ist das?« fragte sie ängstlich.

»Fackeln. Es könnte sein, daß sie nach den Sklaven

suchen, die das Zuckerrohr angesteckt haben, aber . . .« Er ließ das Pferd ein paar Schritte zurückgehen. »Ich will es nicht darauf ankommen lassen.« Schnell sprang er ab und hob sie herunter. Dann schlug er dem Pferd auf die Flanken und schickte das Tier in die entgegengesetzte Richtung.

»Was werden wir jetzt tun?« fragte Aurora und sah ihn an, als sei er verrückt geworden.

»Komm« war alles, was er sagte. Dann griff er nach ihrer Hand.

Es kam ihr vor, als seien sie Meilen durchs schützende Zuckerrohr gelaufen. Das Rohr riß an ihrem Kleid und schnitt in die Haut. Vashon hielt nicht an. Er hetzte der Stadt mit dem sicheren Instinkt eines Bluthundes entgegen, nur vom blaßblauen Licht des Mondes geleitet.

Als sie den Stadtrand erreichten, nutzten sie jeden Schatten, um voranzukommen. Jeder Schritt war hart erkämpft, denn überall wimmelte es von Wachen. Sie konnten nur nach Vashon suchen. Ihrem Geflüster nach war sogar der Gouverneur höchstpersönlich auf der Suche nach Vashon.

Er führte sie an Sklavenhütten vorbei, die die Straße säumten. Einmal stolperte Aurora und hielt sich an einer Tür fest. Daran hing ein Zettel festgenagelt. Er war alt, die Seitenränder waren schon vergilbt und ausgefranst. Aber man konnte dennoch genau erkennen, was darauf stand. Es war eine Skizze von Vashons Gesicht, und darunter standen die Worte ›El Drague‹ geschrieben. Ihr Spanisch war schlecht, aber das verstand sie doch. El Drague sollte hingerichtet werden, wenn er je auf der Insel gefangengenommen wurde. Angst überkam sie.

»Das Schiff ist bestimmt umstellt.« Vashon zog sie in den Schatten der Hütte, als vier berittene Soldaten vorbeizogen. Sein Gesicht war angespannt. »Wir müssen uns verstecken, bevor wir wieder an Bord können.«

Ein neuer Plan geisterte ihr durch den Kopf. Fliehen wollte sie, aber nicht um jeden Preis. Sie war nicht bereit, seine Ermordung zu riskieren. Bevor sie die Idee überhaupt zu

Ende gesponnen hatte, sprach sie sie schon aus. »Ich könnte zum Schiff laufen, Vashon. Ich könnte dem Captain sagen, wo er dich finden kann. Vielleicht am anderen Ende der Insel? Sag mir nur, wo.«

Er zog sie näher. »Wie edel von dir. Ich lass' dich laufen, und du rennst, so schnell du kannst, den Berg hinauf zu Ignatios Haus. Ich verzichte auf dein Angebot, Liebling.«

»Nein, ich –« würde dir nicht weh tun, hatte sie sagen wollen, aber die Worte blieben ihr im Halse stecken. Irgendwie waren sie zu intim, glichen sie zu sehr einem Geständnis. Sie blickte ihn an, dann blickte sie schnell wieder weg. »Wo können wir uns verstecken?«

Er wurde ernst. Er sah sie einen Moment an, dann strich ein schlaues Lächeln über sein Gesicht. »Vielleicht sollten wir dir doch deinen Wunsch erfüllen. Ignatio ist damit beschäftigt, diese verdammte Insel nach mir zu durchkämmen. Aber er wird nicht auf die Idee kommen, mich in seinem eigenen Haus zu suchen.« Er wies mit dem Kopf zum Berg hin – Governor's Hill.

»Du willst, daß wir uns im Haus des Gouverneurs verstecken? Das ist doch Wahnsinn!« Der Schimmer in seinen Augen erschreckte sie.

»Ein süßer Wahnsinn.« Er lachte und nahm ihre Hand. Sie stahlen sich durch die Schatten der Nacht.

»Ja, sie hat nur simuliert. Ich vermute, sie wollte versuchen zu entkommen. Ach, hätte ich sie doch nur davon abgehalten!« Flossie tupfte sich eine Träne aus dem Augenwinkel. Sie stand neben Isaac an der Reling der Seabravery und blickte auf die Lichter von New Providence. Irgendwo dort draußen kämpften Vashon und Aurora um ihr Leben.

»Ich habe meine Männer losgeschickt. Zumindest wissen wir, daß sie nicht gefangengenommen wurden.« Isaac schaute Flossie an. Es war offensichtlich, daß ihn ihre Tränen unangenehm berührten.

»Nein, nein. Es ist alles meine Schuld. Ich hätte wissen

müssen, daß es so kommt. Wo Vashon selbst in so großer Gefahr ist, war es nur logisch, daß Aurora in alles mit hineingezogen werden würde. Und nun werden sie beide... beide...« Ihre Worte erstickten in einer neuen Tränenflut. Isaac sah richtig krank aus.

»Flossie«, begann er hilflos, »Vashon hat schon oft in der Klemme gesessen.«

»Mit einer jungen Dame im Schlepptau? Ich – bezweifle das – wirklich!« schluchzte sie.

»Das macht die Dinge schwieriger, aber er wird es schon schaffen. Wenn es irgendein anderer wäre, würde ich mir auch Sorgen machen, aber –«

»Ach, du machst dir genausoviele Sorgen wie ich!« Flossie trocknete ihre Tränen mit einem Taschentuch. Sie schaute auf und traf Isaacs grimmigen Blick. »Er ist wie ein Sohn für dich, stimmt's? Obwohl er ein Schuft ist, willst du nicht, daß er stirbt. Du liebst ihn wie deinen Sohn.«

Isaac seufzte tief. Er nahm Flossie in seine Arme, und sie weinte an seiner Schulter. Leise gab er zu: »Ein verlorener Sohn.«

16

Sie waren im Herrenhaus.

Auroras Herz hatte noch nie so schnell und laut geschlagen wie in dem Moment, als sie die leere Küche des Gouverneurs betraten und in den Hauptteil des Hauses hinübergingen. Irgendwo schlug eine Uhr Mitternacht, als Vashon sie durch verlassene Gänge führte und sie nur hin und wieder den gelegentlich auftauchenden Bediensteten ausweichen mußten.

Schließlich zog Vashon sie in einen Raum, gerade noch rechtzeitig, bevor ihnen ein Sklavenmädchen im Flur entgegenkam. Er drückte Aurora an seine Brust, und sie warteten in der Dunkelheit, bis das Mädchen vorbei war.

Aurora zitterte; Vashons Umarmung wurde fester. Sie blickte auf seine Hände, die um ihren Bauch geschlossen waren. Er war ein schrecklich starker Mann. Verglichen mit ihm war sie so zart und zerbrechlich wie ein Stück Porzellan. Aber war diese Stärke ein Grund, so große Risiken einzugehen und dabei noch zu lachen? Würde er sich retten können? Er schien unbesiegbar. Aber war er es auch?

»Vashon, sicher siehst du ein, daß wir hier nicht bleiben können?« Sie umklammerte seine Hände. »Wir werden entdeckt werden. Ich sollte zum Schiff gehen –«

»Warum würdest du mich retten wollen?« flüsterte er gegen ihren Hals. Sein Atem fühlte sich an wie eine Feder, die ihren Nacken hinunterstrich.

»Weil – ich –« Sie stolperte über ihre Worte. Sie wußte im Grunde auch nicht, was sie ihm antworten sollte. »Weil Isaac mir von der Sache mit den Sklaven erzählt hat. Ich weiß, du bist unschuldig, und ich kann nicht dulden, daß dieser Gouverneur einen unschuldigen Mann umbringt – auch nicht, wenn es sich dabei um dich handelt.«

»Wie kannst du so schön sein?« fragte er unvermittelt.

Sie blickte zu ihm auf. Er lächelte düster. Seine Hand löste sich von ihrer Taille und griff nach ihrem Kinn. Er hob ihren Kopf, und sie hätte schwören können, daß er sie jetzt gleich küssen würde.

»Du mußt verrückt sein«, murmelte sie und machte sich von ihm los.

Er griff wieder nach ihr.

»Nicht!« flüsterte sie heiser. Er ging nicht darauf ein, er strich sanft über ihr seidig glänzendes Haar. »Ich glaube, du bist doch eine sehr verführerische Frau«, flüsterte er.

»Ist das also deine Piratenehre? Mich zu ruinieren?« Sie riß sich wütend von ihm los.

»Wenn ich überhaupt so etwas wie Ehre habe.« Er grinste und wollte sie wieder an sich ziehen. Aber diesmal war sie vorgewarnt. Sie floh die Treppenstufen hinunter. Es war dunkel, aber sie konnte hören, daß er ihr auf den Fersen blieb. Sie war gerade unten angekommen und in einen engen, steingepflasterten Gang eingebogen, als sie eine Stimme hörte. Zwei Wachen erschienen am Ende des Ganges und blieben überrascht stehen.

»Was machst du hier, Mädchen?« rief einer der Männer mit lallender Stimme. Er hob die Lampe, um sie besser sehen zu können. »Der Gouverneur hält für solche wie euch doch nur Dienstag Hof. Du hast dich wohl in der Nacht vertan.«

Aurora erstarrte förmlich zur Salzsäule. Irgendwo tropfte Wasser aus dem Gestein, und dieses nervenaufreibende gleichmäßige Geräusch erhöhte noch ihre Furcht. Sie warf heimlich einen Seitenblick auf Vashon. Er stand im Schatten des Ganges, aus dem sie gerade gekommen war. Die Pistole in der Hand, mit grimmigem Gesicht, die Augen wutentbrannt.

»Dieses verdammte Weibsbild ist nicht wegen des Gouverneurs hier. Sie ist eine verdammte Diebin, das ist es!« Der andere Besoffene trat mit gezücktem Bajonett auf sie zu.

»Sie irren sich!« schrie Aurora, mit vor Entsetzen trockenem Mund. »Ich bin kein Dieb.«

»Und was machst du hier?« Der argwöhnische Mann stieß mit dem Bajonett nach ihr und riß ein Stück ihres Kleides auf. Sie trat zurück, damit er Vashon nicht sehen konnte. Die Arme hielt sie schützend über ihrer Brust verschränkt, und der Mann schien sich an ihrer offensichtlichen Angst zu freuen. »Ich habe dich noch nie hier gesehen, Mädchen. Mit welchem Schiff bist du hergekommen?«

»Mit der Sea-« Sie schluckte. Das konnte sie ihm natürlich nicht sagen. Sie spürte förmlich den Blick von Vashon, der nur darauf wartete, daß sie ihn verriet. Doch das wollte sie nicht. Auch wenn er es nicht glaubte, es gab noch Ehre in der Welt. Das würde sie ihm beweisen.

»Mit der Celia«, fuhr sie fort. »Mit dem Schiff bin ich gekommen.«

»Ich hab' noch nie von so einem Schiff gehört. Ich denke, du lügst, Mädelchen.«

»Ich habe mich nur verlaufen.« Mit ihren Augen blickte sie ihn flehentlich an. »Ich bin nur aus Versehen hier. Ich weiß nicht einmal, wo ich bin.«

Der andere lachte. »Du bist hier schon ganz richtig!« Er hob seine Lampe und erleuchtete eine Reihe von rostigen, barbarischen Armketten, die an dem alten Gemäuer befestigt waren.

»Wo bin ich?« fragte Aurora zitternd.

»Dies hier ist unser Kerker, Mädelchen.« Der Mann warf seinen Kopf zurück und lachte schallend.

»Wenn Sie mich gehenlassen, verspreche ich, ich werde mit keinem Menschen darüber reden«, bettelte sie.

»Laß sie gehen, Mick«, mischte sich nun der Ruhigere wieder ein. Er nahm eine kräftigen Schluck aus seiner silberverzierten Feldflasche. »Schließlich ist sie ein hübsches kleines Frauenzimmer. Vielleicht fliegt der Gouverneur auf sie, und sie erinnert sich an den Gefallen, den wir ihr in einer einsamen, dunklen Nacht getan haben.«

»Wir wissen doch nicht mal, ob sie eine seiner Huren ist.« Der Mann namens Mick stieß wieder mit seinem Bajonett nach ihr. Aus ihrem Augenwinkel konnte sie sehen, daß Vashon sich anspannte.

»Ich flehe Sie an«, bat Aurora, »erlauben Sie mir zu gehen. Bestimmt haben Sie beide heute nacht Besseres zu tun, als sich mit mir abzumühen.«

»Allerdings.« Mick nahm einen Schluck aus seiner Flasche. Er wurde immer betrunkener. »Wir haben Besseres zu tun. El Drague ist hier irgendwo. Du weißt, wer das ist, Mädchen?«

Sie schluckte. Ihre Hände zitterten so sehr, daß sie sie hinter dem Rücken verstecken mußte. Vashons Mißtrauen lag förmlich greifbar zwischen ihnen. Sie wußte, er erwartete, daß sie ihn ausliefern und auch noch erfreut seiner Hinrichtung beiwohnen würde. Er hatte keine Chance gegen diese beiden Männer. Auch mit der Pistole nicht. Er hatte im besten Fall einen Schuß. Aber sie waren zu zweit. Auch wenn er ein schlimmer Verbrecher war, sie würde ihn nicht verraten. Ihr Schweigen konnte sie das Leben kosten. Es gab jedoch keinen anderen Weg. Sie hatte einmal Vashon gesagt, daß sie eine starke Frau sei. Nun konnte sie es ihm beweisen.

»Ich kenne El Drague nicht«, flüsterte sie. Mick griff sie am Arm, als wolle er die Wahrheit aus ihr herausziehen. Sie wand sich unter seinem brutalen Griff, aber dann fiel ihr Blick auf Vashon.

Er stand in der Dunkelheit, mit einem verwunderten Ausdruck im Gesicht. Man konnte ihm ansehen, daß er zu ergründen versuchte, warum sie ihn geschützt hatte. Aber sie wußte, daß er es nicht verstehen konnte. Er lebte in der Welt der Piraten, einer Welt von schwarz und weiß. Lag es an seiner Erziehung oder an seinem Mangel an Liebe, daß er dazwischen keine Schattierungen kannte.

Aber plötzlich bemerkte sie, daß etwas in seinen Augen aufschimmerte, etwas, das schrecklich lange in ihm geschlummert hatte. Es war wie ein winziger kleiner Funken Liebe, der aufkeimte und von dem er wohl angenommen haben mußte, er existiere nicht mehr in ihm. Obwohl er offensichtlich überrascht darüber war, merkte Aurora doch auch, daß er dieses Gefühl nicht mochte. Es machte ihn verwundbar, und sie wußte, daß er ein Mann war, der eine solche Schwäche im Keim ersticken würde.

»Also, dieser Mann wird heute nacht sterben. Dafür werden wir schon sorgen.«

Sie zwang sich, ihren Blick von Vashon abzuwenden, und bemühte sich um Gelassenheit. Sie würde nicht mehr zu Vashon hinsehen, es gefährdete ihn viel zu sehr. »Dann will ich Sie nicht abhalten, Gentlemen«, sagte sie.

»Nein.« Mick griff erneut nach ihrem Arm. »Wir werden dich hierbehalten, Liebchen. Es heißt, daß El Drague ein Mädchen bei sich hat. Wir nehmen dich einfach mit zum

Gouverneur, dann sehen wir ja, ob du eine seiner kleinen Huren bist oder nicht.«

Aurora blickte auf, die Furcht stand ihr ins Gesicht geschrieben. »Und wenn der Gouverneur mich nicht kennt, was ist dann?« fragte sie mit leiser Stimme.

»Dann, Mädchen, solltest du besser ganz, ganz lieb zu Old Mick sein, weil du dann nämlich eine Menge Ärger bekommst.« Mick leckte sich über die Lippen und kicherte, als er die Furcht in Auroras Augen sah.

Sie trat zurück. Sie wollte nicht mit ihnen gehen. Aber was sollte sie tun? Vashon konnte ihr nicht helfen. Das käme einem Selbstmord gleich, und das wußten sie beide. Sie blickte Mick an. Er zog sie schnell wieder zu sich heran. Er stank nach Rum und atmete schnell.

»Der Gouverneur wird dich nicht wiedererkennen, stimmt's?« fragte er.

»Nein«, flüsterte sie und spürte, wie sich die Schlinge um ihren Hals zuzog.

»Komm schon, Mick. Das arme Ding kommt ja um vor Angst«, sagte der andere.

»Wir machen heute nacht einen drauf, Davey!« Mick grabschte nach Aurora und hob sie mit einem Arm. Nie zuvor hatte sie sich so hilflos gefühlt. Und obwohl Vashon dem Ganzen zusah, konnte er ihr nicht helfen, und wenn er es gekonnt hätte, so machte er sich sicher nicht genug aus ihr, um für sie sein Leben zu riskieren, nicht einmal für seinen wertvollen Stern.

»Laß sie runter oder stirb, Idiot.«

Diese Worte kamen völlig unvermutet, alle waren entgeistert. Die Männer waren vollkommen außer sich, daß sie einen Zuschauer bei ihrem Spaß gehabt hatten. Aurora war sprachlos, als sie Vashon aus seinem Versteck treten sah.

Er wirkte gefährlich, der Mund vor Verachtung verzogen, die Augen blitzend. Sein langer, herrlicher Körper schien kaum fähig, die Wut zurückzuhalten. Er war der personifizierte Zorn. Davey, der ängstlichere von beiden, ließ sofort sein Gewehr fallen und ergab sich.

»Er hat nur einen Schuß, Davey!« rief Mick. »Heb sofort dein Gewehr wieder auf!«

Davey bückte sich, um seine Waffe aufzuheben. Vashon schaute ihm angewidert zu.

»Ihr bedauernswerten Idioten glaubt, ihr könntet gegen mich etwas ausrichten?« fragte er und trat auf Aurora zu.

»Also ist sie dein Mädchen, El Drague.« Mick ging rückwärts und zog Aurora wie ein Schild vor sich. Er schwankte ziemlich, wenn er auch sonst durch den Schreck ernüchtert war.

»Das ist richtig. Und ich sehe es gar nicht gern, wenn sie schlecht behandelt wird.« Vashon trat näher. Und obwohl er besser bewaffnet war, zog sich Mick weiter zurück.

»Vashon, du wirst diese Nacht nicht überleben. Der Gouverneur hat dafür gesorgt, daß dich jeder, der auf dieser Insel lebt, sucht. Und ich werde ein nettes Sümmchen verdienen, wenn ich dich übergebe.«

»Aber du wirst mich nicht übergeben.«

Der Arm des Mannes zog sich fester um ihren Hals. Aurora konnte kaum darüber nachdenken, was nun geschah. Sie war so verblüfft über Vashons verrückte Tapferkeit. Er konnte die beiden Männer doch gar nicht überwältigen. Und dennoch war er aus seinem sicheren Versteck gekommen, um ihr zu helfen. Oder war es nur wegen seines Sterns? War das er einzige Grund für ihn, sein Leben aufs Spiel zu setzen? Das wollte sie einfach nicht glauben. Sie wollte glauben, daß es da noch etwas anderes gab, etwas Reines und Gutes, für das er sein Leben hergeben wollte. Aber das paßte nicht zu diesem dunklen, wilden Mann. Das einzige, was sie mit Sicherheit wußte, war, daß er wirklich tollkühn gewesen war, als er hervortrat. Grand Talimen würde den Mann noch vor der Morgendämmerung hängen.

»Davey«, befahl Mick, »schieß auf den Bastard, wenn es

sein muß, aber bring ihn ins Gefängnis. Der Gouverneur will noch ein Wörtchen mit ihm reden, bevor er stirbt.«

Davey blickte auf seinen Gefangenen. Er hatte ganz offensichtlich große Angst vor ihm. »Mick, ich finde, du solltest ihn nehmen. Ich –«

»Verdammt nochmal, widersprich mir nicht!« Wie um seinen Worten Nachdruck zu verleihen, drückte Mick seinen Arm noch fester um Auroras Hals. Sie keuchte, und Vashon trat vor. Davey blieb nichts anderes übrig, als mutig zu sein.

»Gut, na gut!« Er schwankte ein bißchen, als er sein Bajonett nach Vashon ausstreckte. »Du bleibst, wo du bist!« Er schluckte, und Vashon unterdrückte ein Lachen.

»Kommt schon, Gentlemen. Bestimmt seht ihr ein, daß es so nicht funktioniert.« Vashon entsicherte die Pistole. »Ihr habt beide etwas zu tief ins Glas geschaut. Ihr könnt mich nirgendwohin bringen.«

»Können wir nicht? Nein?« Mick erwürgte Aurora fast. Vashon reichte es. Er trat einen Schritt näher, um sie an sich zu nehmen. Aber Davey verlor plötzlich die Nerven und schoß. Aurora blickte auf und schrie, als sie sah, daß Vashon gegen die Wand fiel. Aus seiner Schulter tropfte Blut. Er sackte in sich zusammen.

»Nein!« schrie sie. Sie konnte den Gedanken, daß er tot war, einfach nicht ertragen. Ihretwegen war er erschossen worden!

Davey blickte Vashon überrascht an, wie ein Jäger, der ein gefährliches, seltenes Tier erledigt hat. Mick ließ Aurora los, und sie konnte zu Vashon hinüberlaufen. Sie fiel neben ihm auf die Knie und wollte ihn in die Arme nehmen, sehen, ob er noch atmete. Aber Mick riß sie zurück.

»Ich habe ihn getötet, Mick«, rief Davey überrascht. »Der Gouverneur wird sich freuen. Wir sagen ihm einfach, daß er sich gewehrt hat und du gezwungen warst, ihn zu erschießen.«

»Ich habe El Drague getötet!«

»Stimmt, Davey. Nun hol seine Pistole, nur für den Fall, daß der Kerl noch lebt.«

Durch tränenverschwommene Augen sah Aurora zu, wie Davey zu Vashons leblosem Körper ging und nach der Waffe griff, die dicht neben Vashons schlaffer Hand lag. Davey sah aus, als ob er kaum zu atmen wagte, während er langsam die Pistole aus Vashons Reichweite zog. Erst als er sie fest in der Hand hielt, tat er einen Seufzer der Erleichterung.

»Sieh mal, Mick, sie ist ganz aus Gold«, sagte Davey. Und in dem Moment legte sich eine Hand um seinen Hals. Er schrie auf, und eine andere Hand griff nach der Waffe. Vashon versetzte ihm einen Schlag ins Gesicht, daß der arme Kerl, ohne sich überhaupt wehren zu können, bewußtlos in sich zusammensackte.

»Laß sie los.« Vashon erhob sich mit der Pistole in der Hand. Seine Schulter blutete noch, aber er bewegte sich, als ob ihm die Wunde nicht viel ausmachen würde. Es war ein leichter Streifschuß, nichts weiter.

Der Mann ließ sie los und spannte sein Gewehr. Er wollte gerade schießen, als Vashon ihm die Waffe aus der Hand schlug. Entsetzt versuchte er, Aurora wieder als Schild zu greifen, aber sie wurde im selben Moment aus dem Weg geschleudert. Mick war wehrlos. Wehrlos gegen den Drachen.

»Vashon! Laß uns verhandeln!« Mick trat in Panik zurück. Er stolperte, der viele Rum machte sich immer noch bemerkbar. »Ich werde dem Gouverneur nicht sagen, daß du hier warst. Laß mich am Leben, und ich werde ihm kein Wort sagen!«

»Du wirst zetern wie eine Henne, sobald ich weg bin«, sagte Vashon und nahm das Gewehr auf. Er fuhr mit dem Finger über die Spitze des Bajonetts.

»Vashon!« flehte Mick, von Grauen übermannt. »Das ist nicht notwendig.« Vashon lächelte nur. Aurora schaute zu. Sie wollte nicht noch einen Toten sehen, doch sie konnte ihren Blick nicht abwenden.

»Verschone mich, Vashon! Verschone mich!« Mick trat zurück gegen die Wand. Als Vashon sich ihm zuwandte, konnte Aurora das Ganze nicht mehr länger mit ansehen. Ihr blieb das Herz stehen beim Anblick des wimmernden Mick. Mick kämpfte tapfer um sein Leben und wehrte sich verzweifelt, als ihn Vashon angriff. Aber dann stieß Vashon mit dem Bajonett zu, und es war Stille.

Er trat zurück, und Aurora konnte das Opfer sehen. Sie rechnete damit, einen Toten zu erblicken. Statt dessen sah sie kein Blut und hörte auch keine gequälten Schreie eines Verletzten. Micks Mund stand offen vor Schreck. Er war kein bißchen verletzt. Aber er wagte nicht, sich zu bewegen. Aurora mußte sich das Lachen verkneifen, als sie den Grund dafür erkannte. Mick war förmlich durch seine Hose hindurch an die Wand genagelt. Das Messer steckte gefährlich nah an seinen männlichsten Gliedmaßen. Mit seinen ängstlich flatternden Armen sah er aus wie ein Schmetterling unter Glas. Allein beim Ein- und Ausatmen mußte er Sorge haben, ernsthaft Schaden zu riskieren.

»Wenn dir deine Stimme, so wie sie ist, lieb ist, würde ich mich an deiner Stelle nicht bewegen.« Vashons Mund verzog sich amüsiert. Mick blickte ihn nur an, sein Gesicht erstarrt vor Verwunderung.

»Vashon. Du Bastard«, sagte der Mann, so ruhig er konnte. Er vermied die leiseste Bewegung.

Vashon lächelte und stieg über Daveys bewußtlosen Körper hin zu Aurora. Er nahm ihre Hand und zog sie mit sich. »Erhol dich gut«, sagte er. Und nur Micks leise Flüche folgten ihnen den Gang hinunter.

»Wir müssen hier herausfinden«, sagte Aurora, die sich um Vashons verletzte Schulter sorgte.

»Wir haben Zeit.« Vashon legte seinen Arm um ihre Taille und zog sie auf seinen Schoß. Auf ihren schwachen Protest ging er gar nicht ein. »Ich möchte etwas wissen, bevor wir gehen. Und wir gehen erst, wenn ich deine Antwort habe.«

»Deine Wunde blutet wieder. Ich muß sie irgendwie verbinden.« Aurora versuchte, sich von seinem Schoß herunterzuwinden. Aber er hielt sie fest.

»Warum hast du mich nicht verraten?«

Sie rührte sich nicht.

»Aurora, ich will das wissen.«

Ihre Blicke verschmolzen.

»Ich war in keiner so großen Gefahr wie du«, sagte sie leise.

»Das stimmt nicht.« Langsam fuhr er fort. »Wahrscheinlich hätten sie dich vergewaltigt und umgebracht.«

»Ich hatte irgendwie nicht solch eine Angst –«

»Wenn sie dich gehabt hätten, hätten sie dich womöglich auch zu ihm gebracht. Dann hätte man dich als Diebin erhängt. Wußtest du das?«

Er hob seine Hand und tätschelte sie an der Wange, aber diese Berührung war mehr, als sie ertragen konnte. Sie wandte ihren Blick ab und schaute über den Balkon auf die zackigen Schatten der Kokosnußpalmen.

»Ich verstehe es nicht. Warum hast du das getan, Aurora? Du hättest sterben können. Für mich.« Seine Worte kamen leise.

»Nein, nicht für dich«, verneinte sie und weigerte sich noch immer, ihn anzusehen. Was er wollte, würde sie ihm nicht geben. Sie wußte auch gar nicht, warum sie dieses Bedürfnis gehabt hatte, ihn zu bewahren. Er war unschuldig. Da war sie sich ganz sicher. Aber es ging gar nicht so sehr um die Frage der Schuld. Es ging vielmehr um die Tatsache, warum sie die Worte »Ich würde dir nie weh tun« nicht aussprechen konnte. Sie waren allzu offenkundig. Sie sprachen viel zu klar aus, was sie begonnen hatte, für diesen schrecklichen Mann zu empfinden.

»Du hast mich beschützt.«

»Ich muß einen Verband anlegen.«

»Antworte mir.« Er hielt sie fest.

»Vashon, nicht . . .« Die Stimme versagte ihr.

»Nicht was, Aurora? Wunderst du dich nicht selbst, daß du heute nacht mein Leben gerettet hast? Denkst du nicht auch darüber nach? Warum?«

»Warum?« wiederholte sie seine Frage, die sie unerklärlich wütend machte. »Das werde ich dir sagen. Es war derselbe Grund, warum du aus deinem Versteck getreten bist und mich vor diesen Männern gerettet hast. Es war richtig, das zu tun. Es war das einzige, was du tun konntest. Das ist alles, Vashon. Es war eine rechtschaffene Tat. Und ich weiß, wie sehr du so etwas verabscheust.« Sie lachte bitter. »Rechtschaffenheit. Das klingt irgendwie so falsch in einem Atemzug mit deinem Namen.«

Er nahm ihr Gesicht in seine beiden Hände und zwang sie, ihn anzusehen. Ihre Blicke trafen sich, prallten aufeinander. »Du wirkst enttäuscht über meinen Charakter, Aurora. Deine Worte klingen wie die einer verschmähten Geliebten.«

»Du bist derjenige, der verschmäht wird, Vashon. Ich verschmähe dich, und das werde ich immer.« Sie versuchte sich loszureißen.

»Aber du kannst mich nicht wirklich verschmähen, bis ich dir nicht Avancen gemacht habe. Also erlaube mir . . .« Er zog sie grob an sich heran. »Möchtest du ein bißchen vögeln, Liebling?«

Sie erstarrte. Seine Grobheit kannte keine Grenzen. Sie wußte ziemlich genau, was vögeln bedeutete. Sie hatte das Wort schon von den älteren Jungen im Heim gehört. Obwohl sie nicht genau wußte, was in allen Einzelheiten dabei vor sich ging, hatte sie doch eine ziemlich genaue Vorstellung vom Ganzen. Es war allerdings eine schmutzige.

»Laß – mich – los –«, forderte sie und blickte ihn unerbittlich an.

»Komm schon, Aurora«, lockte er, »ein bißchen rein und raus würde dir guttun. Vielleicht würdest du sogar diese Steifheit verlieren und –«

»Du gemeiner Mann! Du Widerling! Du abscheulicher,

schlechter Lump!« fluchte sie und versuchte, sich loszuzerren.

Aber er ließ sie nicht fort.

»Soll das heißen, du verschmähst mich?« fragte er spöttisch.

Sie kreischte vor Wut. Er lachte nur. Sie hob ihre Hand, um nach ihm zu schlagen. Aber er fing sie in der Luft. Er zog sie an seine Brust. Plötzlich wurde er tödlich ernst. Das Spiel war vorbei.

»Bring mich nicht dazu, ein edler Mann zu werden, kleines Mädchen. Denk so etwas gar nicht erst.«

»Aber warum? Warum kannst du nicht anders sein, als du bist?« Ihre Augen füllten sich plötzlich mit Tränen. Sie wußte nicht, warum sie so reagierte. Es gab gewiß andere Dinge, um die sie sich Sorgen machen mußte. Um sie herum war die Hölle. Halsabschneidende Truppen suchten die ganze Insel nach ihnen ab. Schamlos, wie er war, hatte sich Vashon ausgedacht, sich ausgerechnet im Schlafzimmer des Gouverneurs zu verstecken. Und es gab kaum eine Chance, unentdeckt zurück auf das Schiff zu gelangen. Und doch schien es im Moment die allerwichtigste Sache der Welt zu sein, ihn dazu zu zwingen, diesen Funken in seinen Augen zuzugeben und zuzulassen, den sie vorhin entdeckt hatte.

Oh, aber sie hatte vollkommen vergessen, wie kalt diese grünen Augen blicken konnten.

Sie starrte ihn an. Er lehnte sich näher vor.

»Beachte meine Worte wohl, Aurora. Der Tag, an dem ich ein edler Mann werde, ist der Tag, an dem ich mit Sicherheit sterbe.«

»Nein«, sagte sie, ihre Stimme kaum mehr als ein Flüstern.

»Wenn ich weich werde, wenn du mich dazu bringst, weich zu sein, dann werden mich meine Feinde gleich hier erwischen.« Er bohrte seinen Finger in ihren Rücken.

Ein Schauder des Grauens rann ihr den Rücken hinunter. »Dieser Peterborough, er ist nicht Gott, Vashon.«

»Das muß er auch nicht sein. Ein grausamer Mann hat

immer Freunde. Nur der edle Mann stirbt allein mit seinen Überzeugungen.«

»Das ist nicht wahr«, flüsterte sie. »Wenn du ein guter Mensch werden würdest, Vashon, das schwöre ich dir, würdest du nicht allein sterben.«

»Ich bin kein guter Mensch, Aurora.«

»Ich habe es in dir gesehen. Es war das Gute in dir, das mich heute abend gerettet hat. Das und nur das. Du hast nicht an den Stern von Aran gedacht, als du aus dem Schatten tratest. Verneine das nicht, Vashon! Du kamst heraus, um mich zu retten, nur um mich zu retten!«

»O Gott, verdammt seist du!« Brutal schnürte sich sein Arm noch fester um sie.

»Laß es zu, Vashon! Laß es zu, daß du ein edler Mensch sein kannst. Ändere deinen Weg!« schluchzte sie.

Sein Zorn war so groß, daß er fast brüllte. »Ich bin, was du siehst, Aurora! Und ich werde dir ein für allemal beweisen, daß ich nie ein guter Mensch sein werde!« Er nahm ihren Kopf mit einem eisernen Griff und preßte seinen Mund auf ihren. Sie schluchzte gegen seine Lippen, aber auch dieser leise Protest wurde im Keim erstickt, als er mit Gewalt seine Zunge zwischen ihre Zähne hindurch bohrte.

Sein Kuß war gleichzeitig feurig und entsetzlich unpersönlich. Er war nichts weiter als eine bittere Antwort und als Erniedrigung gedacht. Das spürte sie nur zu genau. Tränen der Wut und Enttäuschung traten ihr in die Augen, während sich gleichzeitig Verlangen ihres Körpers bemächtigte. Jetzt haßte sie ihn, mehr als sie je einen Menschen gehaßt hatte. Aber noch schlimmer – sie wußte, sie würde niemals mehr für einen anderen Mann empfinden als für ihn.

Als er von ihr abließ, flüsterte er: »Denkst du immer noch so gut von mir, meine Liebe?« und fing ihre Hände, mit denen sie ihn schlagen wollte, mit einem festen Griff ab.

»Tu es nicht, Vashon. Tu mir kein Unrecht. Ich habe dein Leben gerettet.«

»Mach deinen Mund zu, außer wenn ich dich küsse«, antwortete er hitzig.

»Nein!« schrie sie auf, als er sie in das exotische Schlafzimmer des Gouverneurs zog. Ihr Flehen und Bitten schien ihn nur noch mehr anzustacheln.

Er zog sie grob mit sich auf das Bett. Sein großer Körper bedeckte sie. Seine Hand schlüpfte an ihrer Brust entlang, zog die Nadeln aus ihrem Kleid, eine nach der anderen. Sie schauderte, als zwischen ihr und seiner Lust nicht mehr als ein dünnes Hemdchen war.

»Hältst du mich immer noch für einen Heiligen?« Er blickte ihr ins Gesicht und schien sich an ihrer Schönheit und an ihrem Trotz zu freuen. Dann senkte sich sein Mund auf ihren üppigen Brustansatz. Sie warf ihren Kopf zurück und stöhnte über ihre Unfähigkeit, ihn zum Aufhören zu bewegen. Er küßte ihre Haut und hinterließ eine heiße, feuchte Spur, bis er durch das Hemd gebremst wurde. Seine Finger zogen die Bänder auf, und sorgsam löste er sie. Sie zog an seinem Arm, aber nichts konnte ihn nun mehr bremsen. Er öffnete ihr Hemd und entblößte ihre herrlichen Brüste mit den aprikosenfarbenen Warzen. Sie blickte ihn an, verletzt und betrogen.

»Da ist etwas Edles in dir, Vashon«, sagte sie schluchzend, »aber du hast es so tief in dir vergraben, damit niemand es sehen soll.«

»Und du hättest es auch nicht sehen sollen« war alles, was er sagte, bevor seine Lippen sich auf ihre Brustwarze senkten. Sie klammerte sich an ihn, und ihre Antwort ging in einem erneuten Schluchzen unter. Ihre Hände fuhren durch sein wildes langes Haar. Sie versuchte, ihn wegzuziehen, aber der Schmerz schien ihm nicht das geringste auszumachen. Er reagierte nicht darauf, sondern setzte die Liebkosungen an ihrer anderen Brust fort, bis sie die Beherrschung verlor.

»Aha, ich sehe, du bist doch eine Frau«, sagte er heiser. Daß sie auf ihn reagierte, gab ihm die Macht. Sie zuckte bei seinen Worten zurück und schwor sich, kalt und abweisend zu bleiben, aber er lächelte nur und übersäte die Linie zwischen ihren Brüsten mit Küssen.

Aurora zitterte. Wieviel mehr konnte sie noch ertragen? Verzweifelt wünschte sie, nach Hilfe rufen zu können, aber das war unmöglich. Um sich vor den Leuten des Gouverneurs zu verstecken, war sie bereit gewesen, sich mit diesem Piraten in dem großen Schlafzimmer zu verstecken. Wenn sie das Hauspersonal herbeirufen würde, wäre es das Todesurteil für sie beide gewesen. Sie war in der Falle. Und als sie Vashons schrecklich leidenschaftliches Gesicht sah, wußte sie, daß er sich dessen nur zu bewußt war.

Er setzte sich auf und zog ihr das Kleid von den Schultern. Sie stöhnte, als sie sah, wie es aufreizend auf ihre Hüften fiel. Sie schlug nach ihm, als er sie küßte. Aber ihre Fäuste hätten genausogut auf Ziegelsteine einhämmern können. Er gab nicht einen Millimeter nach.

»Wer hätte je gedacht, daß ich dich besitzen würde?« flüsterte er ihr ins Haar. Seine Hand umschloß eine ihrer Brüste. Sie schlug nach ihm, aber ihre Hand traf auf das abgewetzte Leder seiner Weste, weich und warm wie eine erotische Ausdehnung seiner eigenen Haut. Schnell zog sie ihre Hand zurück, als habe sie sich verbrannt.

»Du berührst mich nicht gern, oder, Aurora?« Seine Hand fing ihre, als sie sie zurückzog. »Warum das, kleines Mädchen? Hat dich nie jemand umarmt in diesem Heim? Hat unser illustrer Ausbund an Tugendhaftigkeit, Mr. Phipps, niemals einen Arm um dich gelegt und dich warmgehalten? In was für einem kalten, kleinen Ort bist du doch aufgewachsen.« Er nahm ihre Hand und führte sie unter seine Weste. Seine Brust war so fest wie ein Stück Stahl, seine Muskeln so warm und verspielt wie die Wellen der Karibik.

»Ich – ich wurde geachtet in diesem Heim, Vashon«, gab sie zur Antwort. Tränen liefen ihre Wangen hinunter. »Niemand hätte mich je so mißhandelt.«

Die Spannung kehrte in sein Gesicht zurück. »Ach ja ...

Aber was ist Liebe? Ich wurde einmal geliebt . . . bis jene, die mich liebten, von meiner Seite und aus meinem Herzen gerissen wurden.«

»Vashon!« schrie sie auf, als er vom Bett sprang. Aurora hüllte sich in die scharlachrote Bettdecke und schaute mit stetig steigender Furcht in ihrem Herzen zu, wie er sich auszog.

Sie sah nicht weg. Dafür gab es keinen Grund. Alle Verstellung fiel von ihnen; ihre Unschuld, erkannte sie, war längst gestorben. Unwiderruflich.

Er schien aus den schillernden Schäumen ihrer Träume geboren. Er stand aufgerichtet vor ihr, sein langes Haar fiel ihm auf den Rücken, seine Augen schimmerten so hart und glänzend wie Smaragde. Er atmete schwer, seine Brust bewegte sich in einem kraftvollen Rhythmus. Er griff nach ihr. Sie rutschte ans Kopfende. Sie schätzten einander ab, einer den andern, wie der Jäger seine Beute.

Er stand da, still wie der Tod, die Hand am Bettpfosten. Diesmal fiel ihr Blick tiefer, und ihre Furcht erreichte den Höhepunkt, als sie sein Glied sah. Aber was sie sogar noch mehr entsetzte, war der Drache. Obwohl sie die Tätowierung auf seinem Rücken nicht sehen konnte, entdeckte sie doch den Schwanz, der um die Hüfte glitt und sich zweimal um seine festen Schenkel schlang, bevor seine grüne Spitze in der Leistengegend verschwand. Er schien ihn zu umarmen, er besaß ihn vollkommen, und nun würde er auch sie nehmen.

Sie sprang vom Bett und rannte wie eine Wilde zur Tür, die Hände über der nackten Brust, den Rock ihres Kleides, der immer noch verführerisch auf ihren Hüften saß, hinter sich herschleifend. Sie hatte damit gerechnet, daß er versuchen würde, sie zu fangen, aber er brauchte sich gar nicht anzustrengen. Sein Fuß stellte sich auf ihren Rock, und sie wurde rückwärts genau in seine Arme geworfen. Er lachte schallend und zog das Kleid vollends herunter. Sie schrie und kratzte und schlug, aber es war zwecklos. Er warf sie auf das Bett und unterwarf die Widerspenstige.

»Vashon, ich bitte dich!« flehte sie, bevor er sich auf sie legte.

»Keine Gespräche mehr«, sagte er, während seine Hand prüfend an ihrer Brust hinunterglitt.

»Mein Gott, ich bitte dich! Ich bin noch Jungfrau!« schluchzte sie.

»Dann, genau wie bei einer eiternden Wunde, ist es am besten, das Pflaster schnell herunterzureißen.«

»Nein!« weinte sie.

»Doch«, flüsterte er.

Sie schlug nach ihm. Aber so sehr sie flehte, so sehr sie sich auch wand, es gab keine Möglichkeit mehr, ihn vom Schlimmsten abzuhalten. Er nagelte sie förmlich unter sich fest, und seine Hände öffneten ihre Schenkel, streichelten die weiche Haut dazwischen, mit seinen Fingern strich er wie zufällig über ihr lockiges, braunes Schamhaar.

Seine Berührung brachte sie fast um, sie wehrte sich nicht mehr. Aber im flackernden Kerzenlicht des Schlafzimmers fiel ihr Blick auf den glänzenden Ohrring. Ihr Finger schlang sich um ihn, bevor sie überhaupt die Idee hatte. Im selben Moment hörte Vashon auf.

»Laß diese Verrücktheiten! Laß mich in Frieden!« forderte sie.

»Mach schon. Reiß ihn raus, Aurora. Es ist nicht das erste Mal.«

Sie blickte ihn sprachlos an, ihre blauen Augen voller Wut und Zögern. Sie konnte nicht zulassen, daß er weitermachte. Er war ein Ungeheuer. Aber konnte sie ihm so sehr weh tun? Den Ohrring einfach aus dem Ohr reißen?

Als ihr Blick sich auf das Ohr konzentrierte, sah sie eine dicke, lange Narbe an seinem Ohrläppchen. Er hatte den Ohrring schon einmal verloren. Wieder traten Tränen in ihre Augen. Sie konnte sich nur einen Augenblick vorstellen, in dem ein anderer Mensch so nahe an Vashon kommen konnte, um so etwas zu tun.

»Dann war es also eine andere Frau?« platzte sie heraus.

»Hast du sie so wütend gemacht?« Ihre Stimme zitterte. »War sie so unwillig wie ich?«

Seine Augen provozierten sie direkt, zu ziehen. »Es war ein Bettler in der Casbah. Ich war erst fünfzehn. Er wollte das Silber und hat sich im Dunkeln auf mich gestürzt.«

Es dauerte eine ganze Weile. Aurora blickte auf ihren Finger, der um den Ohrring klammerte. »Was hast du mit ihm gemacht?«

»Laß uns einfach sagen, er brauchte den Ohrring dann doch nicht so nötig.«

Sie begegnete seinem Blick. Sie wollte nichts weiter wissen.

»Mach schon. Zieh, damit wir weitermachen können.«

Seine groben Worte ängstigten sie mehr als alles andere. Sie beruhigte ihre zitternde Hand, dann zog sie leicht, ganz leicht. Nicht genug, um irgendeinen Schaden anzurichten. Ihr Blick fing seinen, und sie sah, wie sich alles in seinem Gesicht anspannte, wie er sich auf den kommenden Schmerz vorbereitete. Körperlicher Schmerz war ein Teil von seiner schwarzweißen Welt. Er würde den Schmerz auf sich nehmen, um dafür sein Vergnügen zu bekommen. So einfach war das. Aber als sie ihm tief in die grünen Augen sah, bekam sie eine Ahnung davon, wie Schmerz ihn geformt haben mochte. Er war gerade erst fünfzehn, und die Welt um ihn herum schien bereit zu sein, ihn für ein winziges bißchen Silber bluten zu lassen. Und in diesem Moment begann Aurora zu erkennen, wie hart Vashon ums Überleben hatte kämpfen müssen und wie meisterhaft ihn seine grausame Welt das gelehrt hatte.

Nun war es an ihr, ihn zu lehren.

Ihn zu verletzen war die einzige Chance zur Flucht. Aber sie wußte, das würde sie nicht tun. Und der Grund dafür war viel schmerzhafter als das, was sie beinahe getan hätte. Mit einem herzzerreißenden Schluchzen zog sie ihre Hand zurück. Daß sie aufgab, überraschte ihn offensichtlich. Sie blickte zur Seite, ihre Tränen strömten unaufhörlich die

Wangen hinunter. Leise und bitterlich weinte sie in die Decke.

»Aurora –!«

»Ich kann dir nicht weh tun!« gestand sie schluchzend. »Ich kann dir nicht weh tun«, rief sie weinend, wieder und wieder.

»Aurora! Sieh mich an«, befahl Vashon wütend. Aber sie weigerte sich, die Tränen flossen weiter.

»Aurora!« Zorn lag in seiner Stimme, und doch auch noch etwas anderes, etwas wie Panik. »Hör mir gut zu. Ich werde für dich nichts empfinden, du prüdes, kleines Miststück! Hörst du mich? Ich werde für dich nichts empfinden!« Voller Brutalität schüttelte er sie, aber sie hörte nicht auf zu weinen. Sie hielt die Decke umklammert und wartete darauf, daß er seinen sexuellen Hunger an ihr stillte. Fast machte es ihr schon nichts mehr aus. Ihre gesamte Welt war in dieser Nacht durchgeschüttelt worden. Nicht einmal entführt worden zu sein ließ sich mit diesem schrecklichen Gefühl vergleichen, einem Gefühl, von dem sie wußte, sie würde lieber sterben, als es zuzugeben.

»Aurora«, flüsterte er atemlos.

Sie warf ihren Kopf hin und her, sie wollte ihm nicht ins Gesicht sehen müssen, wollte ihn nicht in ihren Augen lesen lassen. Aber schließlich hielt er ihren Kopf fest, so daß sie ihm nicht mehr ausweichen konnte. Als sie ihn ansah, war es, als würde die Zeit stehenbleiben.

Er starrte sie an, als sei es das erste Mal. Sie konnte nicht wegschauen, denn obwohl er sie jetzt nur noch sehr sanft hielt, waren es jetzt seine Augen, sein innerstes Wesen, das sie vollkommen gefangennahm. Ihre Lippen zitterten. Zögernd berührte er ihr Gesicht.

»Vashon, nein . . .« flüsterte sie, als seine Finger über ihre von seinen Küssen geschwollenen Lippen fuhren. Er strich über ihre Brauen, während ihre tränennassen Augen ihn tadelnd ansahen. Er schien sich überzeugen zu wollen, ob sie Wirklichkeit war, er streichelte über ihre Wangen, über ihre

Tränenbäche. Endlich glaubte er daran. Er zog seine Hand zurück und betrachtete die Tränentropfen, die an seinen Fingerspitzen hingen, und da sah sie ihn – den Mann, den sie so verzweifelt suchte. Sie fand ihn in einem leisen Anflug von Reue in Vashons Augen.

»Er ist da«, sagte sie leise.

Wütend zog er sie unter sich. Sie versuchte, seine Wange zu streicheln, aber er nagelte ihre Hände unter sich fest, damit sie ihn nicht berühren konnte.

»Verneine es. Und doch existiert er«, beharrte sie. Ihre Augen spiegelten ihre Gefühle wider. »Nein«, rief er und zog sie an sich, um sie brutal zu küssen.

Als sie sah, wie wütend und außer sich er war, dachte sie, daß er ihr weh tun würde. Aber dann senkte sich sein Kopf, und sie dachte, er würde sie küssen, aber seine Lippen berührten nicht ihren Mund, sondern ihre Schulter, und dort ließ er seinen Kopf, vollkommen ruhig, als müsse er noch einmal alles überdenken.

Sie sehnte sich danach, ihn zu berühren, aber immer noch waren ihre Hände unter der Decke eingeklemmt. Sie bewegte sich unter ihm, und endlich hob er seinen Kopf und blickte auf sie nieder. Obwohl sie immer noch nackt waren und Brust an Brust, Herzschlag an Herzschlag dalagen, konnte sie fühlen, wie es ihn wegzog. Sie wußte nun, daß er ihr auch nicht weh tun konnte. Und das machte den Gedanken daran, daß er sie verlassen würde, noch unerträglicher. Sie waren zu weit gegangen.

Er wollte vom Bett hinunter, aber bevor er das tat, gab er ihr einen Kuß auf die tränenüberströmten Wangen. Sie wünschte nun so verzweifelt, daß er bliebe. Als seine Lippen sich von ihrer Wange lösten, drehte sie ihren Kopf, und ihre Lippen fanden seine.

Ihr Kuß war wunderschön. Nie, auch nicht in ihren sehnsuchtsvollsten Träumen hatte sie sich ausmalen können, daß ein Kuß so sein konnte. Herz und Seele in einer weichen Berührung seiner Lippen. Er bewirkte, daß sie ihn ganz wollte. Sie verspürte in sich ein Verlangen, das das körperliche weit überstieg. Es wuchs und wuchs. Sie begann seinen Körper zu ergründen und schickte dazu ihre Hand aus. Ihr Kuß wollte nicht enden.

Instinktiv öffnete sie ihre Lippen für ihn. Er schmeckte sie, bohrte sich in sie, überredete sie dazu, ihn zu schmecken. Sie war eine langsame Schülerin, aber schließlich unterlag sie der Versuchung, und ihre Zunge fand seine.

Ihre Lust war stark und unmittelbar, aber sie stieg noch ums zehnfache, als sie bemerkte, daß sie ihn auch erregte. Sie konnte kaum glauben, welche Macht sie auf einmal besaß. Er stöhnte auf, wölbte seine Hand um ihre Brust, als hielt er den Reichtum der Welt. Ihre Brustwarze richtete sich unter seiner zärtlichen Berührung auf, und Schauder überzogen ihren Körper.

Sie wunderte sich über ihn. Wann hatte er sich so verändert? Wann war seine Berührung so liebevoll, sein Streicheln so zärtlich geworden? Und seine Küsse so voller Sehnsucht und Süße?

Sein Mund löste sich von dem ihren und wanderte ihren Hals entlang. Er ging tiefer, und seine Zunge erkundete die spitze Knospe ihrer Brust. Sein Duft erfüllte sie ganz, und wieder erinnerte er sie an die weite salzige, prickelnde, ursprüngliche See. Er blickte sie an, sein Atem kam schnell und drängend. Sie spürte ihn an ihren nackten Schenkeln, und ihre Sinne waren so erfüllt von ihm, so trunken, daß sie kaum wahrnahm, was als Nächstes geschah.

»Aurora«, stöhnte er. »Ich glaube, Old Phipps könnte genau derjenige sein, der mich töten wird . . .« Nun ging alles sehr schnell. Sein Arm schob sich unter ihre Hüften; er bog sie gegen sich, erweckte etwas in ihr, von dem sie nie angenommen hätte, daß sie es besaß. Als sie hilflos aufstöhnte, konnte ihn nichts mehr halten. Sein Knie zwang ihre Alabasterschenkel auseinander, und er schob sich zwischen sie, nahm ihre Süße in einer verzehrenden Umarmung.

Der Schock überwog bei weitem den Schmerz. Sie

keuchte und blickte auf, ihre Augen ungläubig weit aufgerissen. Er sah sie an, unerbittlich und voller Leidenschaft. Sie drehte ihren Kopf zur Seite und wurde von Panik ergriffen. Sie wand sich unter ihm, wollte fort, aber es war unmöglich. Sie war in der Falle, wie ein freilebender Vogel, der plötzlich in einen Käfig gesperrt war.

»Nein, nein«, japste sie, ihre Augen dunkel vor Angst.

Er küßte sie, seine Lippen klammerten sich an sie, überredeten, verführten, mit all dem dunklen Zorn in seiner Seele. Sie sank zurück und lieferte sich ihm hilflos aus. Ihr Körper wölbte sich ihm entgegen, verlangte nach ihm. Sie hüllte seine gewaltsame Bewegung in die zärtliche Umarmung ihrer Weiblichkeit, und gegen ihren Willen schmolzen ihre Lenden. Traum und Wirklichkeit wurden eins. Sie klammerte sich an ihn, aber der wilde Ritt überwältigte sie. Und da war wieder der Drachen auf seinem Rücken, der sich mit jedem Stoß spielerisch auf sie zu bewegte. Und sie begann zu fallen, alles um sie her versank in tiefe, süße Vergessenheit.

Ihr letzter Halt auf festem Grund war ihr Blick auf ihn. Seine grünen Augen sprühten Funken vor Lust. Aber da war noch ein anderes Verlangen. Eins, das noch leuchtender brannte, eine tiefe, verzweifelte Sehnsucht der Seele. Und sie fragte sich, wie er je dieses Bedürfnis würde befriedigen können, solange der Drache lebte. Doch sie verstand es jetzt. Er war besessen von dem Drachen, und er würde es immer sein. Ihre einzige Hoffnung war, daß er gezähmt werden konnte. Denn die dunkle Seite in ihm würde niemals vollständig untergehen.

Sie gab es auf, und eine andere Wahrheit erfaßte sie intuitiv. Und diese Wahrheit war genauso erschütternd wie die erste. Sie weinte und schüttelte ihren Kopf. Aber sie konnte es nicht länger leugnen. Vashon hatte es bestätigt durch eine Sprache, die viel klarer war, als Worte es je sein konnten.

Sie hatte auch ihre dunkle Seite.

17

Ein glitzernder Sonnenstrahl fiel auf die zwei Schlafenden. Als Peterborough in das Schlafzimmer trat und die schweren Bettvorhänge zurückzog, räkelte sich ein Körper unter der seidenen Bettdecke. Die Augen des jungen Mannes öffneten sich langsam, und er blinzelte verschlafen in die blendende Morgensonne.

»Viscount«, sagte er mit verschlafener Stimme.

»Mein lieber Lord Worthington«, begrüßte ihn Peterborough süßlich. »Weiß Ihr ehrenwerter Vater, der Duke, wo Sie sind?«

»Nein – nein, Lord.«

»Dann stellen Sie sich seine Enttäuschung vor, wenn er hinter Ihre kleinen Vergnügungen kommt, mit denen sie wohl kaum den ersehnten Familienerben zustande bringen.« Mit diesem trockenen Kommentar griff er den schlanken jungen Mann am Haar. Er zerrte ihn aus dem Bett und stieß den nackten Jungen in eine Ecke des Zimmers.

»Was bedeutet –?« Asher setzte sich auf. Die Worte blieben ihm im Halse stecken, als er Peterborough sah.

»Steh auf. Wir fahren nach Mirage.«

Asher blickte auf seinen Geliebten. Der junge Mann hatte sich einen Fenstervorhang aus Damast gegriffen und sich verschämt um die Lenden gewunden. »Ich verstehe nicht«, sagte er. »Ich habe doch selbst mit Azzedine gesprochen. Er sollte sich um Vashon kümmern.«

Peterboroughs Gesicht verhärtete sich. Er warf einen Blick auf den jungen Mann in der Ecke. »Ich werde dir wohl kaum das Ganze erklären, solange dein Geliebter uns aus den Vorhängen anstarrt.«

Asher fuhr sich aufgeregt mit der Hand übers Kinn.

»Werden Sie uns wohl entschuldigen, Worthington?« erkundigte sich Peterborough höflich.

Lord Worthington blickte Asher an. Asher nickte ihm leicht zu, und der junge Mann stimmte zu. »Wo kann ich etwas zum Anziehen finden?« fragte er.

»Keine Zeit für solchen Firlefanz«, wies ihn Peterborough unwirsch zurecht.

Der junge Mann öffnete seinen Mund, um dem Viscount eine angemessene Antwort auf seine unhöflichen Worte zu geben. Aber er sagte nichts mehr, und seine Augen weiteten sich vor Entsetzen. Peterborough zielte mit seiner Pistole direkt auf die Stirn des jungen Earl. Und bevor Asher auch nur etwas sagen konnte, erschoß Peterborough seinen Geliebten und schaute unbeteiligt zu, wie der Körper unter dem Fenster zusammenbrach, das Gesicht erstarrt zu einer blutüberströmten Maske des Grauens.

»Warum hast du das getan?« schrie Asher und rannte zu dem jungen Mann hinüber.

Peterborough hielt ihn auf. »Ich will mit dir reden. Es geht ums Geschäft.«

»Er hätte uns doch allein gelassen!« rief Asher aus, entsetzt von dem Anblick des toten jungen Mannes.

»Dazu war nicht genug Zeit.«

»Bist du völlig verrückt geworden? Ich werde dafür gehängt werden! Wie soll ich das dem Duke erklären?«

»Das wird nicht nötig sein. Wir verlassen London. Unser Schiff ist schon im Hafen.« Peterborough blickte zornig auf den lilienweißen dünnen Körper von Asher. »Zieh dich an«, sagte er.

Asher starrte ihn voller Ekel an, und etwas anderes, Eigenartiges lag in seinem Gesicht, etwas wie ein unangebrachtes Verlangen. »Ich wünschte, du hättest ihn nicht getötet«. sagte er. »Er war ein guter Junge, trotz seines ... Eigensinns.«

»Trauer nicht um ihn. Er war nicht dein Typ.« Peterborough stieß ein verletzendes Lachen aus. Und Asher machte ein bitteres Gesicht.

»Zieh dich an. Ich sage es nicht noch einmal.«

Asher trat langsam über den toten Earl hinweg und ging in sein Ankleidezimmer.

Mit einem geradezu unerschütterlichen Maß an Abgebrühtheit setzte sich der Viscount in einen Lehnstuhl direkt neben die Leiche des jungen Mannes. Er unterhielt und benahm sich, als habe nie ein eiskalter Mord an diesem sonnigen Morgen stattgefunden. Gereizt sagte er: »Ich habe gerade vorhin erfahren, daß Azzedine, dieser elende Bastard, gänzlich versagt hat.«

Asher blickte aus seinem Ankleidezimmer durch die halboffene Tür. »Warum schicken wir dann nicht einen anderen?«

»Halt den Mund, du Idiot. Sag deinem schönen kleinen Earl hier Adieu und mach dich fertig für die Reise.« Peterborough warf ihm einen Blick zu, der nichts Gutes versprach. Die grünen Augen des Viscount sprühten vor Zorn, und wie um seinem Standpunkt Nachdruck zu verleihen, schlug er mit seiner Faust auf das Fensterbrett. »Diesmal bekomme ich ihn, Asher. Merk dir meine Worte. Es kümmert mich nun nicht mehr, daß er mein Bruder ist. Ich will ihn tot, und ich will den Smaragd. Und die Leute auf dem Schiff werden wünschen, sie seien auf der Leviathan!«

»Eines Tages wirst du zu weit gehen«, sagte Asher plötzlich.

Peterborough lachte gutgelaunt und gab dem Leichnam zu seinen Füßen einen Tritt.

Widerwillig knöpfte sich Asher das Hemd zu. Er wollte zurückschlagen, zumindest mit Worten. Aber er tat es nicht. Etwas Schwaches und Verabscheuungswürdiges in ihm beugte sich immer vor den Stärkeren. Und gegen diesen schönen, gräßlichen Viscount, das wußte er instinktiv, konnte er niemals gewinnen.

Vashon war still, fast friedlich, aber mit seinen Armen hielt er sie wie ein Geschenk, das ihm nur zu bald wieder entrissen werden konnte.

Die Spannung war aus seinem Gesicht, von seinem sonst harten Mund verschwunden. Seine Augen blickten verschlafen. Irgendwo hörte Aurora eine Uhr viermal schlagen. Und sie wollte schreien, um sie anzuhalten. Die Zeit sollte stehenbleiben. Nie wieder wollte sie sich aus seinen Armen lösen.

Aber die Zeit schritt unaufhörlich fort. Als Vashon schließlich aufstand, strahlte er eine Kälte aus, die Aurora frösteln ließ, trotz der heißen Nachtluft. Sie zog sich die Decke über den Körper, als sie sich plötzlich wieder ihrer Nacktheit bewußt wurde.

»Vashon?« flüsterte sie.

Er ließ seinen Kopf zurückfallen, als bedaure er schon jetzt, was er sagen mußte.

»Vashon«, rief sie mit einem leisen Zittern in der Stimme.

»Zieh dich an. Wir sind hier schon viel zu lange. Ignatio wird irgendwann aufgeben und zurückkommen.«

»Aber wir müssen reden –«

»Zieh dich an.«

Eine riesengroße Träne löste sich aus ihrem Augenwinkel und rann ihr die Wange hinunter. Sie hätte doch alle Uhren zerschlagen sollen. Sie wußte, wenn sie dieses Zimmer verließen, wäre er ihr verloren. Er schubste sie fort.

Er blickte sie an, und schnell wischte sie sich die Träne aus dem Gesicht.

»Das hätte niemals geschehen dürfen«, sagte er.

»Aber es – ist – geschehen«, gab sie mit schwacher Stimme zurück.

»Nie wieder. Nie wieder.«

Eine zweite Träne fiel. Mit zitternden Händen griff Aurora nach ihrem Kleid. Es war erst Minuten her, daß er sie im Arm gehalten, sie gestreichelt, sie geliebt hatte. Dieser zärtliche Mann schien nur noch im Traum zu existieren, und es war ihr unmöglich, ihn zu erreichen.

»Aurora.«

Sie blickte auf. Er stand neben ihr, nackt und wunderschön.

»Aurora«, begann er, »es ...« Schuldbewußt glitt sein Blick über das zerwühlte Bett des Gouverneurs. Das Blut auf dem Laken schien ihm noch den Rest zu geben. »Es war außerhalb meiner Kontrolle. Ich hatte nie wirklich vor ...« Ihre Blicke trafen sich. Allzu schnell schaute er weg.

»Du hast nie wirklich was vorgehabt?« flüsterte sie.

Er antwortete nicht. Er mußte es auch nicht.

Sie schloß die Augen. Alles in ihr war dumpf. Ihr Körper, ihr Verstand, ihre Seele. Sie wischte sich über die Augen und zog sich das zerknitterte blaue Kleid über den Kopf.

»Isaac wird am Dieppe Bay auf uns warten, wenn er uns am Hafen nicht sieht.«

Vashon war inzwischen angezogen. Er warf einen kurzen Blick auf sie, dann ging er ins Ankleidezimmer des Gouverneurs. Mit einem Paar leichter Schuhe kam er zurück und gab sie ihr. Sie paßten fast perfekt. Der Gouverneur war ein kleiner Mann.

Dieppe Bay war eine seichte Bucht, umgeben von Korallenriffen. Als sie nach etwa einer Stunde dort ankamen, erkannte Aurora die Lichter der Seabravery weit hinter dem Riff. Das Schiff wirkte so unerreichbar, sie wußte nicht, wie sie noch bis dorthin kommen sollte. Der Sand in ihren Schuhen scheuerte an ihren Füßen, ihre Arme waren vom Zuckerrohr zerschunden. Sie war erschöpft. Wenn sie nun noch über eine Kokosnuß stolpern würde, war sie sicher, würde sie auf ihre Knie fallen und nie mehr aufstehen.

Vor ihr stand Vashon am Wasser und hielt nach etwas Ausschau. Erschöpft ließ sie sich gegen eine Palme sinken. Sie konnte einfach nicht akzeptieren, was im Haus des Gouverneurs geschehen war. Wenn sie sich energischer gewehrt hätte, hätte das am Verlauf dieser Nacht etwas ändern können? Sie schloß die Augen. Nie mehr wollte sie an die vergangenen Stunden denken. Sie hätte nicht gegen ihn ankommen können. Er war der geborene Verführer. Er hatte sie davon überzeugt, daß er zu Zärtlichkeit und Wärme fähig war. Aber nun sah es fast so aus, als sei alles Heuchelei gewesen. Und obwohl eine Stimme in ihrem Herzen schrie, daß es nicht so war, hörte sie nicht darauf. Sie blickte Vashon an, und all ihre Ängste kehrten zurück.

Nichts hätte die Ereignisse dieser Nacht aufhalten können. Sie hatte diesen verdammten Traum gehabt, und niemals hätte sie ihn vergessen können. Nun hatte sie ihre Lektion gelernt. Und es war keine leichte gewesen. »Ein gefallenes Mädchen«, so hatte Mrs. Bluefield Frauen wie sie genannt. Und ihr Herz zog sich schmerzhaft zusammen, als sie sich an dieselben Frauen erinnerte, die ihre Bastarde im Heim ablieferten.

Langsam kam Vashon zurück. »Sie haben das Beiboot schon ins Wasser gelassen. Die Seabravery wird ablegen, sobald wir an Bord sind.«

Sie antwortete nicht.

»Aurora?« Er streckte seine Hand nach ihr aus und berührte sie. Sie zuckte zurück.

»Sieh mich an«, sagte er, aber sie rührte sich nicht. Sie blickte in die Ferne, auf den Ozean und das blasse Mondlicht, das sich im Wasser spiegelte.

»Du enttäuschst mich, Liebes.« Seine Stimme klang verärgert. »Ich hatte gehofft, diese steife kleine Schulmeisterin würde uns noch ein Weilchen verschonen.«

Seine groben Worte schickten eine neue Welle des Schmerzes durch ihren Körper. Sie wandte sich ab. »Ich versichere dir, sie ist zurück. Und sie wird nie wieder fortgehen«, antwortete sie kalt.

»Kein Wunder, daß Old Phipps dich hat gehen lassen.«

Aurora blickte ihm ins Gesicht. Sein Lächeln war unmißverständlich. »Was weißt du schon von John Phipps?« brach es voll wildem Zorn aus ihr heraus. »Nichts!« rief sie. »Du hast nicht annähernd seine vornehme Gesinnung oder seinen Anstand.«

»Und war er denn so perfekt?«

»Ja! Ja! Vollkommen perfekt!« zischte sie. Und sie haßte ihn mehr denn je in diesem Moment. Jeder konnte sehen, daß John der bessere Mensch war. Wie also konnte es nur geschehen, daß sie Vashon und nur Vashon wollte?

»So perfekt, daß du weggelaufen bist, ohne zu wissen, wohin. Und ohne zu wissen, zu wem?« sagte er.

»Wenn ich gewußt hätte, daß so etwas geschehen konnte, wäre ich nie fortgegangen.«

Er griff ihren Arm. »Aber vielleicht ist das sogar der Grund gewesen, warum du gegangen bist. Vielleicht wolltest du das, was heute nacht geschehen ist, genauso sehr wie ich. Vielleicht war Old Phipps nicht der Mann, als den du ihn ausgibst –«

Sie riß ihren Arm zurück, dann schlug sie ihm mit ihrer Hand in sein gutgeschnittenes Gesicht. Er war näher an der Wahrheit, als er je wissen würde, aber sie würde das Wissen darum eher mit in ihr Grab nehmen, als es je zuzugeben. »Er war ein Gentleman«, rief sie aus, »kein Vergewaltiger.«

Er nahm ihren Arm erneut, diesmal brutaler. »Und waren es die Hände dieses Vergewaltigers, die dich heute nacht haben stöhnen lassen? Und sind diese Kratzer auf meinem Rücken von einer Frau, die verzweifelt versucht hat, von mir fortzukommen . . . oder zu mir zu kommen?«

Ein gedämpfter Schluchzer entfuhr ihr. Sie weigerte sich, ihn anzusehen. Und ihre Schwüre, seinetwegen keine Träne mehr zu vergießen, brachen in sich zusammen.

Er ließ ihren Arm los und trat zurück. »Natürlich hätte dieses leidige Abenteuer vermieden werden können, wenn du nicht die Kranke gespielt hättest.«

»Oder wenn du mich nicht entführt hättest – oder wenn man deinen Kopf nicht überall, von hier bis nach England, suchen würde!« rief sie.

»Du hast mich hereingelegt, Liebes. Du hast gelogen und unser beider Leben in Gefahr gebracht. Du konntest wirklich nicht erwarten, daß du ungeschoren davonkommen würdest.«

»Es war nicht mein Fehler«, flüsterte sie und verfluchte ihre Stimme, die doch kalt und uninteressiert klingen sollte, und verfluchte ihr Gesicht, das leidenschaftslos aussehen sollte. Sie blickte schnell zur Seite, aber ihre Augen verrieten ihren Schmerz.

Freundlich sagte er: »Nein, es war nicht dein Fehler. Ich trage die Verantwortung für das, was im Haus des Gouverneurs geschehen ist. Aber alles, was ich will, ist der Smaragd. Hilf mir, ihn zu finden. Und wir werden diese Nacht vergessen. Vergessen, daß sie je stattgefunden hat.«

»Wie?« fragte sie, fast hysterisch. »Ich werde das alles niemals so leicht vergessen wie du. Es war mein Blut, das geflossen ist, nicht deins.« Plötzlich schlug sie nach ihm. Sie trommelte auf seine Schultern ein, bis sie etwas Warmes und Feuchtes an ihren Fäusten spürte. Entsetzt erkannte sie, daß sich seine Wunde wieder geöffnet hatte.

»Mach weiter. Laß deinen Ärger raus«, sagte er. »Und dann vergiß es. Denn ich schwöre dir, diese Nacht war ein Fehler. So etwas wird nie wieder geschehen.«

Jetzt begann sie ernsthaft zu weinen, aber woran das lag, ob an der Tatsache, daß sie ihm weh getan hatte, oder weil sein Schwur ihr tiefer unter die Haut ging als das schärfste Messer, das wußte sie nicht.

Als das kleine Beiboot am Strand angekommen war, sprang Isaac auf sie zu. Man konnte ihm die Erleichterung anmerken, die beiden unversehrt wiederzusehen. Zuerst lief er auf Vashon zu, doch als sein Blick auf Aurora fiel, schien er sofort zu merken, daß irgend etwas überhaupt nicht in Ordnung war. Er wurde still, und in völligem Schweigen kehrten sie im Beiboot zur Seabravery zurück.

»Aurora! Liebling! Ich war ganz außer mir vor Sorge! Gott sei Dank, daß du –« Flossie blieb wie angewurzelt stehen, als die drei aufs Schiff kamen. Sie warf einen Blick auf Auroras Gesicht, auf ihr zerzaustes Haar, ihre unglücklichen, verweinten Augen, und im selben Moment schien sie alles zu wissen. Der Blick, mit dem sie Vashon bedachte, hätte ihn auf der Stelle töten können.

Vashon ignorierte die Witwe einfach. »Miss Dayne

möchte sich in ihre Kabine zurückziehen, Benny«, sagte er mit fester Stimme.

»Ja, sofort, Sir.«

»Isaac.« Er wandte sich an den Captain. »Ist es Neville und seinen Leuten gelungen, unsere Wasserbehälter aufzufüllen?«

»Ja.«

»Ohne Zwischenfall?«

»Sie waren vor Mitternacht wieder hier.«

»Dann segeln wir unverzüglich nach Mirage.«

»Sehr gut«, gab Isaac zurück.

Vashon drehte sich zu Aurora um. Er sah aus, als wäre ihr verwunderter Blick im Laternenlicht des Schiffes das letzte auf Erden, dem er jetzt begegnen wollte. »Miss Dayne«, sagte er. »Ich schlage vor, Sie ziehen sich in Ihre Kabine zurück. Sie werden die Erholung nötig haben. Wenn wir auf meiner Insel ankommen, werde ich schonungslos nach dem Smaragd suchen. Mit Ihrer Hilfe.«

»Sehr gut«, antwortete sie böse.

Er ging nicht darauf ein. »Benny wird Sie begleiten.«

»Das wird er nicht«, unterbrach ihn Flossie. »Ich werde Aurora in ihre Kabine begleiten. Und diesmal wird mich keiner davon abhalten können.«

»Wie Sie wünschen«, gab Vashon mit eisiger Stimme nach.

Aurora blickte ihn an. Ihre Blicke trafen sich, wie Feuer und Eis. Lag da etwas wie Bedauern in seinen Augen? Aber bevor diese Gefühlsregung sich verdichten konnte, tauchte der Drache auf und brannte alles wieder fort. Schließlich nahm Flossie ihren Arm und zog sie mit sich fort.

18

Als Flossie und Aurora allein in der Kabine waren, setzte sich Aurora wortlos auf ihr Bett. Es schien nichts zu sagen zu geben. Worte konnten auch gar nicht ausdrücken, was ihr Herz im Augenblick bewegte. Flossie schien das zu spüren. Sie hielt nur ihre Hand, bis Benny all ihre Sachen aus Vashons Kabine gebracht hatte.

Als Benny fort war, hob Flossie Auroras Kinn und schaute betroffen in ihr verweintes Gesicht. Auroras wasserblaue Augen schienen unglaublich groß für ihr zartes, blaßes Gesicht. Flossie sah so aus, als würde sie selbst jeden Moment in Tränen ausbrechen.

»Aurora«, sagte sie in ihrer praktischen Art, »wir müssen uns fügen und diesen blöden Smaragd finden, von dem mir Isaac erzählt hat. Laß ihn Vashon. Es ist die einzige Möglichkeit. Und wenn wir das tun, wirst du mit mir nach St. George kommen, und wir werden diese grauenhafte Reise vergessen und –«

»Nein!« Aurora stand auf und begann hin- und herzulaufen. Sie griff nach dem Medaillon und spielte damit. »Ich werde mich nicht fügen. Jetzt nicht.«

»Hör mir zu, Liebes.« Flossie streckte ihre Arme nach der Freundin aus. »Sie werden uns nicht umbringen. Das haben wir beide erkannt. Und in Anbetracht ... der Dinge, die diese Nacht geschehen sind, denke ich, ist die beste Lösung die Kapitulation. Sag Vashon, was du weißt, und laß ihn haben, was er will. Dann können wir sicher sein, daß ... keine weiteren ... Dinge mehr geschehen.«

»Auf keinen Fall. Ich werde diesem – diesem – Piraten nicht helfen. Ich würde das nicht einmal tun, wenn mein Leben ernsthaft in Gefahr wäre!«

»Aber wenn wir diese Reise fortsetzen, gibt es noch eine zusätzliche Gefahr. Hast du daran gedacht?«

»Was für eine Gefahr?« fragte Aurora. »Natürlich mache ich mir Sorgen um dich, aber Vashon würde dir nichts antun. Das ist ganz offensichtlich. Er schätzt dich viel zu sehr. Und ich wage zu behaupten, daß Isaac dir auch nichts tun würde. Im Gegenteil, es würde mich nicht überraschen, wenn er dich sehr liebgewänne.«

»Aber was ist mit dem Baby, hast du daran gedacht? Mit Vashons Baby?«

Langsam breitete sich Entsetzen auf Auroras Gesicht aus. Flossie hatte am Ende doch das Unaussprechliche in Worte gefaßt.

Die Witwe sprang auf und nahm ihre Hand. »Keine Angst, meine Liebe. Es ist unwahrscheinlich, daß heute nacht . . . also, laß uns beten, daß nichts passiert ist. Aber wenn wir noch länger unterwegs sind –«

»Wenn nicht heute nacht, dann wird es niemals eins geben«, sagte Aurora entschlossen.

»Aber wie willst du das wissen? Ich kann doch sehen, wie sehr Vashon von dir fasziniert ist. Es ist schwer, einen Mann abzuweisen, wenn es einmal . . .« Flossie errötete. Es war ihr peinlich, sich über diese intimen Dinge zu unterhalten.

»Nie wieder«, schwor Aurora und schüttelte den Kopf. Und es war wahr. Sie hatte sich ihm geöffnet, sie hatte ihm erlaubt, Gefühle zu sehen, die sie ihm niemals hätte zeigen dürfen. Gerade in diesem Augenblick erinnerte er sich vielleicht daran und lachte darüber, lachte über ihre Unbeholfenheit und Unschuld und über ihre Naivität.

Aber nun nicht mehr. Und wenn sie hundert Jahre alt werden würde, keinem Mann würde sie je wieder diese Gefühle offenbaren. Wenn sie Glück hatte und für diese Nacht mit ihm nicht mit einem Kind zahlen mußte, dann würde sie einfach vergessen, daß sie neben ihm gelegen hatte, vergessen, daß sie je gewußt hatte, wie sich seine Hände auf ihrem Körper anfühlten oder seine Arme um sie oder wie es war, sein Herz gegen ihre Brust schlagen zu fühlen.

»Es wird nie geschehen«, wiederholte sie leise.

»Meine kleinen Lämmchen haben nicht alle überlebt, aber Mr. Lindstrom und ich hatten vierzehn Kinder, um das einmal zu sagen.«

Aurora fuhr sich mit zitternder Hand über die Stirn. Gestern war noch ihr einziger Wunsch gewesen zu fliehen. Und nun war aus diesem Grund ihre ganze Welt aus den Fugen geraten.

»Oh, ich sage nichts weiter.« Flossie drückte ihre Hand und lächelte ihr beruhigend zu. »Ich merke ja, wie erschöpft du bist. Schlaf, mein Liebling. Wir entscheiden, was zu tun ist, wenn du dich etwas ausgeruht hast.«

»Ich gebe nicht nach, Flossie. Nun nicht mehr.«

Flossie betrachtete sie. Aber sie fand keine äußeren Anzeichen für das, was sie suchte. »Hat er dir also Gewalt angetan, Aurora? Ist das das? War er so brutal, daß du bis zum bitteren Ende gegen ihn ankämpfen mußtest?«

Aurora blickte schuldbewußt weg. Und das sagte Flossie mehr, als sie wissen wollte. Vashon hatte ihr keine Gewalt angetan. Er war ein viel zu großer Könner, um das nötig zu haben. Aurora brach fast zusammen bei dem Gedanken, wie willig sie sich ihm hingegeben hatte.

Tränen rannen ihr die Wangen hinunter. Nie wieder würde sie ihm nachgeben. Ihr Herz stand auf dem Spiel. Und dafür würde sie ihn bis ans Ende bekämpfen.

In den Tagen, die folgten, wanderte Aurora ziellos übers Schiff, wie eine Tochter von Neptun, wild und wütend, wie das Meer, auf der Suche nach Rache. Ihre schönen blaugrünen Augen waren auf den Horizont gerichtet. Mit einem so gefährlichen Ausdruck wie der Ozean vor dem Sturm stand sie allein da, unversöhnlich und unnahbar.

Auf den Decks konnten die Männer der Seabravery den Blick von ihr nicht lassen. Aus dem schüchternen, farblosen Mädchen war eine wütende, windgeborene Möwe geworden. Aber obwohl sie sie immerfort anstarren mußten, wagte niemand, mit ihr zu sprechen. Denn keiner wollte den

Zorn dieser lieblichen wasserfarbenen Augen auf sich ziehen, wie ihn sich der Mann, der auf dem Achterdeck stand, zugezogen hatte. Er selbst blickte mit seinen grünen Augen strafend und verzehrend zugleich zurück.

»Sie ist nicht mehr dieselbe, stimmt's?«

Vashon riß sich von Auroras Anblick los. Neben ihm stand der Captain.

»Und sie wird auch ein anderes Mädchen sein, wenn wir ankommen. Dafür werde ich persönlich sorgen.« Ärgerlich rief Vashon nach Benny. »Bring Miss Dayne in ihre Kabine. Die Mannschaft muß auf andere Gedanken kommen und sollte sich allmählich wieder ihren Aufgaben zuwenden.«

Vashon blickte dem Jungen nach, der zu Aurora lief und ein paar Schritte von ihr entfernt zögernd stehenblieb, als sei er unsicher, wie er empfangen würde. Aber als Aurora sich umdrehte und ihn sah, erhellte sich ihr Gesicht zu einem warmen Lächeln. Und Vashons Gesicht wurde noch härter.

Von ihrer Reaktion ermutigt, wagte es Benny zu sprechen. Es war offensichtlich, daß sie seine Worte ärgerten, aber sie ließ ihre Wut nicht an dem Jungen aus. Statt dessen blickte sie nur zornig zu dem Urheber, zu dem Mann, der auf dem Achterdeck stand.

»Sag Vashon, daß ich nicht den ganzen Tag eingepfercht in meiner Kabine bleiben werde.« Sie sah Benny an. »Das dürfte ihn genügend aufbringen.«

»Ich bin nicht sicher, daß Sie das tun sollten, Miss«, warnte Benny. »Er ist in einer komischen Stimmung. Wir sind nur noch zwei Tage von Mirage entfernt, und er kann es nicht erwarten, nach Hause zu kommen.«

»Was kann er tun, Benny? Mich zusammenstauchen?« Sie hob ihre Augenbraue.

»Ich möchte nicht darüber spekulieren, was er tun könnte, Miss.«

Sie wollte ihm gerade eine passende Antwort geben, als

sie plötzlich bemerkte, daß etwas fehlte. »Benny!« rief sie aus. »Wo ist denn Koonga?«

Benny seufzte unglücklich. »Sie ist krank, Miss. Ich mußte sie heute in meiner Kabine lassen.«

»Mein Gott, was hat sie?«

»Weiß nicht, Miss.« Benny sah sehr besorgt aus. »Sie wollte gestern nichts essen, und heute morgen lag sie zusammengerollt wie ein kleiner Ball da und bewegte sich nicht.«

»Oh, Benny.« Impulsiv umarmte Aurora den Jungen. Benny sah ziemlich schockiert aus, aber sein Bedürfnis, getröstet zu werden, überwog.

»Darf ich zu ihr?« fragte Aurora. »Vielleicht kann ich sehen, was sie hat.«

»Aber, Miss. Vashon hat gesagt, daß Sie –«

»Dieser verfluchte Vashon!« rief sie ärgerlich. »Am wichtigsten ist jetzt, daß wir sehen, ob wir deinem kleinen Freund helfen können.«

»Nein, Miss. Vashon wird nicht einverstanden sein.«

»Ich werde nicht freiwillig in meine Kabine gehen, Benny. Willst du mich dort hinzerren?«

»Nein, Miss.« Benny warf einen besorgten Blick in Richtung Achterdeck.

»Also, dann bring mich in deine Kabine. Wir werden nach Koonga sehen, und wenn Vashon das nicht mag, soll er es mir sagen.«

»Na gut, Miss. Ich wäre Ihnen dankbar, wenn Sie nach Koonga schauen würden. Ich mache mir ihretwegen Sorgen.« Seine Stimme zitterte.

»Ich werde tun, was ich kann.« Aurora nahm seinen Arm. Und sie verschwanden aus der Sichtweite von Vashon.

»Wo gehen sie hin?« fragte Vashon irritiert.

»Vielleicht will sie mit Flossie Tee trinken.«

»Hast du gesehen, wie sie ihn umarmt hat? Was ist mit den beiden . . .«

Isaac kicherte. »Ist das Eifersucht, was ich in deiner Stimme höre, Vashon, oder täusche ich mich?«

»Sei doch nicht albern. Benny ist ein Junge, keine siebzehn.«

Isaac sah aus, als könne er sich nicht helfen. Ein übermütiger Schimmer war plötzlich in seinen Augen. »Natürlich. Die kleine Aurora ist ungefähr neunzehn. Viel zu alt für ihn. Oh, aber sie sind wahrscheinlich eben nur gute Freunde. Weißt du –«

Vashon schlug mit seiner Hand auf die Reling. »Sie hat mir einfach nicht gehorcht. Einfach in Flossies Kabine zu gehen –« »Also, vielleicht ist sie nicht bei Flossie.«

Vashon wirbelte herum. »Was willst du damit sagen?«

»Nichts. Nichts, Vashon.« Isaac sah aus, als würde er jeden Moment platzen. »Vielleicht machen Benny und sie nur einen kleinen Bummel übers Kanonendeck. Sie mag den Jungen, weißt du. Es ist nicht ausgeschlossen, daß sie einfach nur ein bißchen mit ihm zusammensein will.«

»Ich werde ihr sagen, wessen Gesellschaft sie zu mögen hat.«

»Du kannst sie nicht zwingen, dich zu mögen, Vashon.«

Vashon versteifte sich. Seine Stimme wurde kalt. »Es kümmert mich nicht, wen sie mag oder haßt. Nicht aus diesem Grund. Ich will nur, daß sie sich unterwirft.«

»Also, mir ist es klar, daß du das so nicht erreichst. Ihr zwei seid wie Donner und Blitz.«

»Dann sollte sie sich heute besser auf einen kleinen Regenguß vorbereiten.« Vashon machte sich auf den Weg.

»Oh, der arme kleine Liebling«, gurrte Aurora leise, als sie auf die zitternde Koonga blickte, die zusammengekrümmt dalag. Der kleine Affe schaute sie aus großen, leidenden Augen an. Aurora war außer sich. Sie fühlte sich wie zu Hause, in ihrem Heim, wenn sie ein krankes Baby pflegte.

»Mach mir etwas schwachen Tee, Benny«, wies sie den Jungen an. »Und etwas Zwieback. Wollen wir doch mal sehen, ob wir nicht etwas in dieses arme kleine Wesen hineinbekommen.«

Benny nickte, und Aurora hob Koonga in ihre Arme und drückte das zitternde Affenmädchen an ihren Busen.

»Brauchen Sie sonst noch etwas, Miss?« fragte er.

»Alles, was wir sonst noch brauchen, ist eine Decke«, sagte sie.

»Ginge diese hier?«

Vashon stand vor Bennys Tür. Wieder hörte er Auroras Stimme.

»Ja, die ist sehr gut. Stimmt's, mein Liebling? Mein liebes kleines Schätzchen?«

»Brauchen wir nicht noch etwas anderes?« hörte er Benny fragen. »Ich habe gehört, daß es manchmal blutet –«

»Aber nein, denk das nur nicht. Wir werden uns damit Zeit nehmen.« Ihre Stimme wurde ganz weich. »Es ist wirklich ganz einfach, Benny. Du brauchst keine Angst zu haben. Etwas wie das hier kann immer passieren. Wir haben keinen Einfluß darauf. Du mußt nur sehr liebevoll und zärtlich mit deinen Händen sein und mit weicher Stimme sprechen, und ich weiß, du wirst es sehr, sehr gut machen.«

Vashons Augen wurden immer größer. Er sah aus, als hätte man ihm einen Schlag versetzt.

»Hab keine Angst«, hörte er Aurora gurren. »Ich habe es gelernt. Du kannst mir vertrauen. So, das ist es. Ja, ja, das ist es –«

Vashon schoß in die Kabine wie ein Wahnsinniger. Aurora und Benny blickten überrascht auf. Benny hielt Koonga, die in eine Decke gehüllt war, wie ein stolzer Vater sein Neugeborenes.

»Machst du immer so ein großes Spektakel, wenn du in eine fremde Kabine kommst?« fragte Aurora kühl.

»Was ist hier los? Ich habe gehört –« Vashon unterbrach sich, als er plötzlich erkannte, wie lächerlich seine Gedanken gewesen waren.

»Koonga ist krank, Sir«, sagte Benny. »Die Miss sagte, sie könne ihr helfen. Es tut mir leid, daß ich Ihnen nicht gehorcht habe, Sir«, fügte der Junge hilflos hinzu.

Vashon blickte auf das Äffchen, das zitternd in Bennys Armen lag. Er schloß die Augen und schalt sich selbst für seine dummen Gedanken. »Bring Miss Dayne in ihre eigene Kabine. Sie kann sich ja dort um Koonga kümmern. Es ist nicht . . . gerade das Richtige für sie, sich in deiner Kabine aufzuhalten, Benny.«

»Oh, wie scheinheilig«, begann Aurora. Sie hätte direkt vor den Augen von Benny auf Vashon einprügeln können, so aufgebracht war sie. Sie blickte ihn herausfordernd an, und ein anderer Mann als Vashon wäre mit eingeklemmtem Schwanz aus der Kabine geflohen.

»Bring sie in ihr Zimmer, Benny«, befahl Vashon ungeduldig. »Aye, aye, Sir. Sofort, Sir.« Benny reichte Koonga an Aurora weiter und führte sie zur Tür.

Benny begleitete Aurora und das Äffchen in ihre Kabine und verließ sie sofort wieder, um endlich den Tee und Zwieback zu holen. Als er wiederkam, flößte Aurora dem Tier einen Löffel Tee ein. Sie war so damit beschäftigt, daß sie zunächst gar nicht merkte, daß Benny wegen der großen Hitze seine Ärmel ausnahmsweise hochgekrempelt hatte.

Erst als sie aufschaute, sah sie die knubbeligen Ellbogen des Jungen und die schwarzverfärbte Haut um seine Gelenke. Sie war sprachlos. Nicht, daß sie das noch nie zuvor gesehen hätte. Im Gegenteil, im Heim hatten die meisten Jungen Ruß unter der Haut, in ihren Kniegelenken, in ihren Ellenbogen und an den Füßen. Gerade diese mißhandelten Kinder, die als Kaminkehrer-Lehrlinge ausgenutzt wurden, nahmen sie im Heim zu einem unverhältnismäßig großen Anteil von der Straße auf. Aber wie überrascht war sie, so einen Jungen auf der Seabravery anzutreffen!

»Du warst ein Kletterjunge, stimmt's, Benny?« fragte sie sanft.

Benny blickte auf seine Ellenbogen und rollte hastig seine Ärmel wieder herunter. Er wurde rot, und Aurora wurde plötzlich bewußt, was für ein hübscher Junge er war.

»Du hast in Spitalfields gearbeitet?« fragte sie freundlich.

»Nein, Miss, in Bristol. Dort hat mich Vashon auch aufgegabelt.«

»Wie alt warst du da?«

»Zehn, Miss. Meine Mutter starb, als ich drei war. Damals habe ich mit der Arbeit angefangen.«

»Ich verstehe.« Schnell wandte Aurora ihren Blick ab. Sie wollte nicht, daß Benny das Mitgefühl und das tiefe Bedauern in ihren Augen sehen konnte.

Von allen grausamen Geschäften mit Kindern war wohl das Kaminkehren das übelste, abscheulichste. Ein Junge wurde gezwungen, diese engen Kamine hinaufzuklettern – nackt natürlich, damit seine Kleider nicht Feuer fingen an all dem glühenden Ruß, der die Abzüge verstopfte. Er wurde einfach in das schwarze, enge Labyrinth von Tunneln geschickt. Wenn er tat, wozu er aufgefordert wurde, erstickte er fast, aber wenn er umkehren wollte, zwang ihn sein Meister mit spitzen Nadeln, die er in seine Fußsohlen bohrte, nur noch höher hinauf. Dazu kam, daß das Durchschnittsalter der Jungs unter sechs lag – je kleiner, desto besser . . . »Kleine Jungs für schmale Rohre«, so lauteten die üblichen Anzeigen. Erbärmlichere Einrichtungen konnte sich Aurora kaum vorstellen. Und es brach ihr das Herz, daß der kleine Benny je dazu gezwungen worden war.

»Es war nicht so schlimm, Miss«, sagte Benny. »Vashon holte mich da raus und schickte mich zur See. Ich bin jetzt schon fast sechs Jahre auf diesem Schiff.« Sie wollte keine Bewunderung für Vashon empfinden, aber sie fand es bewunderswert, daß er Benny geholfen hatte. Aber zumindest wollte sie sich mit diesem Gefühl nicht näher befassen müssen. »Es ist nur richtig, daß dich einer gerettet hat, Benny. Und du bist so eine große Hilfe hier, mehr kann Vashon gar nicht verlangen.«

Benny errötete wieder. Und Aurora war vollkommen hingerissen.

»Ich hoffe, Vashon ist nicht zu böse auf mich wegen Koonga«, sagte er dann.

»Nein, nein! Ich werde mit ihm sprechen, wenn du willst.«

»Danke, Miss.« Plötzlich schüchtern geworden, humpelte er zur Tür.

Aber Aurora war einfach zu neugierig, sie konnte nicht an sich halten, deshalb fragte sie, ehe er ging: »Hast du dein Bein verloren, als du Kaminkehrer warst, Benny?«

»Nein, Miss«, antwortete er offensichtlich völlig unbefangen. »Ich war zwölf, als mein Bein abkam.«

»Ach so«, sagte sie und wollte nicht weiterfragen.

»Vashon hat es getan.«

Sie erstarrte förmlich. Das war wirklich nicht die Antwort, die sie erwartet hatte. »Warum – aber warum sollte er . . .? Ich kann mir nicht vorstellen . . .« stotterte sie und stolperte über ihre eigenen Worte. Ihr Entsetzen steigerte sich noch, als sie sah, wie unbehaglich es Benny nun doch wurde. »Aber natürlich geht mich das nichts an. Ich hätte dich nie fragen sollen Benny. Es tut mir leid. Ich wollte nur –«

Plötzlich kam ihr ein grauenhafter Gedanke. Er war so entsetzlich, daß sie ihn gar nicht zu Ende denken konnte. Aber wie ein Geschwür machte sich das Bild des Grauens in ihr breit, bis sie schließlich doch die Worte aussprechen mußte.

»Er hat es nicht als eine Art von Strafe getan, oder, Benny?« fragte sie zögernd. »Ich meine, ich kann nicht glauben, daß Vashon so etwas tun könnte, besonders nicht einem unschuldigen Kind. Aber da wir alle wissen, daß er ein Pirat ist, und Piraten tun so grauenhafte Dinge –«

»Oh, nein, Miss. Mein Bein war voller rußiger Auswüchse.«

Sie starrte ihn ungläubig an. Sie hatte noch nie davon gehört, daß ein Kind dieses Übel je überlebt hatte. Es handelte sich um die typische Krankheit der Kaminkehrer, und wenn diese Warzen oder Auswüchse einmal entstanden waren, gab es kein Zurück mehr. Sie war unheilbar.

»Was für ein Wunder, daß du überlebt hast«, flüsterte sie.

»Ja, Miss. Das sagte Dr. Sovens auch. Er wollte das Bein nicht amputieren. Er hat mich schon als Fischfutter gesehen, aber Vashon hat es ihm befohlen.«

»Du mußt Schreckliches durchgemacht haben. Und du warst erst zwölf? So ein tapferer kleiner Junge, und du hast Vashon blind vertraut.« Tränen traten ihr in die Augen.

»Ja, Miss«, sagte er ruhig. »Es ist leicht, Vashon zu vertrauen.«

»Ist es das?« Aurora versuchte, ihn die Bitterkeit in ihren Augen nicht anmerken zu lassen.

»Ja, Miss. Als er mich an dem Morgen, an dem das Bein abkommen sollte, besuchte, setzte er sich mit einer Flasche Rum auf mein Bett. Er goß mir ein Glas ein, behandelte mich einfach wie einen Erwachsenen, wie einen Freund. Wir haben die ganze Flasche zusammen ausgetrunken. Und ich kann mich an nichts mehr erinnern. Doktor Sovens hat mir erzählt, daß Vashon mich auf dem Tisch festgehalten hat. Aber ich erinnere mich an gar nichts mehr. Und wissen Sie, Miss, ich glaube, er hat das genauso geplant. Er hat mich stinkbesoffen gemacht, damit ich nichts von alldem mitbekommen würde.«

»Das hat er gut gemacht«, sagte sie mit vor Rührung zitternder Stimme.

»Und darum ist es so leicht, Vashon zu vertrauen. Er tut immer das Richtige.«

Nicht immer! wollte sie ausrufen, und auf die Entführung und daß er sie verführt hatte, hinweisen. Aber als sie in Bennys ausdrucksvolle blaue Augen blickte, wußte sie, sie konnte Vashon nicht schlechtmachen. Bennys Glaube in diesen Mann war absolut. Er würde ihr nicht glauben.

»Danke für deine Offenheit, Benny«, sagte sie. »Es war frech von mir, so neugierig zu sein. Ich hoffe, du vergibst mir.«

Wieder wurde er rot. Dann nickte er. »Wenn Sie sich um Koonga kümmern, wäre ich Ihnen sehr dankbar, Miss.«

Sie blickte auf Koonga. Sie zitterte nicht mehr und war in ihrem Arm eingeschlafen wie ein Baby an der Mutter Brust.

Ein Lächeln glitt über ihre Lippen. »Bald wird es ihr wieder gutgehen«, versicherte sie ihm. »Sie braucht nur ein bißchen Pflege.«

»Vielen Dank, Miss.« Benny lächelte ihr schüchtern zu, dann nickte er mit dem Kopf.

Sie sah ihm nach, als er hinausging, und sah vor sich den Jungen und Vashon, wie sie zusammen die Flasche Rum austranken. Es war ein völlig anderes Bild von Vashon, das sich da vor ihr auftat. Sie hatte ihn kämpfen und töten sehen und . . . gegen ihren Willen tauchte die Erinnerung an die Nacht im Haus des Gouverneurs vor ihr mit aller Klarheit auf . . . ja, sie hatte ihn auch bei der Liebe gesehen. Aber alle diese Facetten seines Charakters kennenzulernen, hatte in ihr den Wunsch, ihn zu bekämpfen, nur noch verstärkt. Sie haßte ihn.

Aber die Vorstellung, daß Vashon den Jungen bis zur Besinnungslosigkeit betrunken gemacht hatte, um ihn zu verschonen, berührte sie, wo sie nicht berührt werden wollte. So sehr sie jenen, der kämpfte, tötete und verführte, auch haßte, sie konnte ihn nicht in Einklang bringen mit dem Mann, der an Bennys Bettkante saß.

Weil das ein Mann war, den sie lieben konnte.

Mirage

19

Allein stand Aurora am Bug des Schiffes und blickte auf das kristallblaue Wasser unter ihr. Die bergigen Inseln St. Kitts und Nevis lagen direkt vor ihnen. Und obwohl es schien, als seien es nur diese zwei Inseln, hatte sie erfahren, daß es in Wirklichkeit drei waren. Was wie eine smaragdgrüne Bergspitze aussah, war tatsächlich die berüchtigte Insel Mirage.

Wenn sie dort ankommen würden, so wußte sie, würde Vashon gnadenlos vorgehen und alles tun, um den Vers zu bekommen, so wie er sie bekommen hatte.

Es war der Zeitpunkt gekommen, etwas zu tun. Sie mußte sichergehen, daß er diesmal nicht gewinnen würde. Sie hatte die ganze Nacht über wachgelegen und darüber nachgedacht. Es war ein sehr großes Opfer, aber es gab keine andere Möglichkeit. Sie mußte ihre Position wahren.

Sie berührte ihr Medaillon. Solange sie es hatte, war die Möglichkeit, daß es in Vashons Hände geriet, sehr groß. Er vermutete ja bereits, daß sie den Vers irgendwo hatte. Und so war es im Grunde nur eine Frage der Zeit, daß er erkannte, daß der zweite Vers im Innern des Medaillons eingraviert war. Wenn er die Kette hatte, er würde ihr alles genommen haben, was sie besaß – ihren Körper, ihre Ehre und ihre Vergangenheit.

Sie zog sich die Kette über den Kopf und strich noch einmal liebevoll über das Medaillon. Sie hielt es fest in der Hand und schloß ihre Augen. Wie bitterlich sie es vermissen würde. Es war ihre letzte Verbindung zu ihrem Vater. Als

Kind war es ihr schon so wichtig gewesen, war es doch das einzige, was wirklich ihr eigen war, was ihr nicht durch die Wohltätigkeit anderer zukam. Nun würde sie es für immer verlieren, in einem Friedhof von glitzerndem Blau. Aber sie mußte es tun.

Sie hielt die Kette über die Reling und schloß wieder die Augen. Sie konnte es nicht mitansehen. Es brach ihr das Herz, aber sie würde es lieber an die See verlieren als an Vashon.

Sie ließ es los. Und in dieser Sekunde umklammerte jemand ihr Handgelenk mit eisernem Griff. Er schob sich rücksichtslos gegen sie und lehnte sich weit über die Reling. Aurora riß die Augen auf.

Neben ihr stand Vashon, mit strafendem Blick. Sie wechselten keine Worte. Er schaute auf die Kette in seiner Hand und betrachtete sie eine ganze Weile prüfend. Sehr bald fand sein Daumen das Häkchen, und es sprang auf, der zweite Vers war offenbart. »Ich hasse dich«, flüsterte sie, als er ihren Arm nahm.

»Offensichtlich«, antwortete er und brachte sie zurück in ihre Kabine.

Aurora würde sich ihr ganzes Leben lang an die Farben von Mirage erinnern. Es waren einfache Farben – grün, blau, gelb und schwarz – aber auf dieser Insel waren sie atemberaubend schön.

Grün waren die Palmen, blau die Karibik, gelb die Sonne und schwarz der vulkanische Sand.

Vashon paßte gut in dieses Farbenspiel. Mirage schien ihn aufzulockern. Es nahm die Spitzen von seinem harten, dunklen Wesen. Wenn er auf seiner Insel war, schien er noch wilder, aber auch entspannter. Er hatte seine dürftigen Versuche, zivilisiert auszusehen, abgelegt und trug nichts als seine weißen Hosen. Es kümmerte ihn nicht, daß man seinen Drachen sehen konnte. Seine Diener kleideten sich besser. Aber wie auch sein Körper unter der karibischen Sonne dunkelbraun wurde, so hörte man ihn auch öfter lachen, und meistens lag ein Lächeln auf seinem Gesicht.

Aurora sah ihn nicht oft. Nachdem die Seabravery angelegt hatte, wurde sie in sein Haus, Dragonard, gebracht und in einem Apartment eingesperrt, weit genug entfernt von Flossie und sogar von Benny. Eine Reihe von Dienern kümmerten sich um ihr Wohl, sie kannte sie nicht. Ihr einziger Freund auf der Welt war in dieser Zeit Koonga, die bei ihr bleiben durfte, um sich von ihrer eigenartigen Krankheit zu erholen.

Dragonard war riesig. Das Haus lehnte an einem Hügel, von dem aus man eine herrliche Aussicht auf die glitzernde schwarze Sandküste hatte. Es war traumhaft schön und elegant eingerichtet.

Aber kein Gefängnis, wie wunderbar es auch sein mag, wird von seinem Gefangenen geliebt. Aurora und Koonga warteten ungeduldig darauf, freigelassen zu werden. Seitdem Vashon ihr Medaillon aufgefangen hatte, hielt er sie so eingesperrt. Er war taub für alles Flehen und Bitten. Nun, wo sie verloren hatte, konnte sie überhaupt nicht verstehen, warum er Flossie und sie nicht gehen ließ. Aber sie vermutete, daß er Schwierigkeiten hatte, den Reim zu entziffern. Sie kannte ihn auswendig, aber immer noch konnte sie keinen Sinn darin erkennen. Was sie Tag um Tag mehr fürchtete, war die Erkenntnis, daß er Flossie und sie womöglich erst freilassen würde, wenn er den Stern von Aran in seinen Händen hielt.

Und doch wollte sie sich immer noch nicht in ihr Schicksal ergeben. Sie versuchte verzweifelt, einen Fluchtplan zu entwickeln. Aber Mirage war nicht viel besser als die Seabravery. St. Kitts und Nevis waren zwar nicht weit entfernt, aber sie würde ein Schiff brauchen, um dorthin zu gelangen. Mirage war Vashons Königreich. Es gab außer seinem Haus nur noch die Häuser des Personals. Hier gab es keine Stadt, niemanden, den man hätte um Hilfe bitten können. Genau wie auf der Seabravery konnte sie nichts weiter tun als warten. Es klopfte an der Tür. Sie erwartete, daß man ihr das Frühstück bringen würde. Aber als ein Diener nach dem anderen hereinkam, die Arme voller Kleider, war sie sprachlos. Sogar Koonga blieb wie angewurzelt auf ihrem Bett sitzen.

»Was ist das, Tsing?« fragte sie den alten Chinesen.

»Missa, Kleidel fül Sie.«

»Für mich?« rief sie aus. »Wie ist das möglich?«

»Vashon vom Schiff nehmen. Vol langel Zeit.«

»Also hat er diese Kleider gestohlen?«

Tsingtsin verbeugte sich. »Ja, Missa.«

»Dann will ich sie nicht!«

»Missa! Missa!« Tsingtsin lief hinter ihr her, als sie zum Fenster ging. »Sie blauchen Kleidel, Missa!«

»Sag ihm, daß ich sie nicht will!« Aurora kochte vor Wut. Koonga, die merkte, wie sehr sich die Stimmung ihres neuen Frauchens verändert hatte, begann zu schreien und sprang aufgeregt auf dem Bett herum.

»Missa –« begann Tsingtsin, aber sie unterbrach ihn.

»Ich möchte von dieser Plünderung nichts. Nimm die Sachen wieder mit«, forderte sie.

»Plündelung . . .« wiederholte Tsingtsin, als sei ihm dieses Wort vollkommen unbekannt.

»Ja, Plünderung«, sagte sie. »Aber davon möchte ich nichts.« Sie ging zu einem anderen Fenster, Tsingtsin folgte ihr auch dorthin.

»Aber Missa, Vashon will nicht, Sie nackt und bloß!«

»Ich versichere dir, doch!«

Sie warf ihm einen drohenden Blick zu. Tsingtsins Augen weiteten sich, als er plötzlich verstand.

»Ist Dilemma!« rief er aus.

»Ja, da hast du recht. Das ist ein großes Dilemma!« wiederholte sie und blickte aus dem Fenster.

»Ich mit Vashon leden. El sagt mil, was mit Kleidel geschehen.«

Aurora wirbelte herum. »Ja, aber sag ihm, daß ich ihm gesagt habe, was er mit seinen Kleidern machen kann!«

»Ich sage ihm, Sie sagen ihm . . .?« Tsingtsin schüttelte seinen Kopf. »Ja, Missa, ich sage ihm.« Er verbeugte sich und nahm die anderen Diener mit.

Aurora wollte sich die Kleider nicht ansehen. Ungefähr eine Stunde lang lenkte sie sich damit ab, ihr Haar zu machen. Aber als sie damit fertig war und Koonga die letzte Banane aus der Obstschale bekommen hatte, dehnte sich der Tag endlos dahin. Und in ihrer Phantasie schien der Kleiderberg zu wachsen und immer weiter anzuwachsen, bis sie ihm nicht mehr aus dem Wege gehen konnte.

Angewidert hob sie eins der Kleider hoch. Natürlich war es sehr schick. Piraten stahlen nicht einfache Leinenkleider, wie sie sie im Heim getragen hatte. Dieses hier war aus wasserblauer Seide, mit Goldumrandung an den Ärmeln und am Ausschnitt. Es sah so aus wie die Kleider, die bei Hofe getragen wurden, hatte kurze Puffärmel, an denen zwei Goldtroddeln hingen.

Aurora ging zum Spiegel und hielt es sich an. Das Kleid würde bestimmt wundervoll an ihr aussehen. Das Gold betonte den aprikosenen Ton ihrer Haut, und das Blau paßte genau zu der Farbe ihrer Augen. Sehnsüchtig betrachtete sie sich. Aber sie konnte das Kleid nicht tragen. Es widersprach allen ihren Vorstellungen von dem, was rechtens war. Und doch konnte sie nicht umhin, mit der Hand über den sündhaft teuren Stoff zu streichen. Es war tausendmal schöner als alle Kleider, die sie bisher gesehen, geschweige denn besessen hatte. Ihr eigenes, heißgeliebtes Kleid, das sie trug, war verglichen mit diesem nichts als ein Sack.

Aber wenn sie auch sonst nichts besaß, sie hatte ihre Prinzipien.

Also legte sie das Kleid auf ihr Bett zurück und wartete auf Tsingtsin, der alles wieder abholen sollte.

»Vashon! Vashon!« rief Tsingtsin von den Wirtschaftsgebäuden her, als er Vashon zum Stall reiten und vom Pferd abspringen sah. Der braune Hengst, den er ritt, glänzte –

nicht vom Schweiß, sondern vom Wasser. Vashon liebte es, am Strand entlang zu galoppieren.

»Vashon!« schrie Tsingtsin wieder. Er rannte auf den Stall zu. »Missa nicht mögen Kleidel! Missa nicht mögen Kleidel! Gloßes Dilemma!«

»Ach nein, sie mag sie nicht« war Vashons einziger Kommentar. Er übergab sein Pferd dem schwarzen Stalljungen.

»Sie mil sagen, nimm Kleid zulück.«

Vashon lächelte.

»Ist gloßes Dilemma! Ich nicht nehmen Kleidel zulück, wenn Sie nicht sagen!«

»Ich kümmere mich selbst darum.« Vashon nahm das Handtuch, das ihm von einem anderen Diener gereicht wurde, und wischte sich das Seewasser vom Gesicht und von der Brust.

»Sie splechen mit Missa?« fragte Tsingtsin.

»Ich spreche mit ihr«, antwortete er.

»Sie eine Sache sagen.«

»Was denn?«

Tsingtsin überlegte einen Moment, wie er die komplizierte Nachricht überbringen sollte. Er schien sich die allergrößte Mühe geben zu müssen, um es richtig hinzubekommen. »Sie sagt, ich sagen, sie sagt, wo Sie Kleidel hintun können.« Er lächelte und verbeugte sich, zufrieden mit sich und der Welt, daß er die richtigen Worte gefunden hatte.

Vashon lachte lauthals. Er blickte zum Haus hinüber, wo Auroras Zimmer waren.

»Sie wollen, ich zulücknehmen Kleidel jetzt sofolt?«

Vashon kicherte. »Danke, Tsing, aber ich denke, die nächste Botschaft werde ich ihr doch besser selbst überbringen.« Er ging zum Haus.

Aurora zuckte erschrocken zusammen, als plötzlich ihre Zimmertür aufgestoßen wurde. Vashon stand auf der Schwelle, halbnackt, seine weißen Hosen sandbespritzt, seine Brust in atemberaubend braungebranntem Kontrast zur Hose. Seit ihrer Ankunft hatte sie ihn zwar vom Fenster aus hin und wieder beobachten können, aber sie hatten sich seitdem nicht gesprochen. Das Lächeln in seinem Gesicht ängstigte sie fast zu Tode.

»Was willst du hier?« fragte sie mutig.

»Nur ein kurzer Besuch«, antwortete er spöttisch. »Tsing behauptet, die Kleider gefielen dir nicht.«

»Wen hast du umgebracht, um sie zu bekommen, frage ich mich«, provozierte sie ihn.

»Nichts dergleichen.« Er lächelte kalt. »Das Schiff kam aus Italien. Ich nahm diese Kleider auf direkten Befehl des Prinzregenten in Besitz.«

»Hast du nicht.«

Er hob eine Augenbraue. »Oh, doch. Der Prinzregent dachte, Prinzessin Caroline sei auf dem Schiff, und wollte, daß sie die Reise nicht . . . überlebt. Ich wußte natürlich, daß Caroline gar nicht an Bord war. Aber da ich so bin, wie ich bin, tat ich, wofür der Prinzregent mich bezahlt hat. Allerdings erlaubte ich der Besatzung, von Bord zu springen. Und du wirst höchst erfreut sein zu erfahren, daß kein Tröpfchen Blut geflossen ist.«

»Ich glaube dir kein Wort.« Aurora lachte. »Deine Geschichten widersprechen sich. Will der Prinzregent dich hängen sehen, oder will er dich adeln? Und wer bitte sollte dir abnehmen, daß der Prinzregent versucht, die Prinzessin von Wales umzubringen?«

Vashon zögerte und legte seine Hand auf die Brust, als sei er überrascht, daß sie ihn so etwas fragen könne. »Aber es ist so. Das nächste Mal, wenn ich ihn treffe, werde ich ihn bitten, es mir schriftlich zu bestätigen. Das wird er sicher tun, wenn es für dich ist.«

»Wie liebenswürdig«, gab sie sarkastisch zurück. »Und ich vermute, als nächstes wirst du mir erzählen, daß diese Kleider eigentlich der Prinzessin gehören.«

»Also, nicht ganz. Nachdem die Prinzessin . . . unverhofft in Genua auftauchte, bestellte der Regent diese Kleider für sie und schickte sie zum Comer See. Die Prinzessin wollte sie nicht. Ich bin sicher, du siehst, warum.«

»Nein. Tut mir leid. Ich sehe das nicht«, sagte sie, allmählich immer verärgerter über diese lächerliche Geschichte.

»Sie sind etwas zu geschmackvoll für sie. Und, vielleicht sollte ich das hinzufügen, ein wenig zu klein.«

Sie starrte ihn an. Sie hatte gehört, daß die Prinzessin ... beleibt war. Und daß ihr Geschmack eher dem einer Zirkusartistin entsprach als dem einer zukünftigen Königin. Aber seine Geschichte war lächerlich! Einfach unmöglich! Er führte sie an der Nase herum. Und wenn sie darauf reinfiel, würde er sich halb totlachen.

»Ich werde dir nie glauben. Es tut mir leid.« Nervös sah sie, wie er auf sie zukam.

»Was du sagst, ist eigentlich nichts anderes, als daß du lieber glauben würdest, ich habe diese Kleider von einem brennenden Schiff ... genommen.« Er stand dicht vor ihr, und sie machte einen Schritt zurück.

»Ich nahm sie von einem Schiff, das ich geplündert habe, nachdem ich die feine Lady, der die Kleider gehörten, vergewaltigt und gefangengenommen habe.« Er folgte ihr, Schritt für Schritt. Sie kam bis zum Schreibtisch. Er hinterher. Sie drückte sich daran vorbei und kam bis zum Bett. Er hinterher. Sie lief zur Tür. Und er fing sie.

Er lachte. »Du bildest dir ein, ich habe alles, was ich besitze, gestohlen und dafür auch noch getötet.« Er zog sie zum Bett. Sie kämpfte gegen ihn wie eine wilde Katze. »Genau das denkst du, stimmt's?« Er hob sie an der Taille hoch, damit sie ihn Auge in Auge ansehen mußte. »Du hältst mich für eine Art von Monster. Für einen Pirat, der mordet, vergewaltigt und stiehlt, bis zum Halse in Geplündertem und Blut watend.«

Sie sah ihn an. Und obwohl sie sich so fest vorgenommen hatte, sie zu verdrängen, kam ihr die Nacht in Grand Talimen wieder in Erinnerung. Ihm so nahe zu sein, so verzweifelt nahe, daß sie gezwungen war, daran zu denken, wie sie seine rauhe Zärtlichkeit genossen hatte. Das brachte ihre Wut zum Überlaufen.

»Genau das bist du!« schrie sie.

Er warf sie auf den Stoß Kleider auf ihrem Bett und hielt sie fest. Ein düsteres Lächeln spielte um seine Lippen. »Dann sollten wir Pirat spielen, ja?« flüsterte er.

Sein Mund beugte sich zu ihr hinab, er versuchte, sie zu küssen.

»Du hast geschworen, mich nie wieder anzufassen«, sagte sie mit zornfunkelnden Augen.

»Aber Liebes, wir müssen doch unsere Lektion lernen. Piraten lügen.«

Sie keuchte. »Du tust das nur, um mir angst zu machen!«

»Und es funktioniert.« Er lächelte und versuchte es weiter. Aurora warf ihren Kopf von einer Seite auf die andere, um seinen Lippen auszuweichen. Er lachte nur wie ein Wahnsinniger. Wütend biß sie in seine Hand.

Er riß die Hand schmerzerfüllt zurück, und sie konnte sich endlich befreien. Sie setzte sich auf und schubste ihn einfach weg, wütend, daß er sie dazu gezwungen hatte, sich wie eine Wilde zu benehmen.

»Das hast du verdient.«

»Vielleicht.« Er stand auf und streckte seine Hand aus, um ihr vom Bett zu helfen.

Sie starrte sie an, unsicher, ob sie ihm trauen konnte. Aber ein Blick in seine Augen bestätigte ihr, daß er sich wie ein Gentleman benehmen würde.

Mit seiner Hilfe stand sie auf und strich ihren zerknitterten Rock glatt. Als sie aufschaute, stellte sie mit Erleichterung fest, daß er sie mit ernstem Gesicht ansah. Es war klar, er wollte sein Versprechen, sie in Ruhe zu lassen, halten. Und darüber war sie mehr als glücklich, sagte sie sich. Aber sie war überrascht, wie leer sie sich fühlte, als sie von ihm ging.

»Warte.« Er nahm ihren Arm.

Sie drehte sich um.

»Dein Haar . . . es ist . . . durcheinander.« Er strich ihr das

Haar aus dem Gesicht, und seine Finger spielten mit einer widerspenstigen Locke. Bevor sie sich besann, streckte sie ihre Hand aus und berührte seine.

Sie starrten einander eine Weile an. Widerstand und Verlangen mischten sich in seinen Augen. Sie wußte, er wollte sie küssen, und sie wußte, er kämpfte genauso dagegen an wie sie. Sie öffnete ihren Mund, um etwas zu sagen, aber bevor sie ein Wort sagen konnte, fanden seine Lippen ihre in einem heftigen, heißen Kuß.

Sie wollte fort, aber er besaß eine Macht, die sie willenlos werden ließ. Sie wurde schwach, ihr Herz klopfte wie verrückt, als er sie langsam aufs Bett legte. Sie stöhnte, haßte ihn, wollte ihn. Das Feuer in seinem Kuß brachte jeden Wunsch nach Flucht oder Gegenwehr zum Erliegen. Sie öffnete ihre Lippen und ließ ihn ein. Sie schmeckte das Salz auf seinen Lippen, seine Zunge fühlte sich an wie Samt. Er streichelte sie. Sie fürchtete seine Berührung, und gleichzeitig sehnte sie sich so sehr danach. Viel größer war ihr Verlangen als die Stimme in ihr, die ihr sagte, sie solle es lassen. Es war ein Kampf in ihr, und irgendwie schien er das zu spüren. Sein Kopf kam hoch, er schaute sie einen Moment an, dann ließ er sie los.

Aurora setzte sich auf. »Tu das nie wieder«, rief sie. »Nie wieder, hörst du mich?«

Er hatte sich auf dem Sofa gemütlich niedergelassen. »Du willst dir wohl schmeicheln.«

»Ich schmeichle mir nicht.« Er lächelte nur. »Was willst du überhaupt?« fragte sie. »Warum bist du heute hierher gekommen? Doch bestimmt nicht wegen der Kleider.«

Er antwortete nicht.

Ein blasierter Ausdruck kam in ihr Gesicht. »Du kannst mit dem Reim nichts anfangen?«

»Nein.«

Wenigstens war er ehrlich. »Und du willst, daß ich dir helfe. Du meinst, ich sei in der Lage, die Verse zu entschlüsseln.«

Er antwortete nicht.

Und sie war höchst erfreut. »Du solltest wissen, daß ich mir geschworen habe, jede mögliche Information den Stern betreffend für mich zu behalten. Aber, falls dich das erleichtert, Vashon, ich kann mit dem Reim auch nichts anfangen.« Sie grinste. »Aber wenn ich doch eine Idee habe, wirst du der Letzte sein, der davon erfährt.«

Er lächelte schwach. »Getroffen.«

Koonga hob plötzlich ihren Kopf vom Kissen. Aurora blickte auf. Und der kleine Affe sprang ihr in die Arme.

»Wie ich sehe, geht es ihr besser«, sagte er.

»Ja. Sie muß nur noch ein bißchen bemuttert werden.«

»Also, vielleicht solltest du mir doch besser mehr über diesen blöden Reim sagen, oder ich behalte dich hier so lange, daß der Affe der einzige bleibt, den du je wirst bemuttern können.«

Sie hob spöttisch die Augenbrauen. »So lange?«

»Mindestens hundert Jahre.«

»Und was ist mit Flossie?«

»Flossie wird Ende der Woche nach Hause zurückkehren. Ich habe hier noch ein anderes Schiff liegen, die Resolute. Und sobald alles gerichtet ist, segelt sie nach St. George.«

Aurora biß sich auf die Unterlippe. Wie konnte sie es nur anstellen, auch auf die Resolute zu kommen – als blinder Passagier. Sie mußte einfach entkommen, oder sie würde noch verrückt werden.

»In Gedanken schon der kleine blinde Passagier, was?« Er blickte sie spöttisch an. »Also, um das klarzustellen, kleines Mädchen, du wirst nicht fortkönnen. Ich brauche dich hier, um den Stern zu finden.«

»Du solltest mich mit Flossie reisen lassen, Vashon. Ich werde dir bestimmt nichts sagen. Und du kannst mich auch nicht dazu zwingen. Du hast schon . . . das Schlimmste getan.«

Er lächelte. »Es gibt noch ganz andere Arten, es zu tun. Welche, die nicht so zärtlich sind. Sollen wir das vielleicht mal ausprobieren?«

Schnell blickte sie weg. Immer wieder war sie von seiner Brutalität schockiert.

Vashon ließ einen langgedehnten, ungeduldigen Seufzer ertönen. »Ich merke, du planst noch immer, gegen mich zu kämpfen. Und das muß ich dir zugestehen, Aurora, du kämpfst gut. Aber«, sagte er mit Nachdruck, »ich werde nicht zulassen, daß du gewinnst. Ich werde diesen Stern finden. Und du wirst mir dabei helfen. Warum also erzählst du mir nicht gleich, was du weißt? Wenn du es tust, bist du vielleicht schon im Winter in St. George.«

»Ich helfe keinen gewöhnlichen, plündernden Piraten.« Sie blickte Vashon immer noch nicht an.

»Gut.« Er stand auf und ging zur Tür. Dann, als habe er etwas vergessen, blieb er stehen. »Nur um dich vorzuwarnen. Ich habe beschlossen, daß wir heute abend zusammen essen. Ich weiß noch nicht genau, welche Methode ich wählen werde, um dich zum Sprechen zu bringen. Aber bis dahin werden wir das Essen gemeinsam einnehmen, um mir von dir ... sagen wir ... die Langeweile vertreiben zu lassen. Trag ...« Er warf einen Blick auf den Kleiderberg auf ihrem Bett. »Trag dieses«, sagte er und deutete auf das wasserblaue Kleid mit den Goldverzierungen, das obenauf lag.

»Nein«, rief sie. »Diese Kleider sind alle viel zu tief ausgeschnitten. Ich werde sie nicht anziehen.«

Sein Blick fiel auf ihren Busen, dann auf ihr Gesicht. »Nun, da du mir ja bewiesen hast, daß du keinen Büstenhalter brauchst, schlage ich vor, du beweist es der Welt. Sei um acht fertig. Wenn du bis dahin nicht angezogen bist, werde ich das in meine Hände nehmen. Ich freue mich schon jetzt darauf.«

Er grinste und blickte noch ein letztes Mal auf ihren entrüstet bebenden Busen. Nachdem er gegangen war, griff sie nach dem ersten besten, das ihr in die Hände fiel, einer kostbaren Tischglocke, und schleuderte sie gegen die verschlossene Tür.

20

Fünf Minuten vor acht klopfte es. Aurora öffnete die Tür. Tsingtsin stand davor, nicht Vashon, mit einer Reihe von Lederschachteln in der Hand.

»Missa, Vashon sagen, Ihnen das übelgeben.« Er reichte ihr die Schachteln. Mit einer höflichen Verbeugung verabschiedete er sich und zog die Tür zu, ohne zu vergessen, sie sicherheitshalber abzuschließen.

Resigniert machte sich Aurora das Haar zurecht. Sie trug das blaugoldene Kleid. Natürlich hatte sie lange darüber nachgedacht, ob sie es anziehen sollte. Um genau zu sein, den ganzen Nachmittag über war sie grübelnd durch ihr Zimmer gelaufen. Und am Ende war sie zu dem Entschluß gekommen, daß sie Vashon nicht reizen wollte. Immerhin gab es vielleicht noch eine Chance, daß er sie doch mit Flossie würde gehen lassen. Und außerdem glaubte sie ihm nur zu gern, daß er es ihr persönlich anziehen würde. Und diesen Gefallen wollte sie ihm nun wirklich nicht tun!

Sie blickte in den Spiegel und versuchte wieder, den tiefen quadratischen Ausschnitt hochzuziehen. Nie in ihrem Leben hätte sie für möglich gehalten, daß sie sich einmal in aller Öffentlichkeit so zeigen würde. Das Kleid war einfach perfekt geschnitten und saß wie angegossen, aber es war ganz entschieden – und sie vermutete, auch mit voller Absicht – zu gewagt. Ihre Brüste quollen fast heraus.

Sie ging zum Sofa und zog sich die weißen Schuhe an, dann die weichen Glacéhandschuhe, die ihr bis zu den Ellenbogen reichten. Schließlich, als sie fertig war, fiel ihr Blick auf die Lederschachteln auf ihrem Bett. Sie ging hinüber und öffnete sie, eine nach der anderen. Es waren wirkliche Schätze, die schönsten Schmuckstücke, die man sich denken konnte. Rubinohrringe, lange Goldketten mit goldenen Parfumflakons, Diademe. Juwelen aller Art.

Es klopfte. Sie hörte den Schlüssel in der Tür, und schon stand Vashon im Zimmer. Wie unverschämt gut er aussah! Wie immer war er zurückhaltend angezogen. Nie hätte man ihn für einen Piraten halten können.

Offensichtlich war er angetan von dem, was er sah. Aurora hatte eigentlich erwartet, daß er triumphieren würde, weil sie seinen Wünschen Folge geleistet hatte. Aber er wirkte eher verwirrt.

»Du machst dem Kleid alle Ehre, Liebes«, sagte er mit leiser Stimme.

Sie wurde rot. Wenn er sie ›Liebes‹ nannte, hörte sich das so verführerisch aus seinem Mund an. Und sie überkam ein eigenartiges, aber nicht unangenehmes Gefühl.

»Sollen wir gehen? Ich habe gehofft, daß du mir nach dem Essen einen Besuch bei Flossie erlauben wirst«, sagte sie.

»Schon jetzt ängstlich bedacht, meiner Gesellschaft zu entkommen.«

Sie antwortete ihm mit einem scharfen Blick. Und Vashon brach in schallendes Gelächter aus.

»Also gut, ich bringe dich zu Flossie. Nach dem Essen. Aber wo sind Ihre Juwelen, Prinzessin? Gefiel Ihnen keines?«

Er führte sie an der Hand zum Bett. Er nahm verschiedene Stücke in die Hand und reichte sie ihr.

»Nein, wirklich, Vashon. Ich kann keinesfalls diese . . .« begann sie hilflos.

»Wie wär's damit?« Vashon reichte ihr ein Paar außergewöhnlich lange Diamantohrringe.

»Nein, nein. Ich kann so etwas nicht tragen.«

Er blickte auf ihre jungfräulichen Ohrläppchen und warf den Schmuck wieder aufs Bett.

»Vashon, wirklich. Ich möchte diese Juwelen nicht tragen.«

»Ich habe niemanden umgebracht, um sie zu bekommen, wenn es das ist . . .«

»Ich glaube es dir«, antwortete Aurora. »Aber trotzdem, diese Dinge sind nichts für mich. Ich trage das Medaillon meines Vaters. Aber ich würde komisch mit diesem Schmuck aussehen. Noch komischer als in diesem Kleid.« Nach diesem Geständnis schämte sie sich, Vashon anzusehen. Aber es entsprach der Wahrheit. Sie war nicht die Prinzessin von Wales. Sie war ein Mädchen, das in einem Waisenhaus aufgewachsen war. Sie war arm. Und dieser schwere königliche Schmuck paßte einfach nicht zu ihr.

Er schaute sie mit diesem durchbohrenden Blick an. Dann betrachtete er die Juwelen in seiner Hand. Er warf sie zu den anderen aufs Bett. »Dieser Plunder muß wirklich sehr vulgär an dir aussehen.«

Er ließ sie gar nicht zu Worte kommen. Aurora dachte, er sei verärgert, doch er tat plötzlich etwas sehr Eigenartiges. Er streichelte ihre Wange und nahm langsam die Nadel aus ihrem Haar. Sie war viel zu schockiert, um es ihm zu verwehren. Und bald fiel ihr Haar locker und fließend wie ein goldroter Wasserfall an ihrem Rücken hinunter.

»Sie kommen mir plötzlich sehr vulgär vor«, flüsterte er, bevor er ihr einen zärtlichen Kuß auf den Mund gab. Dann fiel sein Blick tiefer, auf ihr Kleid, und er lächelte ein schlaues, etwas schiefes Grinsen. »Aber sag, daß du die Kleider tragen wirst, Aurora. Ach, du siehst wirklich bezaubernd aus . . .«

Sie dachte, er würde sie wieder küssen, aber er überraschte sie wieder. Er trat zur Seite, um sie vorbeizulassen. Verblüfft wandte sie sich ihm zu, aber er verbeugte sich nur und wies zum Ausgang ihres luxuriösen Gefängnisses. Sie dinierten auf der Marmorterrasse, von der aus man die schönste Aussicht auf Dragonards einzigartigen schwarzen Strand hatte. Während sie aßen, wurde die Karibik in ein tiefes türkisfarbenes Zwielicht getaucht, am Horizont ging langsam die Sonne unter. Ein leichter, sanfter Wind brachte den Duft reifer Orangen.

Ihr Essen war außergewöhnlich gut. Vashon saß ihr gegenüber. Er sprach an diesem Abend nicht mehr von dem Stern, als wolle er die Stunden mit ihr nicht dadurch vergiften.

»Flossie wird sich wundern, wo ich bleibe. Ich muß gehen«, verkündete Aurora plötzlich.

»Flossie weiß gar nicht, daß du kommst. Setz dich«, kommandierte Vashon. Aurora gehorchte.

»Wir sind noch nicht fertig.« Vashon blickte auf. Tsing brachte einen Brandy und für Aurora eine Tasse Tee. Sie fragte sich, wann dieses endlose Abendessen vorbei sein würde. Ihr erschien es wie Stunden, daß sie jetzt schon hier saßen. Aber gerade als sie darüber nachdachte, zog Vashon etwas aus seiner Westentasche und warf es ihr zu.

Sie blickte auf den Tisch. Dort lag ihr Medaillon. Langsam nahm sie es auf.

»Du gibst es mir zurück?« fragte sie.

»Ich sollte nicht. Letztlich ist es meins.«

»Ist das deine Art, Diebstahl zu rechtfertigen?«

Er lächelte und trank seinen Brandy. »Weißt du, Aurora, ich habe mir nie vorstellen können, daß du so eigensinnig sein kannst.«

»Es war mir stets eine Freude, glaub mir.«

»Aber jetzt bin ich in einer verzwickten Lage. Ich brauche deine Hilfe, um das Rätsel zu lösen. Deshalb muß ich dich mit Honig umschmeicheln oder« – er blickte versonnen in sein Glas – »soll ich dich wie eine Blüte unter meinem Stiefel zertreten?«

Sie starrte ihn an, ihre Augen dunkel vor Angst.

»Ist großes Dilemma«, flüsterte er ihr mit den Worten Tsingtsins zu.

Sie wandte ihren Blick ab. Obwohl es so warm draußen war, überkam sie ein Frösteln. Wie konnte sie sich nur in Gegenwart dieses Mannes so wohl fühlen, wo er doch im Grunde ein so schlechter Mensch war? Manchmal vergaß sie direkt, wer er war und was er ihr angetan hatte. Und dann wieder sagte oder tat er etwas, das sie nur zu klar daran erinnerte.

»Wie, denkst du, wirst du mich zerbrechen?« fragte sie.

»Ich würde es nicht gern tun«, sagte er, und diesmal

glaubte sie ihm sogar. Aber das würde noch lange nicht heißen, daß er es nicht trotzdem tun würde.

»Wenn du an so etwas wie die Nacht im Haus des Gouverneurs denken solltest, machst du dir falsche Hoffnungen«, flüsterte sie mißtrauisch.

Ihre Blicke trafen sich. »Wenn dich diese Nacht schon umgeworfen hat . . . nun, sie könnte dir in Zukunft vielleicht vorkommen wie ein Spaziergang im Park.«

Er meinte es ernst. »Du drohst mir mit Vergewaltigung?«

»Ich möchte dir überhaupt nicht drohen. Ich möchte nur den Smaragd und das Mittel, ihn zu finden. Und unglücklicherweise bist du das Mittel.«

Sie schwieg.

Er lehnte sich in seinem Stuhl zurück und verschränkte seine Arme über der breiten Brust. »Woran denkst du, Aurora? Denkst du an ein Einlenken? Verhandelst du schon in Gedanken mit mir?«

Sie warf ihm einen ärgerlichen Blick zu. »Bestimmt nicht«, erwiderte sie hastig. »Sogar die Dümmsten wissen, daß man mit Piraten nicht verhandeln kann.«

Er lachte. »Ja, ich sehe direkt schon vor mir, wie unsere strenge, biedere Miss Dayne einen Pakt mit dem Satan schließt.« Er nahm noch einen Schluck und lachte weiter vor sich hin. Seine Laune schien immer besser zu werden. »Weißt du, Aurora, ich habe dir, glaube ich, noch nie erzählt, daß du mich an jemanden erinnerst. An jemanden, den ich früher sehr geschätzt habe.«

»Und wer war das?« fragte sie mäßig neugierig. Wen konnte ein Pirat schon achten? – Doch höchstens seinesgleichen.

»Ihr Name war Miss Prendergast. Old Prinny nannten wir sie. Sie war meine Gouvernante – eine strenge Lehrerin, der ich viel Kummer machte.« Vashon lächelte bei der Erinnerung an seine Kinderzeit. »Aber trotz der vielen Kröten unter ihrer Bettdecke und den Spinnen auf ihrem Schreibtisch hat sie bis zum bitteren Ende versucht, mich zu bessern. In Wahrheit waren wir richtig prima Freunde. Und ich glaube, daß sie in ihrem Innersten meine Wildheit bewunderte, so wie ich ihre Toleranz mir gegenüber – und diese war tatsächlich grenzenlos.« Er schien mit seinen Gedanken weit fort zu sein, als ob er alle Einzelheiten noch einmal durchlebte. Aber nach einer Weile blickte er sie wieder an. »Ja, ganz entschieden erinnerst du mich an sie, Aurora. Sie war auch so eine kleine steife Jungfer. Sogar meine Mutter empfand das so.«

Aurora war sprachlos. Immer wieder hackte er darauf herum. Und dann – eine Gouvernante? Dieser schwarzhaarige Halbwilde, der hier vor ihr saß, sollte früher eine Gouvernante gehabt haben? Sie konnte sich das kaum vorstellen. »Ich verstehe wirklich nicht ... ich meine ... wie kannst du ... ein ...?«

»Jemals ein anderes Leben gehabt haben, als das, was ich jetzt führe?« beendete er den Satz für sie.

Sie nickte.

Sein Gesicht wurde hart, die Augen kalt. »Also, ich hatte es. Ich hatte ein sehr zivilisiertes Leben. Bis ich dreizehn wurde.«

»Was ist da geschehen?« flüsterte sie.

Ein grimmiges Lächeln umspielte seine Lippen. »Hast du je von dem Begriff ›weiße Sklaverei‹ gehört?«

Sie war kaum fähig, die nächste Frage logisch zu formulieren. »Was hat das mit dir zu tun?«

Er nagelte sie mit seinem Blick förmlich fest und schien nur sehr widerwillig zu sprechen, als ob das, was er sagen mußte, zu grauenhaft war, um es in Worte zu fassen: »Ich, meine Liebe, war eine höchst begehrte Ware.«

Angewidert senkte Aurora ihren Blick. Ihr war elender zumute als bei der Geschichte, die sie über den Mann in der Casbah gehört hatte. Obwohl Mrs. Bluefield versucht hatte, in dem Heim eine möglichst vornehme Atmosphäre herrschen zu lassen, sickerten doch die sozialen Krankheiten ein. Wenn man so ein Waisenhaus leitete, war man hilflos vertraut mit den vielen Arten, mit denen Erwachsene ihre Kinder mißhandelten. Sie wußte nur zu gut, was Vashon umschreiben wollte.

Gegen ihren Willen füllten sich ihre Augen mit Tränen. War diese Suche nach dem Stern von Aran die Rache für das, was ihm als Kind geschehen war? War Peterborough vielleicht dafür verantwortlich gewesen?

Die Fragen blieben unbeantwortet. Aber sie hatte dennoch das Gefühl, daß sie einen Teil von ihm jetzt verstehen konnte. Dieser verwöhnte Junge von dreizehn, von dem er gesprochen hatte, der Junge, der eine Gouvernante hatte, eine Mutter und sogar einen Koch, war plötzlich nach Algier verschlagen worden. Und dort war er nicht nur gezwungen gewesen, um sein Leben zu kämpfen, sondern auch um seine ganz elementare Menschenwürde. Sie konnte sich vorstellen, daß so etwas einen Menschen verhärten konnte, daß er grausam dabei werden konnte. Und wie das den Mann aus ihm machen konnte, der ihr jetzt gegenüber saß.

Sie blickte auf, und ihre Augen trafen sich. Obwohl ihr der bloße Menschenverstand sagte, daß sie sich innerlich raushalten mußte, konnte sie ihre Gefühle für ihn nicht unterdrücken. Als er ihr Gesicht sah, wurde er kühler und ihr Schmerz um ihn noch tiefer.

»Meine Geschichte bewegt dich, ja?« fragte er und schien ein äußerst leidenschaftsloses Interesse für ihre Tränen zu entwickeln.

»Ich wäre kein Mensch, wenn es nicht so wäre«, antwortete sie.

»Du hast eine seltene und liebe Seele, Aurora. Es macht mir Sorge, wie verletzlich dich das macht.«

»Verletzlich?«

Er blickte zur Seite. Langsam sagte er: »Ich möchte den Smaragd. Ich . . .« Er machte eine Pause. »Ich glaube wirklich, ich werde irgend etwas tun, um ihn zu bekommen. Ich flehe dich an. Hilf mir. Erzähle mir alles, was dir einfällt. Fordere mich nicht heraus.«

Wieder rann ihr ein Schauder über den Rücken. Egal, wie sehr ihr Herz um diesen dreizehnjährigen Jungen blutete, sie mußte sich darüber klar sein, daß es ihn nicht mehr gab und daß der Drache seinen Platz eingenommen hatte.

Sie wischte sich die Tränen mit einem Taschentuch fort. »Du tust dir selbst keinen guten Dienst, mich auf diese Weise unter Druck zu setzen und zu bedrohen.«

»Ich will dich nicht bedrohen. Ich will nur den Smaragd.«

»Aus Rache an diesem Peterborough? Hat er dich aus deinem Zuhause gerissen?«

Vashon antwortete nicht.

Sie nahm einen tiefen Atemzug. »Vashon, Rache nützt dir nichts und macht nicht das Geringste ungeschehen.«

Er hätte sie schlagen können, aber er versteckte seinen Zorn unter einer Fassade bewundernswerten Charmes. Er saß einfach da und blickte in sein Glas. »Na gut, Aurora. Ich kenne nun deine Position.« Er schaute auf. »Aber Rache nützt eher viel, wenn es alles ist, was du hast. Und ich werde meine Rache an Peterborough haben.«

»Dann bemitleide ich Sie, Sir.«

Ihre Blicke trafen und verfingen sich. Schweigsam stand Vashon auf. Er reichte Aurora den Arm, und sie machten sich auf den Weg zu Flossies Zimmern.

Wie ermutigend und aufmunternd war es, endlich einmal wieder mit Flossie zusammenzusein. Die Witwe sah sogar noch besser aus als beim letzten Treffen, fand Aurora. Sie hatte etwas Leuchtendes in ihrem sonnengebräunten Gesicht. Wirklich, Aurora fand, daß Flossie wunderbar aussah. Und sie hatte den eigentümlichen Verdacht, daß dies unmittelbar mit Isaac zu tun hatte.

Ihr Besuch war kurz. Aurora konnte sich auch nicht entspannt mit Flossie unterhalten, solange Vashon dabei war. Und sie vermutete, daß es der Witwe genauso ging, denn sie warf hin und wieder einen Blick auf ihn. Er hatte sich schweigend auf einem Stuhl niedergelassen. Als sie sich alles gesagt hatten, was eben in seiner Gegenwart gesagt werden konnte, umarmte Flossie ihre junge Freundin und flüsterte ihr ins Ohr, daß sie Mirage niemals ohne sie verlassen würde. Aurora nickte nur hilflos, obwohl sie glaubte, daß Flossie wohl gar keine andere Wahl haben würde.

Als sie zurückgingen, konnte Aurora an nichts anderes als die Resolute denken, und sie grübelte und grübelte, wie sie wohl auf das Schiff kommen und entfliehen könne. Sie war so tief in ihre Gedanken versunken, daß sie Vashon gar nicht hörte. Erst als er nach ihrer Hand griff und sie an seine Brust zog, war sie dazu gezwungen aufzuwachen.

»Was bewegt dich so, daß du nicht einmal aufschauen kannst, wenn ich mit dir spreche?« hänselte er.

»Wenn du Flossie allein nach St. George zurückschickst, wirst du bald merken, daß sie nach dir suchen lassen wird.«

»Ja, ich vermute, daß sie das tun wird.«

»Und du bist nicht in Sorge deshalb?«

»Meinst du allen Ernstes, sie würden ihr glauben?«

Aurora zögerte. »Sie ist sehr angesehen dort. Warum sollten sie ihr nicht glauben?«

Er lächelte. »Es ist eine ziemlich phantastische Geschichte, findest du nicht? Eine Frau in ihrem Alter, versehentlich entführt auf eine Insel, die auf den meisten Karten nicht einmal existiert . . . Und einmal angenommen, sie würden ihr glauben, warum sollten sie Hunderte von Meilen über den Atlantik segeln, nur um einen Mann zur Rechenschaft zu ziehen, der die Höflichkeit besessen hatte, sie sicher wieder nach Hause zu bringen, als er sein Versehen einsah?«

»Sie wird ihnen von mir erzählen. Und man wird mich retten wollen.«

»Werden sie das?« Er hob eine Augenbraue.

»Warum nicht? Ich bin ein unschuldiges Opfer.«

»Nicht mehr ganz so unschuldig.«

Sie blickte ihn an, eine heiße Sekunde lang, dann wandte sie sich schnell wieder ab. Sie wollte ihm nicht die Freude bereiten, darauf zu antworten.

»Ich werde dir sagen, was geschehen wird. Flossie wird melden, daß du entführt worden bist. Das erste, was sie machen werden, wird sein, mit London Kontakt aufzunehmen, um zu sehen, ob dort ein junges Mädchen namens Aurora Dayne vermißt wird. Und was werden sie herausfinden? Vermißt dich John Phipps, kleines Mädchen?«

Ihr Gesicht nahm einen besorgten Ausdruck an. Niemand suchte oder vermißte sie.

»Soll ich dir morgen Mirage zeigen?« fragte er mit weicher Stimme.

»Wenn du mir deine Insel zeigst, könnte ich dann nicht fliehen?«

»Ach, aber ich liebe das Prickeln der Jagd.«

Er wollte ihr verspielt übers Haar streichen. Aber sie trat pikiert beiseite und stellte fest, daß sie an ihrer Tür angekommen waren.

»Ich möchte, daß du mit mir frühstückst. Ich werde Tsing schicken, damit er dich abholt«, sagte Vashon.

»Ich nehme mein Frühstück in meinem Gefängnis ein, danke.«

Sie öffnete die Tür, und sofort rannte Koonga ihr entgegen und sprang ihr in die Arme.

»Aurora.«

Sie drehte sich um.

»Du wirst das Frühstück mit deinem Kerkermeister einnehmen. Sei fertig, wenn Tsing kommt.« Zu Auroras Überraschung warf er ihr den Türschlüssel zu. Fragend blickte sie ihn an. Er warf ihr ein sardonisches Lächeln zu. »Geh, wohin du willst. Jeder Weg führt hierher zurück. Außerdem würde ich dich gern mal nach einer in den Mangroven verbrachten Nacht sehen. Wir haben Tierchen hier im Paradies, von denen man nur träumen kann.«

»Das werden wir noch sehen«, gab sie frech zurück und fühlte sich schon im Vorteil, jetzt, wo sie den Schlüssel besaß. Sie würde nicht zulassen, daß er ihr Angst einjagte. Ihr Kopf war schon wieder voller Pläne. Sie konnte zum

Hafen laufen und sich verstecken, dann als blinder Passagier entkommen. Oder sie konnte einen Diener anflehen und ihn dazu bewegen, ihr zu helfen. Mit dem Schlüssel gab es ja so unendlich viele Möglichkeiten.

»Dann schlaf schön, Liebes.« Vashon grinste und sah zu, wie sich Aurora in ihr Zimmer zurückzog.

Als die Tür geschlossen war, ließ sie sich dagegen fallen. Koonga schnatterte aufgeregt, als ob sie sagen wolle, daß sie sie vermißt habe. Aber Aurora war mit ihren Gedanken woanders. Sie warf den Affen auf ihr Bett und setzte sich selbst ans Ende der Matratze. Koonga schrie, und sie ging zu ihr, um das Tierchen in den Arm zu nehmen. Und da sah sie es: Eine glänzende rote Kreatur, mehr als fußlang, sauste unter dem Kissen heraus direkt auf sie zu.

Aurora stieß einen ohrenbetäubenden, schrillen Schrei aus und riß Koonga an sich. Sie war schon zum äußersten Ende des Zimmers gerannt, als Vashon, zu Tode erschrokken, hereingestürmt kam.

»Da drüben!« schluchzte sie und zeigte aufs leere Bett.

Er blickte sich suchend um.

Er konnte nichts sehen.

»Mein Gott, tu etwas! Es war gruselig!«

»Es?« fragte er, plötzlich ganz ruhig.

»Es war das ekelhafteste, schlimmste – Vieh«, stotterte Aurora und preßte Koonga an ihre Brust.

»Und wie sah es aus?« fragte er.

»Es war eine riesige rote – Schlange. Mit Beinen!«

Plötzlich lachte er.

»Was ist daran so komisch?« fragte sie. »Es hat mich fast umgebracht!«

»Also, wenn das ein Trost ist, es hat dich nicht umgebracht. Hat es dich gestochen?«

Sie schüttelte den Kopf.

»Den Affen?« Er wies mit dem Kopf auf Koonga.

»Ich – ich glaube nicht.« Aurora war außer sich. »Guter Gott, was war das?«

»Ein Hundertfüßer. Ein Stich würde dich nicht töten. Allerdings, wenn du in ein Nest trittst . . .«

»Ein Nest! Du meinst, ich habe ein Nest von diesen widerlichen Tieren in meinem Zimmer?«

»Wahrscheinlich nicht. Sie kommen von draußen rein. Habe ich dir nicht den Schlüssel zu deinem Zimmer gegeben? Ich möchte dich wirklich nicht hier festhalten, wenn du gern ein wenig draußen rumlaufen willst.«

Sie blickte ihn an – und brach prompt in Tränen aus. Ihr Benehmen war unverzeihlich, einfach blöd, aber dieser grauenhafte Hundertfüßer hatte sie wirklich hysterisch gemacht. Sie zitterte immer noch.

»Komm schon«, beruhigte er sie und ging auf sie zu. »Es ist nicht so schlimm. Ich bin sicher, wenn du dich entschließen solltest, heute nacht die Insel zu durchstreifen, wirst du ein paar Hundertfüßern begegnen. Geh einfach nicht zu nah ans Zuckerrohr.«

»Du gemeiner Kerl! Wahrscheinlich hast du mir dieses ekelhafte Viech ins Bett gelegt. Darum hast du mir den Schlüssel gegeben.«

Er lachte. »Ich habe ihn nicht dorthin getan. Es war ziemlich klar, daß dir eines Tages mal einer über den Weg laufen würde. Aber daß er heute in deinem Zimmer war, ist reiner Zufall.« Er nahm ihr Koonga ab und setzte sie auf einen Tisch. Dann zog er Aurora in seine Arme. »Wenn du so große Angst hast, hier zu schlafen, komm doch mit mir.« Er küßte sie verführerisch auf den Hals.

Sie riß sich los. »Du willst nur die Situation ausnutzen! Was bist du nur für ein Mensch? – Willst mich verführen, wo ich gerade das schlimmste . . .« Sie schluckte. Plötzlich raste der Hundertfüßer vom Bett hervor in ihre Richtung. Sie schrie und lief zu Vashon zurück. Es fehlte nicht viel, und sie wäre in seine Arme gesprungen. Er lachte und hob sie an der Taille hoch. Der Hundertfüßer preschte an ihnen vorbei zum offenen Fenster und floh in die Nacht hinaus.

Aurora legte ihren Kopf an seine Schulter. Sie zitterte. Sie fühlte sich, als habe sie soeben einen kurzen Einblick in die Hölle gehabt.

Vashon trug sie zum Sofa und legte sie dorthin. Er strich ihr das Haar aus der Stirn. »Hab keine Angst«, flüsterte er und blickte besorgt auf ihr blasses Gesicht.

»Ich möchte hier nicht bleiben, Vashon. Bring mich irgendwohin, wo es diese Dinger nicht gibt«, bat sie.

Er sah so aus, als dächte er tatsächlich daran, sie unverzüglich fortzubringen. Aber als ihr flehender, verschreckter Blick den seinen traf, schien er doch seine Meinung zu ändern. »Dafür müßte ich dich von der Insel bringen, Liebes.«

»Dann tu es«, bat sie.

Ohne zu antworten, fuhr er sich mit der Hand übers Kinn.

»Bring mich fort«, flüsterte sie.

»Vielleicht in mein Zimmer?«

»Gibt es in deinem Zimmer solche Viecher?«

Sein Mund verzog sich zu einem schwachen Lächeln. »Ich würde lügen, wenn ich das verneinen würde.«

Sie starrte ihn an, konnte nicht gegen die Gefühle an, die in ihr zu brodeln begannen. »Danke, daß du gekommen bist, um mich zu retten. Ich hatte so eine Angst!« stammelte sie.

»Na komm. Du hast schon viel Schlimmeres durchgestanden. Old Robert hat dir bestimmt Riesenangst gemacht!« Er lachte. »Aber vielleicht nicht so sehr, wie all dies.«

»Ich habe noch nie so ein Tier gesehen«, keuchte sie.

»Vielleicht siehst du sobald keins mehr.«

Aurora fröstelte trotz der lauen Nachtluft.

Zögernd drückte er ihren Kopf gegen seine Brust und hielt sie wie ein Kind. In seinen Armen zu liegen, nahm ihr die Angst. Sie blieb so eine ganze Weile. Seine Arme fühlten sich so stark und schützend an, und seine Wange an ihrem Haar war so warm und liebevoll. Sie konnte nicht von ihm lassen.

Viel später zog sie sich widerwillig zurück und schaute ihn

an. Ihre Blicke trafen sich, ein dunkler, gequälter Blick, als ob sie beide etwas entdeckt hatten, das keiner von ihnen akzeptieren wollte.

»Wirst du nun mit in mein Zimmer kommen?« flüsterte er, sein Gesicht voller unausgesprochener Gefühle.

Sie schloß ihre Augen, schockiert von dem wilden Verlangen, daß mit einemmal durch ihre Adern strömte. »Und wenn ich es tue?« war ihre traurige Antwort, voller Gewissensbisse. »Wird irgend etwas Gutes dabei herauskommen?«

Er starrte sie an, unfähig zu antworten. Es gab keine gute Antwort. Und sie beide wußten das.

Er löste sie aus seinen Armen und erhob sich steif. Es war verrückt, aber sie wollte ihn am liebsten zurückziehen und bitten, noch zu bleiben. Sie krallte ihre Finger zu Fäusten, um sich selbst daran zu hindern, ihn festzuhalten.

»Tsing wird dich morgen früh abholen. Meinst du, du schaffst es bis dahin?« fragte er kühl.

Sie nickte.

»Wenn du Angst hast, du weißt ja, wo meine Zimmer sind.«

Sie nickte wieder. Aber wirklich, so wie sie sich jetzt fühlte, fürchtete sie sich mehr davor, mitten in der Nacht zu ihm zu laufen, als vor den Hundertfüßern.

»Ich sehe dich dann um acht.«

Er ging. Und Aurora fragte sich, wie die Welt so verrückt werden konnte, sie einen Piraten lieben zu lassen.

21

Zum Frühstück auf der Terrasse brachte Aurora den Affen mit. Nicht daß Koonga auch nur im entferntesten zu Auroras neuem Tageskleid, einem feinen, bunten Musselin, gepaßt hätte. Aber sie wollte das Tier nicht allein im Zimmer lassen, nach den Erfahrungen der vergangenen Nacht.

Vashon schien nicht sonderlich erfreut. Er war in seinem üblichen unzivilisierten Aufzug erschienen, mit nacktem Oberkörper und nichts als einer dünnen weißen, ausgebeulten Hose bekleidet. Aber heute trug er sein Haar offen, was ihm ein noch wilderes Aussehen gab als gewöhnlich. Als Aurora an dem wunderschön gedeckten Tisch Platz nahm, haftete sein Blick, schwer wie eine Fessel, an ihr. Aber sie achtete nicht darauf, sondern setzte Koonga auf den Stuhl neben sich.

»Dem Affen geht es nun aber wieder gut genug, um zu seinem Herrchen zurückzukehren«, bemerkte Vashon kühl.

»Ja, aber ich habe Benny nicht mehr gesehen.« Sie steckte ein Taschentuch in den Ausschnitt von Koongas Anzug. Dann reichte sie ihr eine Silberschale mit leuchtend gelborangenen Mangostücken.

»So wie du sie bemutterst, frage ich mich, ob du sie überhaupt wieder hergeben wirst.«

Aurora überhörte den gereizten Ton. »Koonga war eine liebe Gesellschaft für mich. Ich denke, es ist nur zu natürlich, daß ich mich an sie gewöhnt und sie liebgewonnen habe.«

»Sie ist ein armseliger Ersatz für ein Kind. Nichts weiter. Ich habe noch nie eine Frau erlebt, die so versessen auf ein Baby ist wie du.«

Plötzlich brauste sie auf. »Du bist so schnippisch. Ich schätze, du bist nur eifersüchtig.«

»Gütiger Herr im Himmel. Du machst Witze«, schnaubte er verächtlich.

Aurora wollte sich nicht von ihm die Laune verderben lassen. Er wollte sich offensichtlich streiten. Sie hatte ihn noch nie mit einer derartigen Laune erlebt. Und sie fragte sich, ob das mit dem vergangenen Abend zusammenhing, mit ihrem Abschied. Das beste würde wohl sein, seine Sticheleien einfach zu ignorieren.

Koonga begann sehr bald, sich mit ihrer Mango zu langweilen. Sie kletterte einfach auf den Tisch, und bevor

Aurora sie halten konnte, stieg sie auf Vashons Schulter und begann, sein dickes welliges Haar durchzuwühlen.

Der Ausdruck auf Vashons Gesicht war einmalig. Aurora konnte nicht anders. Sie brach in schallendes Gelächter aus.

»Was zum Teufel sucht sie da?« fragte er, während er Koonga keine Sekunde aus dem Auge ließ.

»Ich vermute, sie sucht nach Läusen.«

»Nach Läusen!« Vashon stand kerzengerade. Koonga stürzte von seiner Schulter und konnte sich gerade noch an der Stuhllehne halten. »Wenn ich Läuse habe, dann von diesem verdammten Tier!«

Aurora lachte wieder und sah davon ab, ihm zu versichern, daß Koonga keine Läuse hatte. Sie steckte sich ein Stück Mango in den Mund.

Als Vashon sich wieder beruhigt und Koonga einen anderen Zeitvertreib gefunden hatte, sagte er trocken: »Wenn wir jetzt genug gealbert haben, dachte ich, könnte ich dir den Berg zeigen. Es führt ein hübscher kleiner Weg hinauf.« Er blickte auf die smaragdgrüne Anhöhe, die vor ihnen lag.

»Ich würde lieber die Umgebung des Hafens sehen«, gab sie bissig zurück.

»Vielleicht eine kleine Rundfahrt auf der Resolute?« Er hob eine schwarze Augenbraue.

»Das wäre faszinierend.«

»Dir die Schiffe zu zeigen, Liebes, hieß noch lange nicht, daß eins davon mit dir an Bord ablegt.«

»Man kann nie wissen.« Sie nahm einen Schluck Tee.

»Morgen könnten wir an den Strand unterhalb von Dragonard gehen«, fuhr er fort. »Wenn du mutig genug bist, könnte ich dich vielleicht dazu überreden, ins Wasser zu gehen, damit du die Fische sehen kannst. Sie sind so wundervoll und farbenprächtig wie die Blumen auf Mirage.«

»Ich sagte dir bereits, daß ich nicht schwimmen kann.«

»Aber ich lade dich ein, dich an mir festzuklammern, falls du in die Lage geraten solltest, unterzugehen.«

Sie blickte zu ihm auf, einen kritischen Ausdruck im

Gesicht. Er lächelte und begann, genüßlich weiterzuessen. Sie merkte es jetzt schon. Es würde ein langer Tag werden.

»Wenn du überhaupt etwas wert bist, Isaac Corbeil, wirst du eine Möglichkeit finden, Aurora zu erlauben, mit uns mitzukommen.« Flossie blickte Isaac entrüstet an.

»Ich werde Vashon nicht hintergehen, nicht einmal für eine Frau.« Isaac sah unbehaglich zu ihr hin.

»Ich verstehe diese blinde Loyalität gegenüber Vashon nicht – außerdem, du warst bereit, ihn zu verraten, als wir beim Gouverneur auf Grand Talimen waren.«

»Du weißt genau, daß das nur vorgetäuscht war. Das habe ich dir schon millionenfach erklärt«, sagte Isaac. »Hör mal, warum setzt du dich nicht hier neben mich? Vielleicht könnten ein, zwei Küßchen auf die Wange dich etwas beruhigen.«

Flossie erstarrte. Sie schlug sich mit einer ziemlich melodramatischen Geste auf die Brust. »Und da ist noch etwas! Keine Küsse mehr! Ich habe dich hierher gebeten, um mit dir über Aurora zu sprechen, nicht um geküßt zu werden. Du hast das nun schon fünfmal getan, seit unserem Essen beim Gouverneur. Und ich werde das nicht mehr länger zulassen.«

»Ich habe wirklich gedacht, du magst es . . .«

»Gütiger Himmel, natürlich nicht!« keuchte sie. »Es ist das unschicklichste, schockierendste . . .«

»Aber Flossie, mein Liebes, ich dachte wirklich, es macht dir Spaß, dich von mir um den Tisch jagen zu lassen wie neulich.« Isaac grinste.

»Nein! Nein und nochmal nein!« Wenn sie noch im Besitz ihres schwarzen Sonnenschirms gewesen wäre, hätte sie ihm diesen bestimmt auf den Kopf geschlagen. »Keiner Frau von Niveau würde so etwas Spaß machen.«

»Also, vielleicht keiner Frau von Niveau. Aber dir hat es Spaß gemacht. Ich hörte dich die ganze Zeit nur kichern.«

»Was willst du damit sagen? Daß ich keine Lady bin?« Flossies Stimme hob sich um einige Nuancen.

»Du kommst mir vor wie eine Lady, Flossie, aber was weiß ich schon? Mir sind in meinem Leben nicht allzu viele Ladies über den Weg gelaufen.« Er zuckte die Schultern.

»Also, ich bin eine. Das versichere ich dir! Und ich habe überhaupt keinen Spaß an diesen lächerlichen Verfolgungen!« Flossie lief nervös von einer Seite zur anderen. »So, wenn wir dieses Thema abgehakt haben, möchte ich dich doch allen Ernstes noch einmal darum bitten, der armen Aurora zu helfen. Dieser Mann wird sie lebend verzehren. Das kann man sehen! Mir graust es bei dem Gedanken, was noch alles mit diesem Kind geschehen kann, wenn sie noch länger in Vashons Klauen bleibt.«

»Mir scheint, daß sie sich ihm gegenüber ziemlich gut behauptet. Wenn überhaupt, dann ist er es, der erobert wird. Ich hätte nie gedacht, daß Vashon sich verlieben könnte. Und wenn du mir vor einem Jahr gesagt hättest, daß er einer kleinen, biederen Lehrerin aus einem Waisenhaus erliegen könnte, hätte ich gedacht, du seist nicht ganz bei Trost. Aber jetzt, allein nach der Art zu urteilen, wie er von ihr spricht, ist sie ihm unter die Haut gegangen. Und wie!«

»Wie spricht er denn von ihr?« fragte Flossie ungläubig.

»Mir der leidenschaftlichsten Verachtung, die ich je an ihm erlebt habe.« Flossie wirkte verwirrt.

Isaac schüttelte den Kopf. »Glaube mir, Flo, ich habe so etwas noch nie gesehen. Vashon hatte viele Frauen. Und da gab es eine in Paris, weißt du, ein gefallenes adliges Mädchen, wie man so schön sagt. Ein hübsches Ding mit blonden Locken und einem engelhaften Ausdruck im Gesicht. Ich habe wirklich angenommen, daß er an ihr hängen würde. Aber nichts ist dabei herausgekommen. Er wurde ihrer nur zu bald überdrüssig und zog weiter. Seine Beziehungen beginnen immer mit Lust und Begehren und enden mit Langeweile. Aber irgendwie ist es mit Aurora anders. Ich muß zugeben, ich dachte, daß es sich ändern würde, nachdem er auf Grand Talimen mit ihr geschlafen hat. Aber es ist eher schlimmer geworden.«

»Wir werden darüber nicht sprechen«, entgegnete Flossie, ihre pummeligen Wangen rosa vor Scham.

Er blickte sie an, und plötzlich schlang er seine Arme um sie und zog sie zu sich auf das Sofa. »Grandiose Idee, Flo, hören wir auf zu reden.«

»Lassen Sie mich sofort los, Sir!« Sie zappelte auf seinem Schoß. Das Sofa ächzte unter ihrem Gewicht.

»Schätzchen, nur ein bißchen Zucker.« Er versuchte, sie zu küssen. Und sie versuchte, ihn zu schlagen. »Das ist recht«, sagte er verspielt, während er ihre Angriffe abwehrte. »Ich liebe Mädchen mit etwas Feuer.«

»Das muß aufhören, Captain!« keuchte sie, nachdem er ihre Lippen zu einem kurzen Kuß gefunden hatte. »Wir sind keine liebestollen Kinder! Wo bleibt deine Würde?! Und ich bin Witwe, woran du dich erinnern wirst, wenn du deine Hände nur einmal lange genug von mir läßt und mein schwarzes Kleid siehst.«

»Dein Mann Lindstrom ist schon Jahre und Jahre tot, Flossie. Bist du denn nie einsam?«

Sie tupfte sich mit einem schwarzumrandeten Taschentuch übers Gesicht. »Natürlich bin ich manchmal einsam. Aber ich muß dich daran erinnern, daß ich nicht irgendeine Schlampe bin, die bereit ist, mit dir ins Heu zu springen. Ich bin kein junges Mädchen.«

»Das weiß ich doch, Flo. Aber . . . also . . . um die Wahrheit zu sagen, ich bin fast sechzig Jahre alt, und ich käme mir mit einer Schlampe oder einem jungen Mädchen verdammt albern vor.«

»Oh, gütiger Himmel! Über so etwas werde ich mit einem Mann, der nicht mein Gatte ist, nicht eine Minute länger reden.« Flossie fächerte sich mit ihrem Taschentuch Luft zu.

»Also gut, ich bin Schiffscaptain, und was das Gesetz betrifft, so habe ich uns soeben zu Mann und Frau erklärt.« Bei diesen Worten stand er mit feierlichem Gesicht auf.

Flossie trat ein paar Schritte zurück und lehnte sich an den schweren Tisch in der Mitte des Raums. Sie fächerte wütend weiter. »Du hast den Verstand verloren, Isaac. Was denkst du dir eigentlich dabei?«

Isaacs Blick wanderte zu dem angrenzenden Raum, in dem Flossies Bett stand. »Also, ich muß sagen ... ich denke das Schlechteste«, gab er zu.

»Oh, mein Gott ... ich kann gar nicht glauben, daß du das meinst.«

Er ging auf sie zu und knöpfte langsam sein Hemd auf. »Flossie, nun komm. Du weißt, daß es eine lange Zeit für uns beide gewesen ist. Wie viele Kinder, sagtest du, hast du bekommen? Dreizehn? Genug, um zu wissen, daß du es ziemlich gern hattest.«

»Oh, lieber Gott!« Flossie schien in Ohnmacht zu fallen. Sie schwankte und hielt sich die Hand an die Stirn.

Isaac umfing ihre breite Taille. Seine Hand fuhr über ihren weißen Spitzenkragen. »Weißt du, ich wollte dir sagen, du siehst sehr reizend damit aus. So etwas Fröhliches steht dir viel besser als diese ewige Trauerkleidung.« Sein Blick senkte sich. »Und wie zieht man diese Kleider aus? Sind das die Bänder, oder ...«

»Nein, nein, nein!« Flossie riß sich los, mit rotem Gesicht.

»Du hast doch nicht vor, deine Kleider nicht auszuziehen, oder?«

Flossie stand einfach nur da, mit weit aufgerissenen Augen und immer noch flammend rot.

»Gut, ich ziehe meine zuerst aus, und dann, wenn du siehst, daß ich mich nicht schäme, werden wir dich aus deinen herauslocken.«

»Du bist ein unverzeihlich schlimmer Mensch, Isaac Corbeil. Deine Küsse waren schon gräßlich genug, aber das, das ...« sagte sie mit erstickter Stimme.

»Es tut mir leid. Ich weiß einfach nicht, wie man es anders machen könnte.«

»Ich könnte es überhaupt nicht!«

»Oh, du kannst. Hier, wie wäre es mit einem Bussie, um dich ein wenig zu lockern?« Er griff nach ihr, aber sie lief fort.

»Isaac, genug mit dieser Verrücktheit. Wir sind zu alt dafür.«

»Also, ich weiß, daß ich nicht zu alt bin, und wenn du mich einfach, pardon, machen läßt, wirst du sehen, daß du auch nicht zu alt bist.«

Flossie keuchte empört. »Solche Gespräche! So etwas Gottloses! Wo ist dieses Riechsalz?«

»Du brauchst kein Riechsalz. Und du wirst auch nicht in Ohnmacht fallen.« Er griff nach ihr, und diesmal hielt er sie fest. Er gab ihr einen langen, leidenschaftlichen Kuß, und als sie sich voneinander lösten, sah Flossie wie betäubt aus. »Bist du soweit?« flüsterte er.

Sie ließ einen schwachen Protest ertönen. Er nahm ihre Hand und führte sie ins Schlafzimmer.

Die Türen schlossen sich hinter ihnen. Eine ganze Weile blieb es ruhig, dann rief Flossie aus: »Nein, nein, Isaac! Du kannst mich nicht zwingen, es zu tun! Und zieh sofort wieder dein Hemd an!«

Zwei dumpfe Aufschläge ertönten und dann Flossies Stimme: »Warum ziehst du deine Stiefel aus?«

Man konnte Isaacs Kichern hören, dann schrie Flossie auf: »Nicht den Gürtel!«

Die schwere Zinnspange fiel auf den Boden.

Es gab noch mehrere fieberhafte Verneinungen und schockierte Ausrufe, die aus dem Schlafzimmer drangen – bis Isaacs letztes Kleidungsstück auf den Boden fiel.

»Gütiger Himmel, Isaac. Du bist Jude!«

Dann herrschte Schweigen.

Für mindestens eine Stunde.

22

Aurora wälzte sich schlaflos in ihrem Bett. Der Tag war überwältigend schön gewesen. Vashon hatte sie in einem Einspänner auf der Insel herumgefahren und hatte ihr sogar einige der Arbeiter vorgestellt: große, muskulöse Taucher, die ihnen haufenweise Muscheln und stachlige Hummer anboten, alte Männer auf Eseln, die Körbe aus Mangroven flochten und hübsche, dunkelhäutige Mädchen mit scharlachroten und schwarzen Perlenketten um den Hals.

Danach zeigte Vashon ihr Monkey Hill – den Berg der Affen – wo Benny seinen Koonga gefunden hatte. Die Affen waren von einem reichen Plantagenbesitzer vor über einem Jahrhundert als Haustiere nach St. Kitts gebracht worden. Er erzählte ihr die Geschichte, wie eines Tages die Affen auf der Insel gejagt wurden. Und als zu viele der armen Tiere von den Jägern geplagt worden waren, erschienen sie plötzlich auf Mirage, was zu der Vermutung Anlaß gab, daß irgendwo eine unterirdische Verbindung zwischen den zwei Inseln existieren mußte.

Danach zeigte er ihr die Spitze des Berges, Soufrière, die kochende, schwefelhaltige Grube, die einst ausgebrochen und die schwarzen Strände hatte entstehen lassen. Sie wanderten durch den nebligen Dschungel ganz oben, und sie wußte, wenn sie sich in den folgenden Jahren an sonst nichts erinnern würde, sie würde die gelben, rosa und lavendelfarbenen Orchideen vor sich sehen, die auf den Manzinellabäumen wuchsen.

Schließlich, auf dem Rückweg nach Dragonard, hielt Vashon an einem kleinen Baum und pflückte eine Handvoll Früchte, die aussahen wie kleine Limonen. Es waren aber keine. Vashon setzte sich mit ihr auf den sandigen Boden unter dem Baum und zeigte ihr, wie man sie essen mußte. Sie schmeckten süß wie Zucker und waren unvorstellbar köstlich. Und während sie so nebeneinander saßen, beobachtete sie ihn und dachte, wie sehr er Mirage liebte und daß Mirage genauso wild und majestätisch war wie er.

Am nächsten Morgen erhob sich Vashon und rückte ihr den Stuhl zurecht, damit sie sich beim Frühstück zu ihm setzen konnte. Aurora war überrascht, daß er sich ihr gegenüber so respektvoll benahm.

Nachdem Tsingtsin ihnen Kaffee und Tee gebracht hatte, sagte Vashon: »Ich habe heute eine Überraschung für dich, kleines Mädchen.«

Sie blickte ihn mißtrauisch an. »Und was wird das wohl sein?«

»Ich glaube, es wird dir gefallen.« Er schob ihr eine kleine Holzschachtel mit Einlegearbeiten aus Zebraholz über den Tisch.

»Es sieht eigentlich zu klein aus, um voller Hundertfüßer zu sein . . . oder gibt es sie auch in anderen Größen?« Aurora hob spöttisch eine Augenbraue.

»Ich versichere dir, es sind keine Hundertfüßer drin.« Er lächelte. »Öffne es.«

»Da ich dich kenne, wage ich es kaum.«

Er kicherte. »Öffne es. Es ist ein Geschenk für dich.«

»Aber warum solltest du mir etwas schenken?«

»Weil heute dein Geburtstag ist.«

Sie starrte ihn an, vor Verlegenheit röteten sich ihre Wangen.

»Es kann gar nicht mein Geburtstag sein. Du weißt doch, daß ich keinen Geburtstag habe.«

»Du weißt, daß jeder einen Geburtstag hat. Und ich erkläre den heutigen Tag dazu. Also, öffne dein Geschenk.«

Aurora blickte auf die Schachtel. Aber sie konnte sich einfach nicht überwinden, sie zu öffnen. Sie schaute Vashon an. »Wenn es so einfach wäre, hätte ich mir selbst schon vor langem einen Geburtstag gegeben.«

»Aber du kannst dir doch nicht selbst einen geben. Ein anderer muß es tun. Und es beginnt mit einem Geschenk.«

Er schubste die Schachtel noch näher an Aurora heran, bis sie ihr fast auf dem Schoß lag.

Sie wußte nicht, was sie sagen sollte. Machte er nur irgendeinen grausamen Scherz mit ihr, wollte er sie auf diese gefühllose Weise an ihren unheilvollen Lebensbeginn erinnern? Oder war er wirklich so aufmerksam, ihr einen Geburtstag geben zu wollen, weil er wußte, daß sie keinen hatte? Sie biß sich auf die Lippe, blickte tief in seine Augen, suchte nach irgendeinem Zeichen, daß er sich über sie lustig machte. Als sie nichts weiter darin sehen konnte als seine Belustigung über ihre Reaktion, entschloß sie sich, allen Mut zusammenzunehmen und die Schachtel zu öffnen.

Voller Angst öffnete sie den Deckel. In Erwartung aller möglichen Arten von Ungeheuern, die daraus hervorkriechen würden, war sie ziemlich überrascht, statt dessen eine schwere Gold- und Rubinkette zu sehen, eingebettet in scharlachroten Satin. Als sie die Kette herausnahm, entdeckte sie, daß ein verzierter Messingschlüssel daran hing.

»Verzeih ihre Einfachheit, Aurora«, flüsterte Vashon. »Aber was soll man einer Frau schenken, die zu schön ist für Juwelen.«

Aurora blickte zu ihm auf. Die Kette in der zitternden Hand. In ihrem ganzen Leben hatte noch nie jemand so etwas für sie getan. Die Kette war auf jeden Fall wundervoll, aber sie ihr als Geburtstagsgeschenk zu übergeben, war einfach überwältigend. Und dann auch noch von Vashon – Vashon, der sie entführt und für sie getötet hatte, der mit ihr gekämpft und gestritten und Liebe gemacht hatte – nein, sie konnte das Gefühl, das sie plötzlich überkam, kaum ertragen. Und wieder erinnerte sie sich an den Mann, der Benny in seiner schlimmsten Zeit geholfen hatte, an den Mann, von dem sie glaubte, daß sie ihn würde lieben können. Und jetzt, als sie über den Tisch hinweg zu Vashon hinschaute, akzeptierte sie plötzlich, daß er der Mann war, den sie liebte.

Tränen traten ihr in die Augen, und sie sprang auf, um sie

vor ihm zu verbergen. Hilflos rannte sie los, auf das Haus zu. Auf halbem Wege holte er sie ein.

»Was ist?« fragte er und zog sie in seine Arme. »Habe ich dich so sehr gekränkt, daß du weglaufen mußt? Bist du enttäuscht? Findest du die Kette nicht schön?«

»Nein, nein, die Kette ist wunderschön, sie ist zu schön!« weinte sie.

»Aber warum weinst du denn dann?«

Sie blickte ihn an und hoffte inständig, daß er ihr die Verzweiflung nicht ansehen konnte. Er hatte ihr die abscheulichsten, verachtenswertesten Dinge angetan, hatte sie verführt, hatte sie entführt und erniedrigt. Aber sie wußte es mit einemmal, und es war unumstößlich, daß sie ihn liebte. Diese kleine Geste von ihm, sein Geschenk, hatten all ihre verdrängten Gefühle für Vashon hervorgezaubert. Aber sie wußte auch, daß sie damit erst recht verwundbar geworden war.

»Vashon, warum hast du das für mich getan?« fragte sie mit zitternder Stimme.

»Ich hätte es nicht getan, wenn ich geahnt hätte, daß so etwas geschehen würde.« Er lächelte schwach und berührte eine Träne, die an ihren Wimpern hing. »Es ist zu leicht, dich zu rühren, Liebes. Manchmal bist du wie ein Kind.«

»Tja, dann muß ich wohl die perfekte Ergänzung für dich sein, denn es ist unmöglich, dich zu rühren«, sagte sie bitter. Sie blickte ihn nicht an, denn sie wußte, daß ihre nächsten Worte ihm nicht gefallen würden. »Aber wenn ich mich recht entsinne, warst du doch einmal gerührt.«

Aurora rechnete fest damit, daß seine Stimme kalt und scharf sein würde. Und so war es auch. »Was auf Grand Talimen geschehen ist, hat mit dem hier nichts zu tun. Diese Nacht hätte nie sein dürfen. Für uns beide nicht.«

Sie spielte an der Kette. Hoffnungslosigkeit machte sich in ihrem Herzen breit. Mit einem Seufzer sagte sie: »So schlimm es auch ist, so leicht ist es nicht gewesen, diese Nacht zu vergessen.«

Sie schaute Vashon an, aber er wich ihrem Blick aus. Er nahm ihr die Kette aus den zitternden Händen und legte sie ihr um den Hals.

»Ich finde, wir sollten etwas am Strand spazierengehen. Sind wir mit dem Frühstück fertig?«

Seine Finger fühlten sich rauh an. Aber wie sehr sie sich nach ihnen sehnte! Was hatte sie nur in ihrem armseligen, kleinen Leben getan, um solch ein ungewünschtes Verlangen zu verdienen? War es die Strafe dafür, daß sie John Phipps verlassen hatte? Bestrafte Gott sie, weil sie Johns Antrag abgelehnt hatte, und warf sie dafür in Vashons kalte Umarmung? Sie blickte auf den Schlüssel, der an ihrer Kette baumelte. Sie war neugierig, was er zu bedeuten hatte, aber sie hatte nicht das Herz, ihn zu fragen.

»Soll ich dir die Küste von Dragonard zeigen?« fragte er leise.

»Heute nicht«, antwortete sie. Sie fühlte sich gar nicht wohl.

Er zog sie in seine Arme. »Laß uns das vergessen und an den Strand gehen. Ich möchte dir etwas zeigen.«

»Nein, wirklich . . .«

»Bitte.«

Ihre Blicke trafen sich. Sie stöhnte auf und schloß ihre Augen. Wie gut er in die Rolle des Schurken paßte! Sie wußte wirklich Besseres, als mit ihm zu gehen. Er verwirrte sie, machte sie willfährig . . .

»Na gut«, sagte sie und wußte, daß sie verrückt war.

Seine Mundwinkel verzogen sich zu einem Lächeln. »Gut.« Er führte sie zurück an den Tisch.

23

Konnte es überhaupt ein so schönes Fleckchen Erde geben wie Mirage? Oder war es nur ein Traum? – Eine Insel der Sehnsucht, der Phantasie? Aurora verstand mehr und mehr, warum Vashon seine Insel so sehr liebte. Mirages Schönheit war überwältigend, und ihre Begeisterung wuchs mit jedem Tag, an dem sie mehr davon entdecken durfte. Und wenn sie Vashon ansah, der über den schwarzen Sandstrand lief, fragte sie sich, ob die Insel nicht wirklich eine Fata Morgana war. Und wenn sie sich zu nahe heranwagte, danach greifen wollte, würde ihr dann nur eine Handvoll Wüstensand bleiben?

Vashon kam aus der Brandung auf sie zugelaufen, glitzernd vom Wasser, naß die weißen Hosen und fast durchsichtig, ein exotischer Kontrast zum schwarzen lockigen Haar und dem sonnengebräunten Körper. Hätte sie nicht verschämt weggeschaut, hätte sie das dunkle Haar an seinen Schenkeln und noch mehr sehen können. Es gab eine Seite an Vashon, die sie nur zu genau kannte. Niemand konnte ihm seine männlichen Vorzüge absprechen.

»Komm mit mir ins Wasser«, sagte er und streckte die Hand aus.

»Sie schüttelte ihren Kopf. »Ich kann nicht.«

»Warum nicht? Machst du dir Sorgen wegen des Kleides?«

»Auch.« Sie versuchte, kühl zu bleiben.

»Wenn du dir wirklich so viele Gedanken darum machst, zieh das verflixte Kleid doch einfach aus.«

Aurora blickte ihn entsetzt an. »Das werde ich ganz sicher nicht tun.«

»Soll ich es dir vom Leibe reißen? Das Kleid ist ganz besonders, aber . . .«

Sie verschränkte die Arme schützend vor ihrer Brust. Er sollte sich unterstehen, es zu versuchen!

Vashon lachte nur.

»Komm mit mir ins Wasser, Aurora.«

»Du weißt, daß ich nicht schwimmen kann. Ist das der Grund, weshalb du mich mit hierher genommen hast? Willst du mich ertränken?«

»Glaube nicht, daß ich nicht versucht war.« Er lächelte. »Aber nicht heute. Komm schon. Da draußen gibt es für dich eine ganz eigene Welt zu entdecken. Laß sie mich dir zeigen.« Er zog sie auf die Füße.

»Vashon«, protestierte sie. »Es ziemt sich nicht für eine Lady, in aller Öffentlichkeit zu baden . . .«

»Oh, ja, wieder ein Schlag ins Gesicht der Anständigkeit.« Er zog sie über den schwarzen Sand. »Du solltest wirklich mehr auf deinen guten Ruf achten. Demnächst schlägt man dir die Türen vor der Nase zu, so schnell wird sich dein anrüchiges Benehmen herumsprechen.«

Aurora konnte sich nicht helfen. Sie lachte. »Irgendwie glaube ich ja auch nicht, daß sich daraus Schwierigkeiten ergeben können.«

Er schleppte sie bis ans Wasser. Aber sie weigerte sich, ihr kostbares Kleid zu ruinieren. Schließlich packte er sie und trug sie in die Brandung. Ihre Röcke hielt er hoch.

»Das ist doch verrückt.« Aurora klammerte sich um seinen Hals.

»Schau mal, siehst du sie?« flüsterte er. Sie beugte ihren Kopf und blickte in das taillenhohe kristallklare Wasser. Viele große Fische, in allen Farben des Regenbogens, schlüpften durch Vashons Beine. Sie hatte noch nie so etwas gesehen.

»Oh, sie sind entzückend! Sie sehen aus wie Engel«, flüsterte Aurora ehrfürchtig.

»Ja, wie Engel.«

Sie streckte ihre Hand ins Wasser. Da, wieder ein Fisch, ein kobaldfarbener, er sauste vorbei und streifte ihre Hand. Erschrocken zog sie sie zurück, kichernd, daß sie so ängstlich war. Sie wandte sich Vashon zu, aber sie war nicht vorbereitet auf den Ausdruck in seinem Gesicht. Er starrte sie förmlich an, und das machte sie atemlos.

»Vashon . . .« begann sie. Aber er ließ sie nicht ausreden. Er ließ sie herunter, bis ihre Füße auf dem sandigen Boden standen und ihr Kleid bis zu den Hüften im Wasser war. Dann zog er sie an sich und küßte sie wie ein Sünder, der Rettung sucht, und wie ein Verdammter auf der Suche nach Erlösung. Sie wollte sich wehren, aber es wäre ja doch sinnlos gewesen. Er hielt sie so fest, er hätte sie nicht mehr losgelassen.

Aber wenn sie sich schon nicht losriß, so gab sie sich ihm auch nicht hin. Sie hatte viel zu große Angst vor ihm. Ihr ganzes Leben lang hatte sie sich gefürchtet, alleingelassen zu sein. Ihr Vater hatte ihr eine Handvoll Nichts mitgegeben, als er sie im Heim ablieferte und im Stich ließ. Und trotz allem, was ihr John angeboten hatte, wußte sie doch, daß er ihr mit der Zeit die wenigen Dinge nehmen würde, die sie hatte: ihre Gedichte, ihre Romane, ihre Stickerei. Er hatte sie in eine eingebildete Tugendhaftigkeit einsperren wollen.

Aber hier war Vashon. Seine Lippen forderten mehr und mehr, und sie fragte sich, ob er derjenige sein würde, der sie aus ihrer Einsamkeit erretten konnte. Es war nicht recht, sie wußte das. Er bot ihr keine Familie, kein kleines ordentliches Häuschen, kein Heiratsgelübde, ja nicht einmal Liebe. Aber was wußte sie eigentlich schon von allen diesen Dingen? Am wenigsten doch von der Liebe. Das meiste, was sie über Liebe gelernt hatte, kam von Mrs. Bluefield, und so wunderbar ihre Gönnerin gewesen war, so hatte Mrs. Bluefield doch immer mehr Anleitung und Erziehung gegeben als Zärtlichkeit und Liebe. In Wahrheit wollte sie etwas, über das sie gar nichts wußte. Warum wollte sie es dann überhaupt . . .?

Als er sich von ihr löste, klammerte sie sich an seine Arme, voller Angst, ihn wieder zu verlieren – und noch schlimmer – ihn nie zu besitzen. Er schien ihr nachzugeben, denn er hielt sie. Das Wasser um sie herum, alles versank in Vergessenheit, es gab nichts außer ihm. War es eine Ewigkeit, daß sie so standen, oder nur eine Sekunde? Aurora wollte den Zauber halten und warf ihre Arme um seinen Hals, preßte ihre Wange an sein wildklopfendes Herz. Aber sie hätte wissen müssen, daß alles nur zu vergänglich war.

»Kleines Mädchen, was ist?« sagte er, offensichtlich überrascht über ihre Leidenschaft.

»Halte mich, Vashon«, flüsterte sie an seiner warmen Brust.

»Seit wann bist du so versessen darauf, daß ich dich halte?« Er spielte mit ihrem Haar.

»Du hattest recht, niemand hat mich je im Heim in den Arm genommen.«

Es war heraus, ehe sie es verhindern konnte. Und nun wagte sie nicht, ihn anzuschauen und seine Reaktion darauf zu sehen. Sie wußte, daß sie von ihm nichts verlangen konnte. Und die Kälte in seinen Augen konnte sie einfach nicht ertragen oder daß er sich von ihr zurückzog. Daher handelte sie schnell. Ihre Lippen suchten hungrig die seinen, während sie sich wie eine Ertrinkende an ihn klammerte.

Brutal beendete er den Kuß und machte sich los, als sei er in etwas hineingezogen worden, mit dem er nichts zu tun haben wollte.

Aurora versuchte, das Gleichgewicht wiederzufinden. Sie blickte auf das kalte Blau der Karibik.

»Was ist nur an dir?« flüsterte er barsch. »Ich bin wie wahnsinnig, wenn ich bei dir bin.«

»Ist es das wirklich? Wahnsinn?« Tränen brannten von neuem in ihren Augen. Sie war so tief verletzt, daß sie sich wunderte, den Schmerz noch zu spüren.

Natürlich, er war schuld. Er hätte sie niemals küssen dürfen. Und nun konnte sie sich nicht einmal mehr einreden, er habe sie verführt. Sie hatte ihm und sich ja gerade bewiesen, wie sehr sie von ihm umarmt und geküßt werden wollte.

»Ja, es muß Wahnsinn sein«, flüsterte er. »Du hast die unheimliche Fähigkeit, daß ich dich küssen möchte, obwohl ich mir selbst geschworen habe, daß ich dich in Ruhe lassen will.«

»Aber du kannst diesen Schwur brechen und mich küssen. Darf ich dich nie wieder küssen?« Sie wischte sich eine Träne aus dem Gesicht.

»Ich möchte, daß auch du mich küßt, aber ich ertrage diesen Ausdruck auf deinem Gesicht nicht.«

»Und was ist das für ein Ausdruck?« fragte sie und weinte weiter.

»Dieser Blick, der darum bittet, geliebt zu werden.« Wütend wandte Vashon sich ab und schlug mit seiner Hand übers Wasser. »Versteh es doch, Aurora. Ich kann dich niemals lieben. In meinem Leben ist kein Platz für die Liebe.«

»Dann ist dein Leben nicht lebenswert«, flüsterte sie. »Aber nach deinen Taten und Worten zu urteilen, hast du ja bewiesen, daß du das weißt.« Sie wandte sich zum Gehen. Aber er hielt sie am Arm.

»Sieh mal, es ist offensichtlich, daß wir nicht zusammenpassen. Also laß uns damit aufhören. Guter Gott, ich weiß ja nicht einmal, warum ich dich will. Du bist schön, das gebe ich gern zu. Aber ich habe viele schöne Frauen besessen, und sie haben mich nie so verrückt gemacht.«

Ihr Gesicht wirkte angespannt und voller unterdrückter Gefühle. »Es ist doch ganz klar, warum du mich willst, Vashon. Ich bin eine Herausforderung für dich. Etwas, das du erobern mußt. So eine Frau hast du eben noch nie gehabt. Und wenn ich keine Herausforderung mehr bin . . .«

»Aber du bist keine Herausforderung.« Seine Augen zwangen sie, sich an die Nacht auf Grand Talimen zu erinnern. »Ich hatte dich doch, und obwohl mich das hätte kurieren müssen, will ich dich seitdem nur noch mehr.«

»Könntest du mich lieben?«

Vashon starrte sie an, als habe sie soeben einen tödlichen Fluch ausgestoßen.

Ihre Stimme schwankte. »Die Frage war nicht, ob du mich liebst oder ob du mich lieben wirst. Du hast mir das deutlich genug zu verstehen gegeben.« Sie blickte ihn tränenüberströmt an. »Aber könntest du . . .?« Ihre Stimme brach, sie schluchzte. Und als erkenne sie selbst die Dummheit ihrer Frage, rief sie aus: »Aber warum frage ich das überhaupt? Du hast ja mehr als bewiesen, daß du gar nicht die Fähigkeit hast, irgend jemanden zu lieben.«

»Ich bin nicht der richtige Mann für dich.« Er schüttelte sie. »Ich kann es nicht sein. Verstehst du das denn nicht?«

»Ich mache mir über deinen Charakter keine Illusionen.«

»Das liegt auf der Hand.« Er hob ihr Kinn und wischte ihr eine Träne aus dem Gesicht. »Das einzige, was wir tun müssen, ist die Sache hier und jetzt zu beenden. Sag mir«, er zwang sie, ihn anzuschauen, »hast du noch irgendwelche Informationen über den Stern? Wenn du sagst, daß du nichts weiter darüber weißt, Aurora, werde ich dich beim Wort nehmen, und du kannst mit Flossie auf der Resolute heimkehren.«

Sie blickte ihn an. Ihr Herz brach entzwei. Wenn sie ihm half, würde sie ihn nie wiedersehen; und wenn nicht, würde diese Quälerei kein Ende nehmen und sie zerstören. Plötzlich fühlte sie sich, als müsse sie zwischen einem schnellen Tod und einem langsamen wählen.

Zu verletzt, um ihm überhaupt zu antworten, wandte sie sich ab. »Sag es mir, Aurora. Sag mir, was du weißt, und du reist noch diese Woche nach St. George.«

»Ich – ich weiß nicht . . .« stammelte sie.

»Was meinst du damit?«

Sie schüttelte den Kopf. »Ich weiß nicht, was du willst. Ich weiß nicht, was ich weiß.«

»Dann gehen wir jetzt zum Haus zurück und reden. Ich merke, ob du ehrlich bist. Ich werde die Informationen, die du mir geben kannst, annehmen und dich mit Flossie zurückschicken.« Vashon nahm ihre Hand. Sein Gesicht war so ernst, wie sie es noch nie gesehen hatte.

Wie betäubt folgte sie ihm aus dem glitzernden türkisfarbenen Wasser. Und in ihrem Kummer vergaß sie wieder, ihn nach dem Schlüssel zu fragen.

24

Ein Engel vom Himmel
Stürzte fliegend hernieder
Und fragte: »Wie ist der Weg nach Aran?
Ich kam, um zu finden, den lang schon verlor'nen Stern.
Willst du mich leiten auf meinem Gang?«

Lizzy Lizard saß und lächelte
Und blickte über die See
»Ich kenne den Weg
Aber kann es nicht sagen.
Wie töricht, wie töricht von mir.«

Endlich war sie in der Höhle des Drachen.

Vashons Zimmer waren in Malachit, Schwarz und Gold gehalten und waren so elegant, daß sich sogar der Prinzregent in ihnen zu Hause gefühlt hätte. Das Vorzimmer hatte den einzigen Kamin im ganzen Haus, und weil er kaum je benutzt wurde, war er von einem riesigen Wandschirm von Thomas Hope bedeckt.

Aurora saß in ihren nassen Röcken auf einem wertvollen Stuhl mit schwarzer Seide. Vashon ging zu seinem Schreibtisch und rollte eine Weltkarte auf. Offensichtlich dachte er immer noch, sie könne ihm auf der Karte zeigen, wo der Smaragd war. Und Aurora war sich plötzlich nicht mehr so sicher, ob sie das überhaupt wollte, auch wenn sie es gekonnt hätte.

»Hier sind die zwei Verse.« Er reichte ihr ein in goldfarbenem venezianischem Papier gehaltenes Buch. Sie blickte hinein und las die handgeschriebenen Verse, die sie nur zu gut kannte.

»Erzähl mir, was du weißt.«

Sie schloß das Buch. »Wirklich, ich weiß kaum etwas.«

»Du weißt, daß der Name deines Vaters Michael Dayne war. Woher weißt du das?«

»Ich erinnere mich an ein paar Dinge.«

»Was für Dinge?« Er zwang sie, seinem Blick zu begegnen. Schnell schaute sie weg.

»Dumme Dinge. Alle unwichtig. Ich erinnere mich, daß mein Vater mich einmal mit zu einem Ball in Carlton House genommen hat.« Sie schüttelte den Kopf. »Ich meine, wir waren nicht zu dem Ball eingeladen, natürlich nicht. Aber wir haben gesehen, wie die Gäste ankamen. Wir standen auf der Straße und schauten zu, wie eine Kutsche nach der anderen eintraf. Die Damen waren so schön, alle in ihren herrlichsten Kleidern, und ich erinnere mich, daß mein Vater ganz fasziniert war von den traumhaften Juwelen.« Ihre Stimme senkte sich verschämt. »Und an diesem Abend hat er mir zum ersten Mal den Reim aufgesagt.«

Sie stand auf und schritt nervös auf und ab. »Woran sollte ich mich erinnern, Vashon? Ich war zu jung. Diese Dinge haben keine Bedeutung.«

»Aber wenn wir nur lange genug miteinander reden, wird es vielleicht etwas von Bedeutung geben. Komm, schau dir mal die Karte an.« Er nahm ihre Hand und führte sie zum Tisch.

Sie warf einen Blick darauf. Dann wandte sie sich ab. »Ich kann nichts sehen. Der Reim hat überhaupt keine Bedeutung. Es ist sinnlos.«

»Schau!« Er zwang sie zurück.

Sie blickte wieder auf die Karte, dann seufzte sie verzweifelt.

Er drehte ihren Kopf zu sich. Seine Augen schimmerten wie der Smaragd, den er suchte. »Aus irgendeinem Grund habe ich das Gefühl, daß du nicht wirklich bei der Sache bist, Aurora. Möchtest du denn nicht auf die Resolute?«

»Doch, doch, natürlich möchte ich fort«, gab sie etwas zu hastig zu. Sie wandte ihre Aufmerksamkeit wieder der Karte zu. Sie überflog sie unkonzentriert.

»Blick auf die Karte, Aurora.«

»Ich kann nichts finden. Ich sage es dir doch!« rief sie plötzlich aus. Sie ging vom Tisch weg zum Fenster und schaute in die Ferne.

»Ich dachte, wir wären uns einig, daß es so das beste für uns ist. Du sagst mir, was du weißt, und ich akzeptiere es und glaube dir, und ich suche den Stern von Aran allein.« Er stellte sich hinter sie. »Warum hilfst du nicht mit?«

Sie schloß die Augen. Warum half sie ihm nicht? Die Resolute war ihr letzter Strohhalm, bevor sie völlig verrückt wurde. Wenn sie wußte, was gut für sie ist, mußte sie alles tun, was sie nur konnte, um die Neugier dieses Mannes zu befriedigen. Und nach allem, was geschehen war, warum widersprach es immer noch ihren Moralvorstellungen, Vashon zu helfen? Sie hatte schlimmeres getan. Jene Nacht auf Grand Talimen hatte doch bewiesen, daß sie wirklich so leicht vom rechten Wege abkommen konnte, wie John es bei ihr vermutet hatte. Aber – wegen eben dieser Nacht – war ihr Wunsch nach Rache genauso schwach geworden, wie ihr Verlangen nach Vashon stark geworden war. Sie holte tief Luft und blickte ihn an. »Es ist sinnlos, Vashon. Ich kann dir nicht helfen. Ich erinnere mich einfach an zu wenig Einzelheiten. Du hast mich die ganze Zeit umsonst hierbehalten.«

»Ich denke nicht.« Seine Augen zogen sich zusammen. »Ich glaube, du weißt sehr viel mehr, aber aus irgendeinem Grund hast du dich entschlossen, mir nichts zu erzählen.«

»Warum sollte ich so etwas tun?« Sie machte den Versuch zu lachen. Aber es klang nicht echt. Das merkte sogar sie.

»Ich weiß nicht, warum, besonders wo du doch weißt, daß ich kein Freund von Spielchen dieser Art bin.« Er griff ihren Arm. In seiner Wut tat er ihr weh. »Was ist los, Aurora? Warum sagst du nichts?«

»Ich will ja!« Sie versuchte, sich loszureißen. Aber es war unmöglich.

»Dann erzähl mir von deiner Kindheit. Erzähl mir alles.«

»Es gibt nichts zu erzählen.«

Er zog sie noch näher. »Sieh mich an«, forderte er. Als ihre Blicke sich trafen, fuhr er fort: »Versprich mir, daß du die Wahrheit sagst. Bei allem, was dir lieb und teuer ist, schwöre, daß du nichts weiter weißt.«

»Ich – ich . . .« Sie blickte ihn an. Dann schaute sie weg. Sie konnte nicht antworten.

Sie rechnete mit einem Wutausbruch, aber wie immer war Vashon dann am gefährlichsten, wenn er ruhig blieb.

Er verschränkte die Arme über der Brust und betrachtete sie aufmerksam. Sie brauchte ihn gar nicht anzusehen, um zu wissen, daß seine Augen kalt und hart waren.

»Sind wir fertig?« flüsterte sie verzweifelt. Sie wollte nichts anderes als zurück in ihr Zimmer und versuchen, all ihre schrecklichen neuen Gefühle zu ordnen. Aber sie hätte wissen müssen, daß Vashon sie nicht lassen würde.

»Du wirst hierbleiben, bis ich weiß, wo Michael Dayne den Stern von Aran gelassen hat«, sagte er.

Er ging zu den massiven Mahagonitüren, und Aurora zuckte zusammen, als sie das Klick hörte. Er schloß sie ein. Er drehte sich mit dem Rücken zur Tür. Sie beobachtete ihn und wußte plötzlich, was es hieß, Beute eines Drachen zu sein.

»Was, wenn es keine Antworten gibt, Vashon?«

»Habe ich dir eigentlich schon einmal die Geschichte der Leviathan erzählt?« fragte er.

Sie schüttelte ihren Kopf. Sie blickten einander an. Und obwohl er einige Meter von ihr entfernt stand, fühlte sie sich, als wäre er über ihr, so wütend war er.

»Die Leviathan war Isaacs Schiff.« Vashon trat näher. »Es war ein wunderschönes Schiff, das die Route von Southampton nach Algier segelte. Isaac war einer der besten Captains, die ich je kennengelernt habe. Er kümmerte sich um das Schiff wie um eine Ehefrau.«

»Was hat die Leviathan mit uns zu tun?«

Er ließ sie nicht weitersprechen.

»Eines Tages wurde die Leviathan angegriffen, von einem Schiff angegriffen, das unter englischer Flagge segelte. Isaac konnte es nicht glauben. Sogar Piraten hatten die Ehre, sich als solche auszugeben, wenn sie schossen.«

»Das Schiff war von Peterborough?«

Vashon lächelte. »Ach, ich vergaß, wie scharfsinnig du bist. Ja, natürlich gehörte es Peterborough.«

»Und er erbeutete die Leviathan, und Isaac hat ihm niemals vergeben.«

»Ja.«

»Und auf euren Reisen habt ihr, Isaac und du, nie ein Schiff gestohlen?« fragte Aurora sarkastisch.

»Ich denke, du bist nicht der Mann, der den ersten Steinwurf vergibt.«

»Es gibt noch mehr zu sagen.«

Er machte einen Schritt auf sie zu. »Als junger Mann studierte Peterborough in Deutschland Chirurgie. Als die Männer der Leviathan sich nicht ergeben wollten, nahm er Isaac und schnitt ihm die Finger ab, einen nach dem anderen, bis er zusammenbrach. Manch einer würde vielleicht sagen, daß Isaac kein mutiger Mann ist, da er sein Schiff aufgegeben hat, aber er hat lange ausgehalten, bis ihm drei Finger abgeschnitten waren. Denk daran, Aurora. Jedes Gelenk, jeder Knochen, einfach weggeschnitten...«

Sie schloß ihre Augen, schauderte. Sie konnte nicht glauben, daß der arme Isaac solche Qualen hatte ertragen müssen. Es war wirklich grauenhaft.

Vashon schien zufrieden mit ihrer Reaktion. »Soll ich die Männer herholen und jeden einzelnen bitten, dir seine ganz eigene Geschichte zu erzählen? Der Koch zum Beispiel. Soll ich ihn erklären lassen, wie er sein Auge verloren hat?«

»Nein«, keuchte Aurora.

»Aha, ich sehe, das macht dich krank.«

»Es würde jeden anständigen Menschen krank machen.«

»Dann wirst du ja sicher einsehen, daß sie alle sich an Peterborough rächen müssen.«

Sie sagte nichts.

»Zweihundert Mann waren auf der Leviathan, Aurora, und nur sechsundzwanzig haben überlebt.«

Sie schluchzte.

Vashon blickte sie an, Triumph in den Augen. »Siehst du, du kannst diese armen Seelen nicht einfach ignorieren. Oder? Die Toten schreien aus ihren Gräbern nach Rache.«

Zitternd setzte sich Aurora. Sie konnte nun wirklich nichts mehr zurückhalten. Nicht einmal, wenn all ihr Glück davon abhing.

Nach einer Weile fragte sie: »Und was hat Peterborough dir angetan, Vashon? Du warst doch nicht auf der Leviathan. Ich möchte wissen, was er mit dir gemacht hat.«

Er hob ihr Kinn. »Wenn ich es dir erzähle, wird dich das anspornen, mir zu helfen? Ich glaube nicht. Du möchtest dich für Unschuldige einsetzen. Und du weißt besser als jeder andere, daß meine Unschuld schon vor langer Zeit verlorengegangen ist.«

»Erzähl mir, was er getan hat . . .«

»Hilf diesen armen Männern, die mit ihrem Schiff untergingen. Sie brauchen dich!«

Sie starrte ihn an, fast ehrfürchtig – wie gut er manipulierte. Er wußte genau, wo er sie an ihrer schwächsten Stelle treffen konnte. Er lenkte ihre Gefühle von sich selbst ab auf die armen Opfer der Leviathan. Und wie es funktionierte! Sie wurde das Bild dieser ertrinkenden, gequälten Männer nicht mehr los.

»Hilf ihnen, Aurora. Nur du kannst etwas tun, damit sie nicht umsonst gestorben sind.«

Sie nahm einen tiefen, zitternden Atemzug und begann zu sprechen. Ihre Worte klangen hoffnungslos, kamen monoton.

»Mein Vater hieß Michael. Er war von Hugh Town auf St. Mary. Aber ich wuchs in London auf. Ich erinnere mich an eine Wohnung, in der wir lebten. West End war es, glaube ich.«

»Kannst du dich an noch mehr erinnern, was deinen Vater betrifft?«

»Mein Vater – ich kann mich nicht gut an ihn erinnern. Ich weiß nur, daß ich dort lebte.«

»Weiter.«

Ein Teil von ihr begann zu sterben, während sie sprach. Denn mit jedem Wort, das sie sagte, entwirrte sich der Knoten mehr – und damit auch ihr Einfluß auf ihn. »Es ist wirklich so wenig. Ich entsinne mich nur an Einzelheiten – der Sonnenschein, der auf mein Frühstücksei fällt ... meine Angst vor der Dunkelheit ...« Ihre Stimme war nur mehr als ein Flüstern. »Mein Vater, wie er mir einen Kinderreim aufsagt.«

»Ja, laß uns über den Reim sprechen.« Er zog den Stuhl neben sie heran. »Erzähl mir alles über den Reim.«

»Wir sagten ihn jeden Abend auf, wie ein Gebet vor dem Einschlafen. Er wollte, daß ich ihn nie vergesse.«

»Er wollte, daß du den Smaragd bekommst.«

»Ich vermute, ja«, sagte sie freudlos.

Vashon deutete ihre Stimmung falsch. Er nahm ihre Hände in seine und sagte: »Ich möchte, daß du das weißt. Soweit es mich betrifft, gehört der Smaragd dir, sobald ich ihn gefunden habe. Du kannst ihn haben.«

Sie lachte bitter. »Ach, genau das, wovon ich immer geträumt habe, ein Smaragd so groß wie meine Faust. Wie gut wird er mich in diesen kalten Londoner Nächten wärmen!«

Vashon blickte sie zögernd an. Langsam zog er seine Hände zurück. »Was sagst du da?«

»Ich will damit sagen, ich möchte mit diesem verfluchten Stern von Aran nichts zu tun haben. Wenn ich nach London zurückkehre, werde ich ins Heim gehen und beten, daß ich meine alte Stellung zurückbekomme. Ich habe keinerlei Bedürfnis nach deinem unrechtmäßig erworbenen Reichtum.«

»Du wirst Geld brauchen, um für dich selbst zu sorgen. Du kannst nicht zurück ins Heim.«

»Oh, kann ich nicht?«

»Nein, du kannst nicht. Peterborough weiß über das Heim Bescheid. Es ist also viel zu gefährlich für dich.«

»Es gibt aber für mich keinen anderen Ort, wohin ich gehen kann.«

Er zog sie an ihrer Rubinkette zu sich hin. »Hör mir zu, mein schönes Mädchen, du kannst es mit Peterborough nicht aufnehmen. Er weiß, daß dein Vater den Stern gestohlen hat, und sogar wenn er ihn wieder in seine Hände bekäme, würde er allergrößten Gefallen daran finden, dich aufzuspüren und dich für das Verbrechen deines Vaters zahlen zu lassen. Verstehst du? Du gehst nicht zurück ins Heim. Flossie wird dich mit nach St. George nehmen, und dort wirst du bleiben, bis ich anders entscheide.«

»Wenn du deinen verdammten Smaragd hast, hast du mir auch nichts mehr zu sagen. Ich werde tun, was mir gefällt.« Sie stieß seine Hand weg und ging zum Fenster. Die Schönheit und Großartigkeit von Mirage lockten sie, aber irgendwie war der Glanz verlorengegangen.

Er rieb sich das Kinn und betrachtete sie. »Das Waisenhaus hatte nicht gerade viel an sich, als daß es einladend wäre.« Er zögerte. »Sehnst du dich immer noch nach deinem lieben Phipps?«

Aurora verweigerte die Antwort.

»Aurora.« Vashon erhob sich. »Schlag dir aus dem Kopf, nach London zurückzukehren. Wenn du Phipps willst, schreib ihm von mir aus und bitte ihn, zu dir zu kommen. Aber du kannst dich nicht einer so großen Gefahr aussetzen, ins Heim zurückzugehen.«

»Dies hier ist deine Schlacht, Vashon, nicht meine. Ich habe mit meinem Vater Frieden geschlossen. Ich habe ihm seine Fehler vergeben. Was nun geschieht, betrifft dich, nicht mich.«

»Ich werde es nicht zulassen.«

»Und warum nicht?« Wütend wandte sie sich wieder zum Fenster und starrte auf die Szenerie draußen. Sie hätte ihm diese Frage nicht einmal stellen sollen. Denn was für eine Antwort erwartete sie eigentlich? Vashon war der letzte Mann, bei dem sie sich hätte vorstellen können, daß er Liebeserklärungen machte, um sie an seiner Seite zu halten. Warum also gab es dennoch diese verflixte Sehnsucht in ihr?

»Peterborough wird dir weh tun, wenn er dich aufspürt. Verstehst du das denn nicht?«

Sie blickte ihn finster an. »Woher weißt du so viel über Peterborough? Ich möchte, daß du mir sagst, was ihr miteinander zu tun habt, warum du ihm gegenüber diese Rachegefühle hegst?«

»Er ist mein Bruder.«

Sie wirbelte herum und starrte ihm ins Gesicht. Dieser Kampf konnte doch nicht so schrecklich sein, daß er Bruder gegen Bruder stellte? Aber ein Blick zu Vashon genügte, um genau das zu bestätigen. Sein Gesicht war genauso unversöhnlich, wie es immer war. Aber seine Augen zeigten eine seltene Gefühlsschwere. Sie sah Wut und Betrogensein. Schlimmer noch, sie sah eine Verletzung, die wie eine Narbe verlief, so tief und breit, daß man Abstand halten mußte, um sie ganz zu sehen.

»Was hat er dir getan?« flüsterte sie. Ihre Seele flog ihm entgegen.

»Wir hatten dieselbe Mutter. Aber mein Vater war der Viscount Blackwell.«

Aurora schloß ihre Augen. Sie fühlte sich elend. Alles ergab jetzt einen Sinn. Daß Vashon als Kind so verwöhnt worden war. Und daß er so schrecklich hart wurde in seiner Jugend. Sein eigener Bruder war also der Grund, warum Vashon nach Algier geschickt und verkauft worden war.

»Warum hat er das getan, Vashon? Hat er es getan, um den Titel zu bekommen?« Wie schwer fiel es ihr, diese Frage zu stellen!

Er antwortete nicht. Sie blickte ihn an, aber er hatte sich ihr verschlossen. Sie würde von ihm nichts mehr erfahren.

Sie nahm den Schlüssel, der an ihrer Kette hing, und betrachtete ihn eingehend. Endlich sah sie das Blackwell Wappen, das auf dem Griff eingraviert war. Die Puzzleteilchen fügten sich eins nach dem anderen zusammen, als sie die zwei Drachen sah, die sich auf dem Wappen gegenüberstanden. Sie sahen genauso aus wie das Tier auf ihrem Medaillon. Und endlich begriff sie auch, daß auf ihrer Kette keine Eidechse dargestellt war, sondern ein Drache, offensichtlich für die Viscountess Blackwell eigens kreiert. Und auch die Tätowierung auf Vashons Rücken gab den Drachen aus dem Wappen wieder, wenn man die chinesische Eigenwilligkeit der Darstellung nicht beachtete.

»In China betrachtet man Drachen als gütige Tiere, stimmt's, Vashon?« sagte Aurora wie betäubt.

»Ja.«

»Aber der englische Drache ist kein gütiges Tier, oder? Und der Drache auf deinem Rücken ist überhaupt kein chinesischer Drache. Er ist der Drache aus eurem Familienwappen.«

Vashon nickte.

»Dieser Schlüssel, wie bist du an ihn gekommen?«

»Ich fand ihn an meinem letzten Tag in London in meiner Tasche.«

»Warum hast du ihn mir gegeben?« Er räusperte sich. »Weil er alles, was gut war, für mich symbolisiert. Und alles, was nicht währte.«

Aurora preßte ihre Hand an den Mund. Eine tiefe Traurigkeit überwältigte sie. Vielleicht hatte sie bis jetzt immer noch ein winziges Fünkchen Hoffnung gehegt, Vashon zähmen zu können, seine Wut und seinen Blutdurst zu stillen und ihm womöglich zum Glücklichsein zu verhelfen. Und nun konnte sie sehen, daß dies nahezu unmöglich war. Er war zu stark, zu wütend. Liebe wäre das einzige Mittel gewesen, diese Art von Zorn zu besänftigen. Aber er würde ihre Liebe nicht annehmen und sie auch nicht wiederlieben. Er hatte recht daran getan, ihr den Schlüssel zu geben. Die Dinge währten nicht. Nichts blieb. Außer ihrer unerwiderten Liebe.

»Nun weißt du, warum mir der Stern so wichtig ist«, sagte er.

Plötzlich schlug sie wie wild um sich. Sie konnte ihn nicht ohne Kampf gehen lassen. »Nein, das weiß ich nicht. Das einzige, was klar ist, dieser Rachefeldzug ist falsch. Du wirst dadurch nicht glücklicher werden. Dein Haß wird dich mehr und mehr zu einem Monster machen, fast zu so einem, wie es dein Bruder ist.«

»Vielleicht bin ich genauso ein Ungeheuer wie mein Bruder. Hast du dir das schon einmal überlegt? Wir haben dasselbe Blut, zur Hälfte jedenfalls.« Vashons Gesicht war aschfahl.

»Dann mußt du dagegen ankämpfen! Du bist doch nicht gezwungen, so zu sein wie er! Das ist nicht vorbestimmt. Es gibt eine Seite in dir, die gut ist. Ich habe sie gesehen!«

»Ah, was für eine himmlische Perspektive. Aber so leicht ist es nicht, Aurora. Vielleicht will ich gar nicht dagegen ankämpfen.«

»Aber du mußt«, bat sie. »Ich sehe ja, daß es dir nicht um den Titel geht. Und auch nicht um Reichtum, denn deiner muß wohl dreimal so groß sein wie Peterboroughs. In jedem Fall wird dich dieser Vergeltungszug nicht glücklich machen. Zerstöre nicht alles, was dir im Weg steht, um ihn zu bekommen. Sonst bleibt dir am Ende nichts.«

»Was verstehst du schon davon?« fuhr er sie an. »Du mit deinem behüteten, elenden kleinen Leben. Was weißt du schon davon?«

Er versuchte, sie zu verletzen. Aber Aurora schüttelte seine gefühllosen Worte ab. »Ich weiß genau, wovon ich spreche, Vashon. Ich habe die Kinder im Heim aufwachsen sehen. Und sie hatten alle ihre Vergangenheit, und manche ähnelten deiner eigenen. Diejenigen, die vergaßen und nach vorne schauten, haben überlebt. Diejenigen, die nicht vergessen konnten, die ihre Wut in sich wachhielten, so wie du – taten das nie.«

»Ich bin kein Findelkind, Aurora.«

»Nicht nach außen hin.«

Ihre Blicke trafen sich, und es verging ein Moment, in dem Aurora dachte, ihre Worte hätten ihn erreicht. Aber ohne jede Vorwarnung griff er brutal nach ihr.

»Ich sagte dir schon, daß ich mich nicht ändern werde. Warum bildest du dir ein, irgendein Zufallsprodukt eines Diebes könnte das bewirken?«

Seine Worte verletzten sie tief. Sie fühlte sich, als würde sie ausbluten. »Gibt es keine Tiefe, in die du sinken kannst?« flüsterte sie schmerzvoll.

»Nein, nein, ich kann noch viel weiter sinken.« Sein Arm legte sich um ihre Taille, und er hob sie hoch, so daß sie ihn ansehen mußte. Er lächelte düster. »Mußt du mich ständig dazu zwingen, es dir zu beweisen?«

Sie hatte Angst. Aber sie verbarg sie vor ihm. »Ich zwinge dich nicht«, sagte sie. »Es ist dieses Biest auf deinem Rücken, Vashon. Und es spiegelt das Biest in deinem Herzen wider.«

»Und du bringst dich jedesmal in Gefahr, wenn du das vergißt.« Vashon lächelte, als habe er Freude daran, sie zu erschrecken. Dann küßte er sie, seine Lippen nahmen ihre in Besitz, in einem bösen, lieblosen Kuß.

Sie stöhnte. Sie haßte ihn für seine Brutalität, und sie haßte sich selbst dafür, daß sie ihn liebte. Aber während er sich ihrer so bemächtigte, war es, als würden zwei Männer sie küssen, einer, der zärtlich und gebend sein konnte, und einer, dessen Hand ihr Kinn festhielt und ihr weh tat.

Als sein Kuß immer gemeiner wurde und sich seine Zunge wild zwischen ihren Zähnen hindurch grub, begann sie endlich zu kämpfen. Sie hob ihre Hand und schlug ihm ins Gesicht, aber er schien es kaum zu spüren. Er lachte nur und küßte sie nur noch fester, bis sie erneut versuchte, ihn zu schlagen. Doch diesmal war er darauf vorbereitet. Er umschloß ihre Hand mit einem eisernen Griff und legte sie brutal auf den Rücken. Ohne jede Möglichkeit der Gegenwehr ergab sie sich schließlich.

Er zog sie zum Bett, und Aurora kam es vor, als inszenierten sie einen dunklen Tanz neu, den sie schon einmal aufgeführt hatten. Brutal und unbeugsam zog er sie unter sich auf die Matratze. Er fuhr fort, sie zu küssen, und streichelte sie, umfaßte ihren Busen, und sie konnte hören, wie er stöhnte, und spüren, wie er an ihren Schenkeln hart wurde. Sie versuchte fortzukommen, versuchte, gegen ihn anzukämpfen, aber es nützte nichts. Er legte sich einfach auf sie. Sie wollte, daß er sie ansähe, aber er vergrub sein Gesicht in ihrem Hals. Aber ihre Augen, die voller Trauer waren, ließen ihn keinen Moment los.

Als seine Finger an dem Schleier ihres Kleides rissen, um ihre Haut darunter berühren zu können, war ihr Gesicht schon überschattet von Schmerz. Endlich fand er ihren Blick, und, wie um sie zu verhöhnen, riß er das Oberteil genau zwischen ihren Brüsten ein kleines Stück auf.

»Wie willst du es, Aurora«, flüsterte er, »grob oder locker?«

»Du weißt, wie ich es mag, Vashon.«

Seine Augen trafen ihre, und er sah das Flehen und den Schmerz in ihrem Gesicht. Aber sie hatte keine Hoffnung mehr, ihn zu erreichen. Sie mußte diese Nacht überstehen und ihn dann verlassen, mit nichts als der Erinnerung an den Mann, der er hätte sein können.

»Schau weg«, sagte er leise mit heiserer Stimme. Ihr Blick schien ihm lästig.

»Ich kann nicht«, flüsterte sie zitternd.

»Warum nicht?« fragte er zornig.

»Weil ich . . .« Eine Träne fiel. Sie wischte sie fort. Warum sollte sie sie länger verbergen? »Weil ich den Mann vermissen werde, den ich liebe, Vashon. Und weißt du, ich sehe ihn so selten.«

Als ob sie ihm mit dem Messer an die Gurgel gegangen

wäre, zog er sich voller Entsetzen zurück. Kälte und eine gefährliche Wut erfüllten ihn, und Aurora dachte, er würde sie gleich schlagen. Aber statt dessen, mit vor Zorn bebender Stimme und einer Handbewegung, die wie ein Schlag auf sie wirkte, wies er zur Tür.

»Raus hier. Ich will dich nie wiedersehen. Hörst du?«

Mit einem großen, herzzerreißenden Schluchzer stand sie auf. »Vashon«, bat sie, unwillig, daß er sie fortschickte, wie sie unwillig gewesen war, von ihm vergewaltigt zu werden.

»Geh. Morgen wirst du auf der Resolute nach Hause segeln.«

»Bitte nicht«, begann sie. Aber er unterbrach sie mit einem tödlichen Blick. Als sie nichts vor sich sah außer Wut und Eiseskälte, wischte sie sich die Tränen vom Gesicht und stolperte zur Tür. Und ihr einziger Gedanke in dem Moment war, daß Gott genauso grausam war, wie John Phipps ihn immer dargestellt hatte.

25

In dieser Nacht regnete es, und Aurora sah zu, wie die Tropfen fielen, die schlafende Koonga in den Armen. Auf den Inseln war der Regen freundlich und kurz, erfrischte und füllte die tropische Erde wieder. Wenn es allerdings nachts regnete, war das ein Grund zur Besorgnis, denn der Regen ging häufig mit einem großen Orkan einher, der viel größere Inseln als diese ausradieren konnte. Aber Aurora sehnte sich nach Regen, nach Wind und Sturm. Und wenn statt dessen am Morgen die Sonne scheinen würde, wollte sie sie nicht sehen.

Die Jalousien klapperten, mit solcher Wucht kam der Wind, aber in dieser Nacht schien ihr nichts zu wild und zu gewaltig. Es gab keine Bö, die wütend genug, kein Regen, der kalt genug war, um ihre Traurigkeit fortzublasen und zu kühlen. Verzweifelt, wie sie war, hörte sie kaum das Prasseln des Regens gegen die offenen Fenster. Erst als Koonga sich regte, trat sie ins Innere des Raums zurück.

Beim Gedanken an den Stern von Aran lachte sie bitter auf und wischte sich den Regen aus ihrem tränenleeren Gesicht. Zweimal schon war sie für diesen schrecklichen Smaragd verlassen worden. Zweimal wurde ihre Hoffnung auf Liebe durch den größeren Glanz dieses Steins zerstört. Und jetzt plötzlich konnte sie es kaum erwarten, dieses Juwel in den Händen zu haben und selbst zu sehen, ob es all den Schmerz wert war, mit dem sie dafür zahlen mußte. Und dann wollte sie den Stein einfach in den Ozean werfen, einen Ozean, so grün, so unergründlich und grausam wie Vashons Augen.

Aber bis es soweit war, hatte sie nichts, was sie trösten konnte. Ihr blieb nur der Schmerz, der sich dort eingenistet hatte, wo ihr Herz war. Und auch wenn sie den Stern zerstörte, würde ihr dieses Weh nicht genommen.

Sie nahm einen tiefen Atemzug und preßte das schlafende Äffchen an ihre Brust. Sicher würde Benny das Tier morgen schon holen. Sie zweifelte daran, daß der Junge mit auf die Resolute kommen würde. Bestimmt würde die Rückreise nicht so komfortabel sein. Aurora bettete Koonga auf ein Kissen und dachte traurig, wie sehr sie das Äffchen und sein lustiges Geschnatter vermissen würde.

Es klopfte. Auroras Herz machte einen Sprung. Konnte es Vashon sein? Aber sie wußte ja nur zu gut, daß er nicht anklopfte.

»Ja?« flüsterte sie an der verschlossenen Tür.

»Missa! Missa! Kommen Sie, schnell! Ist gloßes Dilemma!«

Aurora öffnete. Vor der Tür stand Tsing mit einem Kandelaber. In dem Lampenlicht wirkte sein Gesicht ungewöhnlich aufgeregt.

»Was ist?« fragte sie alarmiert.

»Vashon ist vellückt! El ist vellückt! Kommen Sie, schnell! Ist gloßes Dilemma!«

»Aber was hat er denn getan?«

»El velblannt Kalte und bestellt immel mehl Blandy! Kalte sehl teuel, Missa!«

»Er kann sich schon wieder eine leisten . . . also ist er betrunken, ja?« fragte sie gereizt.

»Ja, Missa. Kommen Sie, schnell! Müssen machen aufhölen!« Tsing zog sie an der Hand. Aber sie riß sie zurück.

»Wie kommen Sie darauf, daß ich etwas tun kann? Warum sind Sie zu mir gekommen? Hat er nach mir geschickt?«

»Nein, Missa. Abel Sie machen aufhölen. Ich wissen!«

»Vashon ist ein erwachsener Mann, Tsing, und wenn er sich unbedingt betrinken muß, kann ich es auch nicht ändern.«

»Missa! Missa! Sehen Sie!« Er hielt ihr seine lange graue Haarflechte hin. Das Ende war abgehackt. »El walf Messel nach mil, Missa! El sagen ›Hol Blandy und laus!‹, und als el mich immel noch sehen, el welfen Messel!«

»Was für ein Bösewicht!« rief sie aus und berührte das fransige Ende seines Zopfes. »Du solltest nicht einen Tag länger für ihn arbeiten!«

»Oh, nein Missa. El nie zuvol getan! Ist gloßes Dilemma! Sie machen aufhölen, Missa!« Er zog sie aus der Tür heraus auf den Flur.

»Aber ich weiß wirklich nicht, was ich tun kann, Tsing«, flehte sie, als er sie in Richtung von Vashons Zimmer mit sich nahm. »Ich habe doch damit nicht das geringste zu tun!«

»Nein, Missa. Ist nicht so! Als Vashon Messel welfen, el mil gesagt, Sie velsuchen, ihm umblingen. Und el nicht wollen, nicht elauben.«

Sie blieb stehen. »Ich soll versuchen, ihn umzubringen? Das ist doch absurd! Also wirklich, er muß vollkommen verrückt geworden sein!«

»Nehmen, Missa!« Von einer Kommode nahm Tsing ein Tablett, beladen mit Karaffen, und drückte es ihr in die Hände. »Sie nehmen, Missa. El mil schneiden noch Lest von Kopf.«

Bevor sie überhaupt wußte, wie ihr geschah, klopfte Tsing an die Türen. Als statt einer normalen Antwort nur ein Knurren von innen ertönte, wurden die Türen aufgerissen, und Tsing schob sie hinein. Und als sie einen Blick zurückwerfen wollte, wurden die Türen sehr geräuschvoll vor ihrer Nase zugeworfen.

»Stell es ab und geh«, sagte Vashon von irgendwo. Aurora blickte sich um und sah nur ein klägliches Kerzenlicht auf dem Schreibtisch brennen. Daneben lagen die Reste der Karte.

»Ich sagte doch . . .«

»Nein, nicht noch ein Messer. Es ist nicht Tsing«, rief Aurora hastig.

Sie sah, wie sich eine düstere Gestalt vom Sofa aufrichtete. »Ich dachte, ich habe dir gesagt . . .«

»Ja«, unterbrach sie ihn, »aber du hast Tsing solch eine Angst eingejagt, daß er sich weigert, noch einmal hier hereinzukommen, und statt dessen hat er mich geholt.«

»Und du hättest besser so klug sein sollen, auch Angst zu haben.«

Sie blickte zu der lauernden Gestalt im Halbschatten hinüber. Dahinter trommelte der Regen gleichmäßig gegen die quietschenden Fensterläden. Sie konnte sein Gesicht nicht sehen, aber sie konnte die scharfe Silhouette des Stiletts erkennen, das er in der Hand hielt. Sie hatte Angst, aber sie würde lieber sterben, als noch einmal vor ihm davonzulaufen.

»Ich bin klug«, sagte sie langsam, »aber, anders als Tsing, habe ich den festen Glauben, daß du mir nicht weh tun wirst.« In der Dunkelheit tastete sie sich zum Tisch vor. Als sie ihn fand, setzte sie das Tablett ab – und spürte das Stilett auf ihrer Brust.

»Ich sehe, ich habe irgendwie versäumt, dich genügend mit meiner bösartigen Natur zu beeindrucken.«

Er roch nach Brandy. Mit seinem anderen Arm zog er sie an seine Brust.

Sie senkte ihren Blick. Ihre Nerven waren zum Zerreißen gespannt. Sie hatte mit eigenen Augen gesehen, wie Männer schreiend vor Angst vor Vashon davonliefen, wenn er in solch einer Stimmung war. Aber sie wollte ihm nicht zeigen, wie sehr es ihr vor ihm grauste.

Sie spürte, wie sich die Spitze des Stiletts in ihre Haut grub. Sie zwang sich, es nicht weiter zu beachten. »Wie seltsam, daß du daran denken solltest, mir ein Leid zuzufügen, Vashon, wo doch Tsing mir gerade erzählt hat, daß angeblich ich diejenige sein soll, die darauf aus ist, dich zu töten.«

»Du versuchst, mich zu töten«, behauptete er felsenfest.

»Und wie sollte ich? Ich habe doch überhaupt keine Waffe.«

»Du hast eine Waffe. Die allergefährlichste Waffe. Das hier.« Er legte seine Hand auf die Stelle, wo ihr Herz wie wild gegen die Rippen schlug.

Erschrocken und gleichzeitig eigenartig aufgeregt durch seine Worte, antwortete sie: »Aber du mußt wissen, Vashon, daß ich dich mit dieser Waffe nur besiegen kann, wenn du es zuläßt.«

Vashon senkte das Stilett und legte ihre Hand um den Griff der Waffe. »Dann wirf es in meinen Rücken, und wir haben diese Höllenqualen ein für allemal hinter uns. Oder wartest du lieber auf Josiah Peterborough und läßt es ihn für dich tun.«

Sie öffnete ihre Hand, und das Stilett fiel klappernd zu Boden. »Du bist betrunken. Du redest dummes Zeug. Ich werde dir nicht länger zuhören.«

»Ich bin nicht so betrunken, als daß ich nicht sehen kann, was geschehen wird.«

»Und was wird geschehen?« fragte Aurora ruhig.

»Zuerst« – seine Hand hob sich an ihr Kinn – »wirst du mich küssen.«

»Wirklich? Niemals wieder, ich schwöre . . .«

Er drehte sie so schnell zu sich herum, daß ihr die Luft wegblieb.

»O doch, du wirst mich küssen«, flüsterte er, »und danach werden wir in mein Bett gehen und dort lange, lange bleiben.«

Sie kämpfte sich los und stolperte zur Tür. »Tsing hatte recht. Du hast vollkommen den Verstand verloren.«

»Ach, aber es gibt Schlimmeres als das.« Er griff nach ihrer Taille. »Keuschheit, zum Beispiel.«

»Nein, Vashon, ich bin nicht hierhergekommen, um weiter gekränkt zu werden.«

Er zog sie in seine Arme und blickte sie so hungrig an, daß sie vor Angst keuchte.

»Ich weiß, weshalb du hierhergekommen bist, Aurora«, sagte er. »Du bist gekommen, um mich mit deiner Liebe zu zerstören. Mit deinen unerfahrenen, kleinen Verführungen wolltest du mich zu Fall bringen und mir meinen Selbstschutz nehmen.«

»Liebe oder Tod, Vashon, es muß doch nicht das eine oder das andere sein«, rief sie aus, und alle angestauten Gefühle brachen wieder hervor.

»Du verlangst Selbstmord von mir! Ich soll mich für dich zerstören!«

»Nein! Ich liebe dich! Und ich möchte, daß du ein Leben hast, das es wert ist, gelebt zu werden! Und wenn du nicht lieben kannst, was für ein Leben soll das dann sein?« Plötzlich schluchzte sie.

»Ich habe vergessen, so zu empfinden«, stöhnte er, Hoffnungslosigkeit in der Stimme. »Ich kann nie wieder so fühlen.«

»Du könntest dich daran erinnern, wie es früher war, ich weiß es«, flüsterte sie.

»Du sprichst, als wüßtest du alles ganz genau«, sagte er zynisch.

»Ich spreche mit meinem Herzen, Vashon.«

Sie blickten einander in die Augen, blieben so, kämpften beide einen wortlosen Kampf, zwei Willenskräfte gegeneinander. Aber gerade als sie dachte, sie würde eher sterben, als diese Schlacht zu verlieren, flüsterte er: »Dann zeig es mir.«

Sie blickte ihn an, nicht sicher, was er wollte.

»Zeig es mir«, wiederholte er mit weicher Stimme.

Sie sah das schreckliche Sehnen in seinen Augen.

»Wie? Wie kann ich es dir zeigen?« Es war kaum mehr ein Flüstern.

»Beginn mit einem Kuß.«

Aurora zitterte. Sie wußte nicht, ob sie das tun konnte. Aber in ihrer Verzweiflung hob sie ihr Gesicht und preßte einen Kuß auf seine harten, verlorenen Lippen.

Es war ein unbeholfener Kuß, und als er vorüber war, fragte sie sich, ob er sie auslachen würde. Er hatte kaum darauf reagiert, nicht einmal, als sie ungeschickt ihre Hand hob, um sein unrasiertes Kinn zu streicheln.

Sein Blick ließ sie immer noch nicht los.

»Sag es«, flüsterte er. »Sag es, und diesmal werde ich dich nicht fortschicken.«

Sie war so dumm! Er war nicht der richtige Mann für sie. Sie würden niemals ein Leben zusammen aufbauen können. Es war genauso unmöglich wie eine Ehe zwischen Lamm und Löwe. Dies hier würde ihr Glück vollends zerstören, aber sie konnte nicht anders. Ihre Gefühle für ihn trugen sie fort wie auf einer großen Welle; sie konnte sich nicht mehr auf dem sicheren Land halten.

»Ich liebe dich, Vashon«, sagte sie. »Und das Schlimme ist, ich kann daran nichts ändern.«

Ihre letzten Worte kamen wie ein leiser Hauch, aber anscheinend hatte er sie dennoch gehört. Er umklammerte sie wie ein sterbender Mann ein neues Leben. Sein Mund legte sich auf ihren, und er hob sie auf. Er brachte sie zum Bett. Mit ihr in den Armen ließ er sich rückwärts fallen, und alles, was sie sich so sehr gewünscht hatte, alles, wovon sie geträumt hatte, lag plötzlich in ihren Armen.

Er küßte sie, hungrig nach ihren Lippen, hungrig nach ihrer Berührung. Seine Zunge brannte auf ihrer, und seine Hände wanderten scheinbar ziellos über ihren Körper, bis er loderte. Andächtig streichelte er sie, die Kurve ihres Rückens, ihren süßen, prächtigen Po, ihre enge Taille, die verlockend unter dem dünnen Stoff ihres Nachthemdes durchschimmerte.

Ihr Blick ließ ihn nicht los, als er sie auszog. Sie wußte, was er wollte, und dieses Mal sehnte sie sich danach, es ihm zu geben.

Sie streichelte seine nackte Brust. Ihre Finger schlüpften durch die Masse dunklen, gelockten Haares, und sie ergötzte sich an dem Gefühl für ihn, das in ihr brannte. Als er ihre nackten Brüste in die Hände nahm, erschauderte sie und stöhnte mit einer Lust auf, die sie in ihrer Stärke und Rückhaltlosigkeit erschütterte.

Vashon legte sich auf sie und nahm ihre Lippen in einem langen, aufzehrenden Kuß. Seine Hand fuhr durch ihr goldrotes Haar, glitt tiefer bis zu ihren Hüften, die er hob und gegen seine preßte.

»Ich liebe dich«, flüsterte sie wie im Gebet. Vashon antwortete mit einem neuen sehnsuchtsvollen Kuß und blickte dabei tief in ihre Augen.

Er mußte gefunden haben, was er suchte. Mit einem plötzlichen, feurigen Verlangen nahm er sie in Besitz, und bevor seine Lippen sich erneut auf ihre senkten, stöhnte er auf. »Ich liebe dich, ich liebe dich«, flüsterte Aurora, bis sie nichts mehr sagen konnte.

Die Nacht schritt fort. Draußen trommelte der Regen. Drinnen gab es nichts als eine Welt voller Flüstern und Seufzen, existierten nur ihre Küsse und ihre Liebe. Zweimal war Aurora in einen kurzen Schlaf gefallen, und zweimal wurde sie von seinen zärtlichen Berührungen geweckt. Ihre Leidenschaft entflammte immer wieder von neuem, und jedesmal übertraf ihr Glanz die letzte Umarmung.

Schließlich, als die ersten Sonnenstrahlen ins Zimmer fielen, legte sich Frieden über sie und deckte sie wie eine warme, weiche Decke zu. Vashon lag mit seinem Kopf auf Auroras Bauch, während sie in die Kissen geschmiegt saß und zärtlich über die Tätowierung auf seinem muskulösen Rücken strich. An diesem Morgen störte sie nicht einmal der Drache. Peterborough hatte ihm den Blackwell Titel gestohlen. Sie konnte jetzt die Wut verstehen, die Vashon dazu verleitet hatte, so etwas seinem Körper zuzufügen.

»Ich sollte besser zurück in mein Zimmer gehen«, murmelte sie, und allein der Gedanke daran, ihn zu verlassen, brach ihr das Herz.

»Nein, meine schlafende Schönheit, bleib«, sagte er und legte seine Hand besitzergreifend auf ihre Hüfte. Sie lächelte leise über diesen neuen Kosenamen, dann wurde ihr ganz warm ums Herz bei dem Gedanken, was er getan hatte, als er sie zuvor mit diesen Worten geweckt hatte. »Aber werden die Diener nicht sehr befremdet sein, wenn ich nicht da bin?«

»Tsing wird schon wissen, daß du bei mir bist.«

Der Gedanke, daß die Diener alle sehr bald schon wissen würden, daß sie die Nacht mit Vashon verbracht hatte, störte Aurora. Aber es fiel ihr andererseits nicht leicht, den Schein zu wahren.

Vashon setzte sich und nahm ihr Medaillon in die Hand, das auf dem Laken lag. Wann war die Kette gerissen? fragte sich Aurora.

Er ließ die Kette vor ihr pendeln. »Ich habe noch nichts herausgefunden.«

»Das dachte ich mir, als ich sah, was du mit der Karte angestellt hast.« Sie zögerte. »Aber du brauchst den Stern nicht, Vashon, sicher merkst du das selbst. Du bist unglaublich reich. Du kannst es dir leisten, Peterborough in Ruhe zu lassen.«

Er nickte. »Aber auch wenn ich meinen Kampf mit Peterborough aufgebe – er wird nicht ablassen. Besonders jetzt nicht, wo er weiß, daß ich dich habe.«

»Dann gib ihm das Medaillon.«

»So einfach ist das nicht.«

Sie spürte, wie er sich verkrampfte. Mit weicher Stimme sagte sie: »Mein Liebling, er kann Mirage nicht finden. Und er wird uns nie finden. Wir bleiben hier und gründen eine Familie und reisen nicht . . .«

Er wandte sich ab und legte sich auf den Rücken. Er starrte verdrossen auf den dunklen Baldachin seines Bettes. »Womöglich findet er Mirage doch. Man sollte diesen Mann nicht unterschätzen. Es gibt vieles, Aurora, was du noch nicht weißt. Zum Beispiel habe ich dir noch nichts von dem Fluch erzählt.«

»Was für ein Fluch?« flüsterte sie.

»Ich glaube ja nicht daran, aber auf dem Stern liegt ein Fluch. ›Wer auch immer ihn besitzt, dessen Feinde werden sterben.‹ So steht es in der Chronik, einem sehr alten Buch, das sich in Inishmore Castle befindet . . . wo der Stern ursprünglich hingehörte.«

»Aber wenn du selbst nicht daran glaubst, warum mißt du dem dann soviel Bedeutung bei?«

»Weil Peterborough daran glaubt. Er war die ganze Zeit über zu abergläubisch, um seinen Bruder umzubringen. Wenn er den Smaragd hat, wird er mich töten. Dann steht ein Fluch gegen den anderen. Und es ist ziemlich klar, welchem er mehr Bedeutung beimessen wird.«

Er blickte sie an und strich ihr eine Haarsträhne aus der Stirn. »Aber ich mache mir Sorgen, um dich, Aurora, mehr als um mich. Deshalb mußt du mir versprechen, daß du tun wirst, was ich dir sage. Du mußt das auf alles, was dir heilig ist, schwören. Du mußt in Sicherheit sein, so schwierig das auch sein mag.«

»Bitte verlange nicht, daß ich fortgehe. Das werde ich niemals.«

»Peterborough ist eine Gefahr, solange du bei mir bist«, wiederholte er.

»Was soll das heißen?« fragte sie. Sein Ton störte sie.

»Ich will damit sagen«, antwortete er langsam, ohne sie anzusehen, »daß du tun mußt, was ich dir sage. Egal, was es ist.«

Sie schüttelte den Kopf, Panik machte sich in ihr breit. »Verlange nicht von mir, daß ich gehe. Nimm mich nicht mit in dein Bett und stoße mich dann beiseite.«

Sein Kinn wurde hart, als ob er eine Entscheidung träfe, eine Entscheidung, von der er wußte, sie würde sie nicht mögen. »Du hast ein Leben, in das zu zurückkehren kannst, Aurora. Es war falsch, dich da herauszureißen. Ich muß alles dafür tun, daß du nach London zurückkehren kannst. Das sehe ich jetzt.«

»Was du siehst, ist, wie sehr ich dich liebe!«

Er blickte sie an. »Nein, was ich sehe, ist eine Frau, die viel mehr verdient, als ich ihr bieten kann. Eine Frau voller Charme und Schönheit, die sich vormacht, ich sei der richtige Mann für sie. Und ich sehe einen Mann, der es in ihren Augen wert ist, geliebt zu werden, und von dem sie fälschlicherweise annimmt, er verdiene sie.« Er senkte seine Stimme und sprach voller Selbstverachtung weiter. »Weißt du, was ich alles in meinem Leben getan habe? Weißt du, wie viele Menschen ich getötet habe?«

Aurora wollte nicht hören. »Es kümmert mich nicht, wie viele Menschen deinetwegen gestorben sind. Ich werde bis an mein Ende glauben, daß du einen guten Kern hast . . .«

»Hör mir zu!« Grob zog Vashon sie zu sich. »Es gab Zeiten, da dachte ich, ich hätte einen guten Kern, aber Josiah Peterborough ist immerhin mein Halbbruder, und die Hälfte seines Blutes fließt in meinen Adern. Ich muß mich immer wieder fragen, ob das nicht eine ganze Menge Dinge in ein anderes Licht rückt.«

»Nein. Du bist ganz anders als dein Bruder.«

»Aber vielleicht täuschst du dich. Vielleicht bin ich ihm

sogar sehr ähnlich. Isaac sagte einmal, der Grund, weshalb ich Josiah nie den Titel streitig gemacht habe, sei einzig und allein, daß ich es mehr genieße, ihn zu quälen, als den mir zustehenden Platz im Hochadel einzunehmen. Und er hat recht, Aurora. Er hat recht.«

»Ich höre gar nicht weiter zu! Egal, was du sagst, ich werde niemals glauben, daß du ein schlechter Mensch bist. Ich liebe dich! Ich könnte keinen bösen Mann lieben!«

Er schüttelte sie mit vor Wut und Schmerz verzerrtem Gesicht. »Ich habe erstmals einen Mann umgebracht, als ich gerade dreizehn war.«

»Du hattest einen Grund, es zu tun!«

»Wie willst du das beurteilen können?«

Sie schluchzte, kaum zum Sprechen in der Lage. »Weil der Mann dich belästigt hat, oder?«

Vashon stand reglos. Sein Gesicht wurde knallhart. »Peterborough wollte mich tot, um den Blackwell Titel zu erben. Und er dachte, ich sei tot, bis ich vor Jahren nach London zurückkehrte und ihm einen Besuch abstattete. Ich wollte ihm angst machen. Und ich erzählte ihm von dem Mann, den ich vor so langer Zeit getötet hatte, als ich noch ein Junge war. Ich beschrieb es ihm bis ins kleinste Detail.« Seine Stimme war voller Abscheu. »Willst du wissen, was er sagte?«

Mit Tränen in den Augen schüttelte sie den Kopf.

»Er sagte, gut gemacht. Nun weiß ich, daß wir Brüder sind.«

Vashon ließ sie los und wandte sich ab. Auroras Herz zog sich vor Mitleid und Liebe für ihn schmerzhaft zusammen. Sie preßte sich an ihn, umfing seinen kräftigen Oberkörper mit ihren Armen, lehnte den Kopf an den Drachen auf seinem Rücken. »Das ändert nichts«, flüsterte sie.

»Es war falsch von mir, dir etwas vorzumachen. Du verdienst den besten Mann, nicht den schlechtesten. Du solltest diesen Phipps heiraten, Aurora. Du solltest so vieles haben«, sagte er mit monotoner Stimme.

»Du sagtest, du würdest mich nicht nach London zurückschicken«, flüsterte sie und klammerte sich an ihre letzte Hoffnung. »Du sagtest, es sei zu gefährlich dort.«

»Jetzt ist es das«, antwortete er ruhig. »Aber ich werde es für dich sicher machen, damit du zurückkehren kannst. Du wirst mit Flossie nach St. George gehen. Und ich segle nach London und suche Peterborough.«

»Tu das nicht, Vashon, ich bitte dich!«

»Du sollst das Leben führen, für das du gemacht bist!«

»Ich habe dir etwas vorgemacht. Ich habe gelogen. Ich wollte London verlassen und fort von Phipps. Es gibt für mich keinen Grund zurückzukehren.«

»Ich habe nicht viele anständige Taten in meinem Leben vollbracht, Aurora. Aber dieses Mal werde ich. Du solltest ein kleines Haus auf dem Land haben. Du solltest ein normales, geordnetes Leben mit einem normalen, netten Mann führen.« Er machte sich von ihr los. »Nicht mit mir. Aus dieser unheilvollen Verbindung kann nichts Gutes kommen.«

Aber wir könnten ein Baby haben! Dein Baby! wollte sie schreien. Aber sie gab ihren Kampf auf. Als sie seinem entschlossenen, eisernen smaragdgrünen Blick begegnete, wußte sie, daß er seine Meinung niemals ändern würde. »Ich werde dich immer und ewig hassen, wenn du das tust«, weinte sie.

»Es ist immer noch besser, du haßt mich. Und du lebst, um es zu sagen.« Er wurde weicher. »Mit der Zeit wirst du einsehen, daß ich richtig entschieden habe. Und dann wirst du vor Dankbarkeit auf die Knie fallen, daß ich so entschieden habe.«

»Ich werde dich verfluchen bis zu meinem letzten Atemzug«, schwor sie, und sie weigerte sich, ihn anzusehen und ihm zu zeigen, wie tief er sie verletzt hatte.

Er ließ ein bitteres Lachen ertönen. »Ich schätze, du wirst nicht die einzige sein, die das tut.«

Plötzlich, wie aus heiterem Himmel, drehte er sich um

und küßte sie. Sie kämpfte wie eine Wilde, damit er sie losließe. Er nahm sie mit seinem Blick gefangen.

»Wenn ich dich schon verlassen muß, dann werde ich es jetzt tun, Vashon«, forderte sie zornig.

»Nein.« Ein dunkles Lächeln spielte um seine Lippen. »Wenn du mich schon verlassen mußt, dann werden wir die Zeit, die uns bleibt, ausnutzen.« Seine Hand legte sich um ihre Brust. Und obwohl sie sich wehrte, fand sein Mund ihre korallenfarbenen Lippen.

Sie schloß ihre Augen, verzweifelt versuchte sie, sich zu wappnen. Aber allzu schnell war es wieder da, dieses süße Vergessen, dieses Taumeln in tiefste Tiefen, in die sie wie in einer Spirale hinuntergezogen wurde. Sie flüsterte wieder die Worte, die er von ihr hören wollte, als sie sich zum ersten Mal liebten: »Du bist ein Schuft, und dafür werde ich dich immer hassen, hörst du mich? Für immer . . .«

Genau wie sie erwartete, lachte er; genau wie sie fürchtete, streichelten ihre Hände verräterisch sein schwarzes lockiges Haar, und sie erlaubte seinem Mund, ihren in Besitz zu nehmen . . .

Sie konnten nicht wissen, daß in diesem Augenblick schon das große, elegante Schiff die Mosquito Bay, im Südosten von St. Kitts, umsegelte, um so schnell wie möglich Mirage zu erreichen.

26

Das stürmische Klopfen an die Türen weckte Aurora aus ihrem Schlummer. Sie öffnete die Augen und merkte, daß sie in enger Umarmung mit Vashon im Bett lag. Sein Bein ruhte zwischen ihren Schenkeln, ihr Arm lag auf seiner Brust. Vashon mußte schon wach gewesen sein, denn er sprang schnell mit einem Satz aus dem Bett und lief zur Tür, ohne auch nur einen einzigen Gedanken daran zu verschwenden, daß er splitternackt war und wie erschreckend der Drache im hellen Morgenlicht aussah.

»Isaac«, hörte Aurora ihn sagen, nachdem er im Vorzimmer verschwunden war. Die beiden Männer unterhielten sich leise. Irgend etwas lag in der Luft. Aurora hatte den Verdacht, daß Isaac mit schlechten Nachrichten gekommen war.

Als sie Vashons Gesicht sah, wußte sie es.

Er hatte inzwischen seine weißen Hosen angezogen und kam zurück ins Schlafzimmer. Sein Gesicht war blaß und versteinert, wie sie es noch nie gesehen hatte.

»Was ist geschehen?« rief sie und zog sich die Laken über die Brust.

»Ein Schiff ist gelandet. Isaac sagt, es ist die Merry Magdalene.«

»Du kennst das Schiff?«

»Es gehört einem Mann namens Fontien. Er ist käuflich. Ich dachte nicht, daß er Mirage finden könnte. Aber es ist ihm gelungen. Er hat meinen Bruder gleich mitgebracht. Peterborough ist auf der Insel.«

Sie schloß ihre Augen, voller Entsetzen und Angst um ihn, um sie beide.

»Zieh dich an«, sagte er abwesend. Er ging zu seinem Schreibtisch und suchte die Papiere und Karten, die dort noch lagen, zusammen. »Isaac macht die Seabravery klar. Wir legen gleich ab.«

Sie betrachtete ihn an seinem Schreibtisch, plötzlich wie gelähmt vor Angst, ihn zu verlieren.

Er blickte forschend in ihr blasses Gesicht und schaute sie an, wie sie da stand, mit dem Laken um die Brust, mit wirrem schlafzerzaustem Haar, mit einer Angst, die greifbar war. Seine Stimme wurde sanfter. »Zieh dich an, mein Liebes. Ich gebe zu, das ist ein brutales Erwachen nach einer höchst berauschenden Nacht, aber wir können es nicht ändern.«

Wie betäubt suchte sie nach ihrem Kleid.

»Ich fürchte, es entwickelt sich genauso, wie du es vorausgesehen hast«, gab sie zu, während sie sich anzog. »Wenn wir nicht . . .« Sie nahm einen tiefen Atemzug und blickte durch die Jalousien auf die Karibik. »Ich habe dich abgelenkt, und nun mußt du es womöglich mit deinem Leben bezahlen.«

»Ich habe mir diese Ablenkung ja erlaubt.« Das waren die einzigen Worte, die er ihr als Trost anbot. »Liebes, mach dich fertig.« Er blickte auf ihr Kleid, daß noch nicht geschlossen war und einen guten Teil ihrer weißen Brust sehen ließ.

Vashon wandte seine Aufmerksamkeit wieder dem Schreibtisch zu. Und Aurora schloß ihr Kleid und legte ihr Haar in einen lockeren Knoten. Dann machte sie sich auf den Weg.

Er hielt sie im Vorzimmer auf. »Was hast du vor?« fragte er ärgerlich.

Sie wirbelte herum. »Ich muß Koonga holen. Ich kann sie doch nicht einfach hier lassen. Benny würde mir das nie verzeihen.«

»Wo ist sie?«

»In meinen Zimmern.«

»Dann laß sie dort. Peterborough kann, soweit ich informiert bin, bereits im Haus sein. Und obwohl Dragonard groß ist, kann es nur eine Frage der Zeit sein, bis er meine Zimmer findet.«

»Vashon . . .«

»Du wirst sie nicht holen.«

»Ist sie fertig?«

Erschrocken fuhr Aurora zusammen und drehte sich um. Hinter ihr stand Isaac. Sie war sicher, daß sie allmählich verrückt wurde. Sie hatte die ganze Zeit über die Türen im Blick gehabt, und kein Mensch war hereingekommen.

»Wo ist Benny?« frage Vashon, offensichtlich überhaupt nicht verwundert über Isaacs plötzliches Erscheinen.

»Er und die Witwe sind schon auf St. Kitts. Die Seabravery wartet im Hafen von Basseterre auf uns.«

»Wie kommen wir unerkannt dorthin?« fragte Aurora.

Ein schiefes Lächeln umspielte Vashons Mund. »Das ist unsere geringste Sorge.« Er wandte sich an Isaac. »Sind die Diener informiert, daß sie das Haus verlassen sollen? Ist Tsing auch weg?«

»Sie haben das Haus geräumt.« Isaac zögerte. »Es gab allerdings ein paar Zwischenfälle. Zwei Männer von der Resolute sind durch Kopfschüsse getötet worden. Ich bin sicher, Blackwell dachte, wir verließen die Insel auf dem Schiff.«

Aurora war außer sich. Zwei Männer waren bereits tot. Sie blickte Vashon an, und Kummer und Schmerz überwältigten sie. Daß er in so großer Gefahr schwebte, brachte sie an die Grenzen des Ertragbaren.

Vashon nickte. Er reichte dem Captain seine Mappen und das Buch. Dann steckte er eine Pistole in seinen Hosenbund. »Macht euch bereit. Wir segeln, sobald ich komme.«

»Wohin, um Himmels willen, gehst du jetzt noch?« keuchte Isaac und blickte ihn an, als sei er übergeschnappt.

»Bennys Affe«, sagte Vashon sarkastisch. »Augenscheinlich hat das Vieh zu viele Bewunderer, um im Stich gelassen zu werden.«

»Nein, Vashon!« rief Aurora.

»Das ist wirklich eine schlechte Idee, mein Freund.« Der Captain machte ein grimmiges Gesicht.

»Du kannst nicht gehen, Vashon! Wie du selbst gesagt hast, Peterborough kann doch schon im Haus sein«, mischte sich Aurora ein. Sie konnte nicht zulassen, daß er sich so in Gefahr brachte. »Bitte, ich bin diejenige, die Koonga holen sollte.«

»Nimm sie mit, Isaac. Ich komme euch gleich nach.« Vashon wies mit dem Kopf in ihre Richtung, als sei sie irgendeine Art von Haustier, das man an der Leine ausführen konnte. Sie hätte laut aufschreien können vor Entrüstung.

Isaac schüttelte nur den Kopf, offensichtlich sehr unglücklich. Aber was konnte er tun? – Er nahm Auroras Arm und sagte: »Flossie wartet schon, Mädchen. Komm, wir haben ein Stück zu laufen.«

Aurora machte sich wieder los. Es war einfach undenkbar, was sie von ihr verlangten. Wie hätte sie damit leben können, wenn Vashon etwas zustieße? »Nein, ich werde nicht mitkommen. Vashon, ich warte hier, bis du zurückkommst.«

Vashon nahm sie am Kinn wie ein ungezogenes Kind. »Hör mir zu, Aurora. Wir haben keine Zeit, uns zu streiten. Ich habe dir das Versprechen abgenommen, zu tun, was ich dir sage. Jetzt ist der Moment gekommen zu gehorchen.«

»O Gott, zwing mich nicht«, stöhnte sie.

»Du mußt.« Vashon ließ sie los. »Ich komme in einer Minute nach«, sagte er zu Isaac.

Der Captain fügte sich und führte Aurora aus dem Vorzimmer. Sie würde nicht freiwillig gehen. Er mußte sie zwingen.

»Vashon«, rief sie und wehrte sich gegen Isaac. »Laß mich mit dir kommen! Bitte, ich kann dich nicht verlieren! Laß nicht zu, daß ich dich verliere!«

»Du hattest vor, mich für immer zu hassen, erinnerst du dich nicht mehr?« Er nickte Isaac zu und lächelte düster. Aurora stöhnte auf und kämpfte verbissen weiter. Aber plötzlich standen sie vor dem riesigen Kaminschirm. Isaac schob ihn zur Seite. Dahinter verbarg sich kein Kamin und kein Rauchfang, sondern es führten von hier aus Stufen ins Innere der Erde.

»Tu es nicht, Vashon!« schluchzte Aurora. Der Captain zwang sie die Treppe hinunter. Sie wandte sich noch einmal zu Vashon um. Kampfbereit starrte er auf die Türen, die vom Vorzimmer auf den Gang führten, seine grünen Augen glitzerten vor Wut.

Die Jahre auf den Straßen der Casbah brachten Vashon einen unschätzbaren Vorteil seinen Feinden gegenüber.

Außerdem kannte er Dragonard, und er kannte die Schlupfwinkel. Er lief durch die verlassenen Gänge, seine Ohren vernahmen noch den leisesten Laut. Barfuß und flink bewegte er selbst sich fast lautlos fort. Als er um die Ecke kam, verhärtete sich der Ausdruck auf seinem Gesicht. Er war entsetzt über das, was er sah, aber nicht überrascht davon. Vor ihm hing ein Toter vom Gebälk herunter – aufgeknüpft wie eine Fledermaus, vollstreckt im klassischen Peterborough-Stil, ein winziger, sorgfältig angesetzter Schnitt am Hals, und der Mann war tot. Peterboroughs chirurgische Qualitäten waren brillant.

Vashon schnitt die Leiche des schwarzen jungen Mannes herunter. Der Mann hatte für ihn gearbeitet, seit er ein Mädchen, das zum Personal gehörte, geheiratet hatte. Nun war er tot, weil er zur falschen Zeit am falschen Platz gewesen war. Angewidert schleppte ihn Vashon in eine Ecke, dann fiel ihm etwas Besseres ein.

»Entschuldige, mein Junge«, flüsterte er dem jungen Mann zu, bevor er ihn über den Flur zog. Die breite Blutspur aus dem Hals des Toten verschmierte den gesamten Gang. Dann ließ er die Leiche liegen und lief weiter um die Ecke herum in Auroras Räume.

Leise öffnete er die Tür. Koonga schnatterte im Schlafzimmer vor sich hin. Der Salon schien leer zu sein.

Er schlich leise wie eine Katze ins Schlafzimmer. Der Affe saß auf dem Bett und schimpfte lautstark über irgend etwas in der Ecke. Vashon schaute hin, und da stand sein Bruder.

»Nun treffen wir uns doch endlich einmal zu meinen Bedingungen, Vashon«, sagte Peterborough und trat hinter dem Bett hervor, in jeder Hand eine Pistole.

Die beiden Männer starrten einander an, einer dem anderen so ähnlich, beide so völlig unterschiedlich.

»Josiah, wie gut tut es doch, dich wiederzusehen.« Vashons Stimme war ruhig und voller Abscheu.

»Und dich auch.« Josiah machte eine großzügige Handbewegung. »Ich wußte nicht, wo ich dich in diesem wundervollen Palast, den du dir hier gebaut hast, finden sollte. Um so glücklicher bin ich, daß statt dessen du mich gefunden hast.« Er warf einen kritischen Blick auf Vashons spärliche Kleidung, die auffallend ungehobelt wirkte verglichen mit dem Aufzug des Viscounts. »Ich sehe, wir haben uns für diese Gelegenheit nicht umgezogen.«

»Um welche Gelegenheit handelt es sich?«

»Um dein Begräbnis.« Peterborough lachte plötzlich auf. »Aber ich habe das Mädchen. Wie also kommst du nur darauf, daß ich sterben sollte? So wie ich die Dinge sehe, wird der Fluch in Kürze dein Ableben beschließen, da ich sehr bald im Besitz des Smaragds sein werde.«

Der Viscount blickte ernüchtert. »Wo ist sie? Der Diener hat uns gesagt, daß dies hier ihre Zimmer sind.«

»Uns?« fragte Vashon.

Peterborough wies mit dem Kopf zur Tür. Dahinter trat ein blonder junger Mann hervor, aalglatt gekleidet und zurechtgemacht, und hielt eine Pistole in der zitternden Hand.

Ohne ihn weiter zu beachten, wandte sich Vashon wieder Peterborough zu. »Ich vermute, der tote Junge in dem Gang draußen hat dir gesagt, daß Aurora hier ist.«

»Er hat sich nicht so schnell kooperativ gezeigt, wie ich es gern habe.«

»Keiner würde das tun.« Vashon blickte auf das Bett und streckte seinen Arm nach Koonga aus. Die kleine Affendame kletterte dankbar auf seine Schulter und hielt sich an seinem Hals fest.

Peterborough grinste. »Ungezogenes Tierchen. Es zischte mich die ganze Zeit an.«

Als ob Koonga ihn verstanden hätte, zischte sie wieder.

»Du hinterläßt einen üblen Geruch, Josiah«, sagte Vashon. »So kleine Wesen hassen das.«

Der Viscount verbarg seinen Ärger nicht. »Also, wo ist sie, Vashon? Ich hörte von Azzedine, daß Aurora Dayne eine Schönheit ist. Schläfst du mit ihr?«

Vashon schwieg.

»So gut ist sie? Macht sie dich sprachlos? Wundervoll.« Peterborough lachte. »Ich brauche eine gute Frau für die Rückreise. Ich hatte ganz vergessen, wie lange so eine Unternehmung dauern kann und wie man gezwungen ist... damit vorliebzunehmen.« Sein verächtlicher Blick fiel auf den jungen blonden Mann.

»Wie kommst du darauf, ich könnte sie aufgeben?« fragte Vashon.

Peterborough wandte sich wieder seinem Bruder zu. »Weil du sterben wirst, ehe ich dieses Zimmer ohne sie verlasse.«

»Dann, vermute ich, wirst du mich jetzt töten müssen.«

»Aber dann werde ich nie wissen, wo das Mädchen ist.«

Vashon lächelte. »Ganz genau.«

»Also, wo ist sie?«

»Sie ist schon fort. Sie ist bereits unterwegs, um sich den Smaragd zu holen.«

»Sie weiß, wo er ist?« Peterborough wurde blaß.

»Sie hat vieles enthüllt«, gestand Vashon.

»Dieser Smaragd ist mein! Ich werde ihn bekommen, koste es, was es wolle!« Der Viscount trat näher.

Vashon lachte nur. Er drehte sich langsam um und präsentierte ihm seinen Rücken. »Erschieß mich, mein Bruder! Ich bitte dich, töte mich, du hättest es schon vor Jahren tun sollen!«

Peterborough trat entsetzt zurück. Vashons verrücktes Gelächter und der Blackwell Drache auf seinem Rücken gaben ihm den Rest. Er hatte ihn noch nie gesehen! Schock, Grauen und Überraschung spiegelten sich auf seinem Gesicht wider.

»Schieß, Josiah. Oder hast du Angst?« Vashon drehte sich wieder um und blickte seinen Bruder herausfordernd an. »Ängstigt dich der Drache? Du dachtest, ich mache mir nichts aus dem Titel, stimmt's? Wie erschrocken mußt du sein, da du nun siehst, daß du dich im Irrtum befandest.« Vashon pirschte sich an ihn heran. »Na los. Schieß. Warum zögerst du? Weil du ohne die Macht des Sterns von Aran, der dich führen soll, nicht das Rückgrat dazu hast, du verdammter Bastard?«

»Bleib, wo du bist.« Peterborough fuchtelte mit den Pistolen herum. »Wie du selbst so scharfsinnig bemerkt hast, bekomme ich Aurora Dayne nicht, wenn ich dich töte.«

»Das wirst du sowieso nicht, niemals.« Vashon lächelte.

»Sei dir da nicht zu sicher, Bruder.« Peterborough hob die Pistolen. »Wenn ich dich töte, brauche ich den Smaragd gar nicht.«

Vashon zögerte. Als ob er das Ganze wie ein Regisseur geplant hätte, griff er hinter sich und nahm Asher in gekonntester Weise mit der einen Hand die Pistole ab. Mit der anderen hielt er den keuchenden Mann am Kragen.

»Komm schon, Viscount, schieß!« sagte er und schob Asher wie ein Schild vor sich.

»Neeeeiiiin!« schrie Asher in Todesangst.

»Bete, daß du nicht daneben triffst, Josiah!« Vashon hielt den Mann weiterhin vor sich.

»Ich bitte dich! Ich bitte dich, Josiah!« flehte Asher außer sich. Aber Peterborough sah aus, als würde er jeden Moment schießen. Asher bedeckte sein Gesicht mit den Händen und weinte. Angeekelt hob Vashon ihn hoch und schleuderte ihn gegen Peterborough. Und diesen Augenblick der Verwirrung nutzte Vashon für seine Flucht.

Er rannte den Gang hinunter, er war sehr schnell. Peterborough verlor wichtige Sekunden. Aber er kam hinterher. Vashon erreichte die Ecke und sprang über die große, lange Blutlache. Und wie er erwartet hatte, rutschte Peterborough auf der Schmiere aus, fiel, und die Pistolen gingen los.

Koonga schrie und klammerte sich noch fester an Vashons Hals. In Sekundenschnelle war Vashon fort, wie im Nichts hinter dem Kaminschirm verschwunden.

Peterborough rannte durch das Vorzimmer. Seine Hose und die Jacke waren mit Kanonenpulver und Blut von dem toten Jungen bedeckt. Erst im Schlafzimmer blieb er stehen.

Die fünf riesigen Fenster standen offen. Aus welchem wohl war Vashon entkommen? – Er drehte sich um. Und sein Blick fiel auf etwas, das ihm bekannt vorkam. Es war das Medaillon, das Aurora in ihrer Panik auf dem Laken vergessen hatte. Peterborough nahm es überrascht in die Hand. Er fuhr mit den Fingern darüber, als versuche er, sich an etwas zu erinnern. Als er das kleine Häkchen fand, schnappte es auf. Er warf seinen Kopf zurück und lachte. Mit so viel hatte er gar nicht gerechnet.

27

Das Geheimnis um den Monkey Hill war gelöst. Nachdem sie Vashons Zimmer durch den unterirdischen Gang verlassen hatten, zog Isaac sie durch eine wunderschöne Korallenhöhle von unbeschreiblicher Farbe. Und sie konnten von Mirage unentdeckt fliehen. Es dauerte nicht lange, und sie tauchten in einem Keller von St. Kitts wieder auf. Das Warten schließlich auf der Seabravery war das Schlimmste. Als endlich Vashon und Koonga am Hafen ankamen, weinte Aurora fast vor Erleichterung. Sie hatten keine Zeit für lange Begrüßungsszenen. Vashon übergab Koonga an Benny, und schon wurde er aufs Achterdeck gerufen. Die Männer beeilten sich, fertig zu werden. Und Flossie nahm Auroras Arm und zog sie mit sich in ihre alte Kabine. Dort tranken sie – wie gewohnt – eine Tasse Tee und warteten, daß sie ablegten.

»Du bist schrecklich still, Liebling. Ist etwas nicht in Ordnung?« fragte Flossie nach einer Weile.

Aurora blickte von ihrer Teetasse auf. Sie machte sich so viele Sorgen, daß sie überhaupt nicht bemerkt hatte, was für eine armselige Gesellschaft sie für die Witwe war.

»Entschuldige, ich war mit meinen Gedanken woanders . . .«

»Bei Vashon?« fragte die Witwe.

Aurora nickte.

»Das dachte ich mir.« Flossie rührte ihren Tee um.

Aurora stand auf und begann, nervös in der Kabine hin- und herzulaufen. »Ich fürchte, das Schlimmste, was geschehen konnte, ist geschehen. Ich habe mich in ihn verliebt.«

»Na ja, fasse dich, Liebling. Das ist nicht das Schlimmste, was geschehen kann.«

Aurora blickte sie an, dann schaute sie schnell wieder weg. Sie wußte nur zu genau, worauf Flossie anspielte.

»Das Schlimmste ist nicht geschehen, oder?« fragte Flossie stirnrunzelnd.

»Ich weiß wirklich nicht, wovon du sprichst«, sagte Aurora ausweichend.

»Ich spreche über« – Flossie senkte ihre Stimme – »ein Baby. Bist du noch in der Zeit?«

»Ich – ich weiß nicht. Ich kann darüber im Moment nicht nachdenken.«

Flossie sah nicht gerade sehr erleichtert aus. »Es ist nie zu früh, darüber nachzudenken, meine Liebe. Im Grunde sollte man anstreben, es vorher zu tun . . .«

Aurora wandte sich ab und biß sich auf die Unterlippe. »Du findest mich schrecklich, nicht wahr? Ich habe meine Ehre verloren, und dann habe ich mich auch noch in den Mann verliebt, der sie mir genommen hat.«

»Nein, nein, mein Liebes!« Flossie umarmte sie. »Ich werde nie anders über dich denken, als daß du eine Lady bist, egal, was passiert.« Sie umarmte Aurora wieder.

»Es wird mir schon wieder besser gehen, Flossie. Ich denke, ich muß nur endlich nach Hause kommen und diese schreckliche Reise vergessen. Ich hatte ja keine Ahnung, was alles passieren kann! Es war eben ein riesengroßer Fehler, das Heim zu verlassen.«

»Aber du kommst doch mit mir nach St. George? Du kannst doch nicht allen Ernstes mit dem Gedanken spielen, in dieses gräßliche Waisenhaus zurückzukehren? Oh, was für ein verdammter Mist das ist«, rief Flossie schließlich in ihrer direkten Art aus. »Entschuldige meine Ausdrucksweise, meine Liebe. Wenn wir je nach St. George zurückkommen, werde ich abstreiten, je diese Dinge gesagt oder getan zu haben. Aber jetzt, wo ich sowieso schon das ordinärste Benehmen an den Tag lege und vollkommen schamlos geworden bin, kann ich keine Sekunde länger schweigen. Der Mann muß dich heiraten. Du bist eine viel zu wundervolle Frau, als daß er dich sitzenlassen könnte. Oder er ist wirklich ein Lump! Nicht einmal Isaac schläft mit einer Frau, die . . .!« Schockiert über ihren Fauxpas schlug sich Flossie mit der Hand vor den Mund und errötete bis in die Zehenspitzen. Nach einem langen, peinlichen Schweigen keuchte sie: »Oh, was mußt du nur von mir denken?«

Aurora schüttelte nachdrücklich den Kopf. »Nein, nein. Wir haben uns beide auf dieser Reise zu Dingen hinreißen lassen, die wir sonst nie getan hätten.« Sie starrte die Freundin an. »Ist . . . wird er dich heiraten?«

»Oh, Himmel, ich weiß nicht. Aber er wird mich auf keinen Fall mit einem Kind sitzenlassen!« Flossie fächelte sich mit dem Taschentuch Luft zu. »Aber ich bin doch ziemlich einsam, seit Mr. Lindstrom gestorben ist. Er war ein so guter, lieber Mann. Und die Erinnerung an ihn war immer genug Trost . . . bis Isaac mir seine . . . Aufmerksamkeiten zukommen ließ.« Flossie erstickte fast an den letzten Worten.

»Du mußt dich doch nicht entschuldigen«, flüsterte Aurora tröstend.

Flossie winkte ihr ab. »Ich gestehe das ja nicht meinetwegen, Liebes. Ich habe einen Fehler gemacht, und ich weiß das. Ich erzähle es dir nur, um dir zu verdeutlichen, daß mein Schuldgefühl die einzige Konsequenz für mein Verhalten ist. Du, auf der anderen Seite, hast viel größere Sorgen und möglicherweise einen sehr hohen Preis dafür zu zahlen.«

»Ich bin nicht schwanger«, sagte Aurora. »Da bin ich mir ganz sicher.«

»Wie gern du das auch glauben magst, mein Liebes, sicher sein kannst du nur, wenn . . . alles seine Regelmäßigkeit hat. Vashon wird dich auf dieser Reise in Ruhe lassen. Du bleibst von jetzt ab bei mir.«

»Ich glaube nicht, daß ihm das gefallen wird, Flossie.«

»Puh, dann werde ich mit Händen und Füßen darum kämpfen! Er muß dich in Ruhe lassen – oder dich heiraten!«

»Du kannst einen Mann wie Vashon nicht dazu zwingen, etwas zu tun, das er nicht will«, sagte Aurora. »Und du kannst ihn nicht davon abbringen, sich zu nehmen, was er haben will. Ich weiß das nur zu gut.«

»Also, ich werde ihn davon abbringen, diesen Schuft!«

Ein tiefes dröhnendes Lachen ertönte plötzlich vom Türeingang. Beide Frauen wirbelten herum und sahen Vashon, der mit über der Brust verschränkten Armen vor ihnen stand. Sofort trat Flossie vor Aurora und stellte sich ihm in den Weg.

»Wie können Sie es wagen, unangemeldet in meine Kabine zu kommen!« rief sie empört aus. »Wie lange sind Sie schon da?«

»Nicht lange genug. Offensichtlich nicht«, antwortete er grinsend.

»Auf jeden Fall haben Sie genug gehört, um zu wissen, was ich von Ihrem Benehmen dem Mädchen gegenüber halte. Sie . . . Sie Lump!«

»Sie tun so, als würde ich ihr Gewalt antun, um sich – hinzugeben, Flossie.«

»Sie war unerfahren und naiv, und Sie haben das ausgenutzt.«

Er blickte Aurora an. »Findest du das auch?«

Wütend verweigerte ihm Aurora die Antwort. Sie war vollkommen verwirrt. Sie war immer noch verärgert wegen ihrer Auseinandersetzung an diesem Morgen, immer noch voller Angst, das Peterborough ihn töten könnte, immer noch mitgenommen von den Sorgen, die sie sich um Vashon gemacht hatte, als er Koonga aus ihrem Zimmer holte. Aber ganz bestimmt würde sie es nicht zulassen, daß er noch einmal mit ihr schlief und sie dann einfach mir nichts, dir nichts ohne ein Lebewohl aus seinem Leben verbannen würde.

»Sie wurde verführt«, mischte sich jetzt wieder Flossie ein.

»Sie oder ich?« fragte er und blickte Aurora vielsagend an.

Aurora schaute trotzig weg.

Ungeduldig sagte er: »Komm schon, Mädchen, ich muß mit dir reden. Wir müssen in meine Kabine.«

»Sie wird mit Ihnen nirgendwohin gehen. Sie bleibt hier bei mir. Wenn Sie unbedingt mit ihr sprechen müssen, Vashon, dann werden Sie das mit mir als Anstandsdame tun, wie es sich gehört.«

Vashon blickte die Witwe an, als habe sie den Verstand verloren.

»Ich meine, was ich sage, Vashon. Ich werde mit Händen und Füßen darum kämpfen.« Flossie machte sich angriffslustig bereit, die Hände in die Hüften gestemmt.

»Madam, ich hasse es, Sie zu enttäuschen, aber Sie sind nicht kräftig genug, um es mit mir aufzunehmen.« Vashon schaute sie amüsiert an.

»Ich werde für das Recht kämpfen.« Flossie stellte sich mit ihrem mächtigen Körper wie ein Schild schützend vor Aurora.

»Was recht ist«, sagte Vashon, nun drohend, »ist, daß Aurora und ich Zeit füreinander haben. Und keiner« – er trat auf sie zu – »wird mir das nehmen.« Er blickte auf die Witwe hinunter. »Soll ich Sie heben, Madam, oder treten Sie freiwillig zur Seite.«

Flossie erblaßte. »Vashon«, stotterte sie, »Sie kennen wohl überhaupt kein ritterliches Benehmen.«

»Nein«, gab er ohne weiteres zu. Er hob eine Augenbraue, als wolle er sie zum letzten Mal im guten auffordern, beiseite zu treten. Flossie blieb wie angewurzelt stehen – und er griff nach ihr. Flossies Augen waren weit aufgerissen vor Verblüffung, als er sie einfach hochhob und einige Schritte weiter wieder absetzte.

Dann nahm er Aurora bei der Hand, aber sie entriß sie ihm.

»Flossie steht nicht allein da mit ihrem Entschluß, daß ich nicht mit dir gehe.« Aurora schenkte ihm einen herausfordernden Blick und trat beiseite.

»Gut gemacht, Aurora!« rief Flossie.

Vashon legte seinen Kopf zurück und blickte sie aus halbgeschlossenen Lidern an. »Du kommst mit mir, Aurora. Du wirst in meiner Kabine wohnen, bis wir St. George erreichen. Und das ist mein letztes Wort. Verlasse jetzt diese Kabine, oder ich trage dich. Was ist dir lieber?«

»Ich verschmähe deine Gesellschaft. Ich werde nicht freiwillig gehen«, spottete sie.

»So sei es.« Er griff nach ihr. Flossie schrie schockiert auf. Aurora trat nach ihm und kratzte, aber er warf sie sich mit Leichtigkeit über die Schulter und trug sie aus der Kabine.

Als er sie in seiner Kabine wieder absetzte, war das Schweigen geladen wie Donnerhall. Aurora war so wütend, daß sie kein Wort sagte. Sie verschränkte die Arme über der Brust und starrte ihn haßerfüllt an.

»Setz dich«, sagte er. Sie tat es nicht. Deshalb gab er ihr einfach einen Schubs, und sie fiel auf das Sofa. »Wo ist das Medaillon?« fragte er kurzangebunden.

Sie sah, daß er sich Sorgen machte. Sie faßte sich an den Hals. Als sie nichts spürte, erinnerte sie sich plötzlich, wo das Medaillon war. »Ich – ich habe es auf dem Bett liegenlassen. Dort habe ich es zuletzt gesehen ...« Ein schrecklicher Gedanke kam ihr. »Peterborough, wird er es finden?«

Vashon gab keine Antwort. Er blickte auf seinen Schreibtisch. »Ich bin schuld. Ich hätte daran denken und zurückgehen müssen. Ich übersehe sonst solche Dinge nicht. Ich fürchte, ich werde nachlässig.«

Sie sah, wie er zu seinem Schreibtisch ging und stirnrunzelnd seine Karten hervorholte.

»Könnte er den Reim entschlüsseln?« fragte sie und ging zu ihm.

»Ohne deine Hilfe bezweifle ich das.« Vashon blickte auf die Karte. Der Stern konnte überall sein. Es war unmöglich, ihn zu finden.

»Laß uns noch einmal durchgehen, was wir wissen.« Vashon wies mit dem Kopf zum Sofa, und sie setzte sich wieder und blickte ihn an.

»Wir können es aufgeben, Vashon«, sagte sie. »Wir können irgendwohin gehen, wo Peterborough uns nicht findet und ...«

»Erzähl mir noch einmal, was du über Michael Dayne weißt.« Vashon blieb weiter in die Karte vertieft.

Aurora ging alle Anhaltspunkte von neuem durch. Wieder und immer wieder. Bis in die frühen Morgenstunden.

»Ich glaube, wir lebten in West End. Mein Vater ist auf St. Mary geboren. Ich erinnere mich, einmal vor Carlton House gestanden zu haben. Ich erinnere mich an die Seidenkleider. Ich erinnere mich daran, wie sehr mein Vater die wunderschönen Juwelen bewundert hat. Ich erinnere mich, wie er mir den Reim beigebracht hat ...«

Aurora öffnete ihre Augen. Vashon saß noch immer über den Karten. Sie blickte nach draußen und sah, daß die Sonne bald aufgehen würde. Sie wußte nicht, wie lange sie geschlafen hatte, aber in jedem Fall länger als Vashon.

»Auf diese Weise wirst du ihn nie finden.«

Er blickte auf und starrte sie an. »Auf diese Weise?« fragte er.

»Ohne zu essen. Ohne zu schlafen. Du wirst bald keine Kräfte mehr haben.«

Er blickte wieder auf die Karten. »Ich werde ihn finden«, schwor er.

Aurora streckte sich und stand auf. »Wenn irgendeiner, dann du. Aber komm, ich sehe, Benny hat Kaffee gebracht. Trink etwas, und ich hole dir etwas zu essen.«

»Warum bist du plötzlich so besorgt?«

Sie grinste. »Weil du schrecklich aussiehst.« Sie lächelte

über seinen verstimmten Blick und goß ihm etwas Kaffee ein.

Sie brachte ihm die Tasse und wollte gerade gehen, als er sie um die Taille zu fassen bekam. Er zog sie an sich und sagte: »Geh nicht. Ich habe keinen Hunger.«

»Aber du mußt doch hungrig sein!« rief sie aus.

»Nicht auf etwas zu essen.« Er stand auf und nahm ihre Hand. Sie blieb wie angewurzelt stehen, als sie merkte, daß er sie zum Bett ziehen wollte.

»Nein«, flüsterte sie.

Er nahm keine Notiz davon und zog seine Hose aus.

»Ich habe nein gesagt. Hörst du nicht?«

Er nahm sie, als habe sie nie gesprochen. Er küßte sie, und seine Zunge bahnte sich ihren Weg. Dann ließ er sie los.

»Er könnte mich töten.« Er sprach, als seien sie weit voneinander entfernt, als lägen sie sich nicht in den Armen.

»Endlich kümmert es dich, ob du lebst oder stirbst?«

»Jetzt, wo ich etwas habe, wofür ich leben kann.« Er blickte sie auf eine Art und Weise an, daß es ihr den Atem nahm, so, als sei sie das kostbarste aller Juwelen.

»Vashon«, flüsterte sie. »Bring dich nicht in Gefahr. Laß uns vor Peterborough davonlaufen. Laß uns fliehen . . .«

Sein Kuß schnitt ihr das Wort ab. Es war sinnlos, es weiter zu versuchen. Er würde seine Meinung nicht ändern. Aurora wußte das. Aber sie wußte auch, daß sie es nicht würde ertragen können, ihn zu verlieren.

Sie wollte weiter in ihn dringen, aber ein Kuß führte zum andern. Bald fiel ihr Kleid auf den Boden, und für eine viel zu kurze Zeit entflohen sie. Zu dem Ort genau zwischen Himmel und Erde.

Der Waffenstillstand

...daß in Liebe und Schlaf wir lernen,
einander zu vertrauen.

– Homer: Odyssee

28

Lizzy Lizard saß und lächelte
Und blickte über die See
»Ich kenne den Weg
Aber kann es nicht sagen.
Wie töricht, wie töricht von mir!«

Sie segelten nach Norden. Aurora verbrachte die Nachmittage mit Flossie und die Nächte mit Vashon. Er schlief kaum, außer in den kurzen Morgenstunden nach ihren Umarmungen, wenn er in einen unruhigen Erschöpfungsschlummer fiel. Irgendwie hielt er es aus. Wie ein Verrückter studierte er die Karten, bis Aurora es kaum mehr mitansehen konnte.

Sie waren nun schon über zwei Wochen unterwegs. An einem späten Abend beobachtete Aurora, daß er aufstand, sich die weißen Hosen anzog und hinüber zum Schreibtisch ging. Aurora setzte sich auf, das lange Haar fiel ihr über die Hüften. Sie sah ihm zu, dachte daran, daß sie in wenigen Tagen St. George erreichen würden und daß es ihr unmöglich sein würde, ihn zu verlassen. Sie konnte einfach nicht glauben, daß sie sich in ein paar Tagen trennen und sich vielleicht nie wiedersehen würden.

»Soll ich Benny bitten, daß er uns etwas zu essen bringt?« fragte sie besorgt.

»Na gut.« Er schob den Stuhl zurück und ging an seinen Bücherschrank. Er goß sich einen Brandy ein, dann öffnete er die Luke und blickte hinaus. Das Schiff machte gute Fahrt. Und Aurora wurde nur noch trauriger.

»Er muß dort irgendwo sein«, sagte er düster, wie um es sich selbst zu versichern.

»Er muß es sein«, antwortete sie mit zitternder Stimme. Sie wußte nicht, wie sie es überleben würde, ihn zu verlieren.

»Vielleicht findet er ihn vor uns, und du bist endlich in Sicherheit.«

»Denk das nur nicht.«

Er senkte seinen Kopf. Zum ersten Mal wirkte er irgendwie angeschlagen.

»Vashon, laß uns den Stern aufgeben.«

Er drehte sich um, und der wilde Schimmer in seinen Augen ängstigte sie. »Ich werde ihn nie preisgeben! Was er mir angetan hat . . .«

»Er hat Grauenhaftes getan«, flüsterte Aurora.

»Du denkst, Vergewaltigung ist allein Frauen vorbehalten?«

»Ich weiß«, sagte sie und versuchte, nicht zu weinen. »Aber du hast gekämpft. Zuerst gegen die Männer, die Josiah bezahlt, damit sie dich töten, dann in der Casbah, nachdem sie dich verkauft haben. Du hast dich damals gerettet. Rette dich auch jetzt. Peterborough kann nicht gewinnen, wenn du dich ihm entziehst.«

Er wandte sich wieder ab. Der Wind blies ihm durch das schwarze Haar. Er sah so unglaublich gut aus, wie er da stand, die Arme über der Brust verschränkt, breitbeinig. Aber es war nicht sein gutes Aussehen, das sie so anzog. Auch nicht seine Verlorenheit. Es war eher das, was sie anfangs vor ihm weglaufen ließ. Es war seine Wildheit, vielleicht sogar der Drache selbst, was sie so unentrinnbar an seine Seite lockte. Und sie wußte jetzt, daß es so hatte sein müssen, daß es ihr Schicksal war. Denn ohne den Drachen hätte er nicht überleben können. Und sie liebte ihn, mit einer so tiefen Sehnsucht, daß es ihr die Tränen in die Augen trieb.

»Vashon«, flüsterte sie. »Ich würde alles tun, um dich zu halten. Sag mir, was ich tun muß, weil ich dich sonst verliere, und wenn das geschieht . . .« Ihre Stimme brach ab. Sie hätte sich ihm zu Füßen werfen können, um ihn anzuflehen, von diesem falschen Weg, auf dem sie sich befanden, abzulassen.

»Bitte Benny, uns etwas zu Essen zu bringen«, sagte er, ohne weiter auf sie einzugehen.

Sie blickte ihn an. Er war so kalt. »Natürlich. Wie dumm von mir. Ich gehe sofort«, sagte sie bitter.

Er nickte. Sie wollte gerade aus dem Bett, als er sie plötzlich aufhielt. »Was hast du gesagt?«

»Ich sagte, ich gehe sofort.«

»Nein, davor.«

Wie sinnlos grausam er war, sie mit ihrem Gefühlsausbruch so aufzuziehen. »Ich sagte, wie dumm von mir«, antwortete sie leise, ohne ihn anzusehen.

Seine Augen waren weit aufgerissen. »Die letzte Zeile des Reims: So silly silly me«, murmelte er und lief zum Schreibtisch, auf dem sämtliche Karten aufgeblättert lagen. Er schob sie alle beiseite, bis auf die eine, auf der die Britischen Inseln dargestellt waren.

»Wo, sagtest du, ist dein Vater geboren?«

»In Hugh Town.«

»St. Marys?«

»Ja«, antwortete sie, wickelte sich das Bettuch um und kam zu ihm herüber.

»St. Marys, die Isles of Scilly, richtig?«

»Ja«, flüsterte sie mit großen Augen. Die Zeile aus ihrem Reim – »So silly, Scilly me«, wiederholte sie ungläubig.

»Jesus. Das ist es. Wie dumm ich gewesen bin.«

Sie blickte auf die Karte. Vashon deutete mit seinem Finger auf den südwestlichen Zipfel von England. Er fuhr weiter nach unten zu Lizard Point. Daneben lagen die Isles of Scilly. Und kurz vor Hugh Town auf der östlichen Seite der Insel lag das Vorgebirge, St. Michaels Bluff.

»Mein Gott, sein Name«, flüsterte sie schockiert. Sie blickte Vashon an. »Hat er ihn dort gelassen? Meinst du? Oh, mein Gott, glaubst du, daß er immer noch dort lebt? Könnte es möglich sein, daß ich ihn finde?«

Vashon zog sie von der Karte fort. »Er muß tot sein, Aurora. Hoffe nicht auf ein Wunder. Er wäre gekommen, um dich zu holen.«

»Aber vielleicht ist er am Leben!« schrie sie mit einer verrückten, unvernünftigen Hoffnung im Herzen. »Vielleicht hat er mich nur vergessen!«

Vashon nahm sie in die Arme und beruhigte sie. Er sprach auf sie ein wie auf ein Kind. »Er ist tot, Aurora. Glaub mir, Liebling. Er hätte dich nicht vergessen.«

Sie begann zu weinen. »Fahre nicht nach St. George. Segle direkt nach St. Marys und nimm mich mit. Ich muß mit eigenen Augen sehen, daß er tot ist!«

Er wirkte entschlossen. Er wollte sie nicht mitnehmen.

»Du kannst es dir nicht leisten, jetzt noch bis Bermuda zu fahren! Für diesen Umweg hast du nicht genug Zeit. Nimm Flossie und mich mit«, bettelte sie. »Wenn du direkt nach St. Mary segelst, bist du dort und hast den Stern, bevor Peterborough es überhaupt herausbekommen hat.«

Man konnte ihm den inneren Widerstand anmerken.

»Du mußt!« In ihren Augen sammelten sich erneut Tränen. »Laß mich selbst feststellen, daß mein Vater tot ist! Wenn du es nicht tust, wird mich nichts halten. Dann folge ich dir! Ich will dorthin, und wenn ich schwimmen muß!«

»Er ist tot, Aurora. Dein Vater ist tot.«

»Bis ich nicht sein Grab gesehen habe, kann ich es nicht glauben.«

Er sagte kein Wort.

»Ich muß ihn finden, kannst du das denn nicht verstehen?« fragte sie.

»Ich will nicht, daß dir das Herz bricht.«

Dann zwing mich nicht, dich zu verlassen, wollte sie ausrufen. Statt dessen blickte sie ihn nur verletzt an.

»Du wirst ihn nicht finden«, sagte er.

»Aber ich muß es versuchen.«

»Dann nehme ich dich mit«, sagte er, und man merkte ihm an, daß er vollkommen dagegen war. »Wir segeln nicht bis Bermuda.«

Sie umarmte ihn, sie küßte seinen harten Mund, und fast wäre sie vor lauter Glück durch den Raum getanzt. Der Gedanke, ihren Vater zu finden, brachte ihre Augen zum Leuchten und ihre Wangen zum Glühen. Das Bettuch verführerisch um sich gewickelt, war sie eine einzige Versuchung, man konnte dem kaum widerstehen. Plötzlich berührte er ihr Gesicht, und dann küßte er sie so innig und verlangend und mit solch einer Leidenschaft, daß sie es kaum glauben konnte. Aurora wurde still und verlor sich in seiner Umarmung. Das Bettuch fiel zwischen sie auf den Boden, bis sie zum Bett gingen, aneinandergeschmiegt, das Tuch hinter ihnen auf dem Boden nachziehend, wie eine lange, weiße Schleppe.

»Fontien sagt, daß die Seabravery ihren Kurs ändert. Das wurde von einem seiner Schiffe gemeldet. Sie sind an Bermuda vorbei und segeln jetzt Richtung England, Südküste, um genau zu sein«, informierte Asher den finster blickenden Peterborough.

»Er muß herausgefunden haben, wo der Stern ist. Ich dachte, sie wollten nach Bermuda. Aber wohin segeln sie jetzt?« Peterborough zog die Kette aus der Tasche und blickte frustriert auf das Medaillon.

»Du konntest den Reim nicht enträtseln, oder?« Da gab es eindeutig eine Spur von Befriedigung in Ashers Stimme.

»Ich könnte, mit der Hilfe von Daynes Tochter.« Der Viscount ließ seinen Blick übers Meer zum Horizont schweifen. Irgendwo vor ihnen segelte die Seabravery. »Ich muß ganz einfach sichergehen, daß mir Aurora Dayne dabei hilft.« Mit diesen Worten ließ er das Medaillon wieder in seine Tasche gleiten und ließ den stirnrunzelnden Asher einfach stehen.

In weniger als drei Wochen erreichten sie den nebligen Hafen von Hugh Town. Aurora konnte es kaum abwarten, von Bord zu gehen. Die urzeitliche Großartigkeit von St. Marys, die Irrgärten der Druiden und die keltischen Gräber, die man vom Schiff aus an der Küste erkennen konnte, lockten sie. Ein Schauder rann ihr den Rücken hinunter. Er war dort draußen. Sie wußte das. Und sie würde ihn finden.

Vashon stand auf dem Achterdeck und blickte verdrossen auf Aurora, die so aufgeregt an der Reling am Bug des Schiffes lehnte. »Könnte Michael Dayne wirklich noch am Leben sein?« fragte Isaac, der neben ihm stand. Er schaute zu Aurora und dann weiter auf die grasbewachsenen Dünen, die die kleine Bucht umgaben. »Es können nicht mehr als hundert Leute sein, die hier leben, Vashon. Wenn er noch hier wäre, kann es nicht schwer sein, ihn zu finden.«

»Er ist tot.«

»Woher weißt du das?«

»Sieh sie dir an.« Vashon wies mit dem Kopf zu Aurora. Der Wind hatte ihre Wangen gerötet. Das Haar fiel in einer reizenden Unordnung über ihren schmalen Rücken. Mit ihren von Hoffnung erfüllten, glänzenden Augen sah sie einfach atemberaubend schön aus. Vashon blickte finster drein. »Wenn du eine Tochter wie sie hättest, würdest du sie in einem Waisenhaus lassen und nie zurückkehren?«

Isaac runzelte die Stirn. »Wie willst du sie je davon überzeugen, daß er tot ist?«

»Sie muß es selbst sehen.« Vashon rieb sich das Kinn. »Wieviel Vorsprung, meinst du, haben wir vor Peterborough?«

»Du weißt so gut wie ich, daß er jeden Moment hier erscheinen kann. Wir haben eine Menge Zeit verloren.«

»Mein Gott, ich hoffe nicht.« Vashon seufzte. »Ich muß dich um etwas bitten, Isaac.«

»Was du willst, Vashon. Die Männer der Leviathan stehen in deiner Schuld.«

»Dann versprich mir – falls ich sterbe – tu alles, damit Aurora in ihr früheres Leben zurückkehren kann.«

Isaac blickte ihn erschrocken an. »Wie kommst du auf den Gedanken, du könntest sterben?«

»Weil . . .« Er blickte zu Aurora am Bug, und es schien zuviel für ihn. Er schloß verzweifelt die Augen. »Weil ich es jetzt nicht mehr möchte.«

»Du wirst nicht . . .«

»Nein«, unterbrach Vashon ihn und riß die Augen wieder auf. »Ich mache schon Fehler. Ich lasse den Dingen ihren Lauf. Deshalb nur hat es so lange gedauert, bis ich den Sinn des Reims verstand. Und nur deshalb habe ich das verdammte Medaillon in Dragonard liegenlassen.«

»Wir machen alle Fehler, Vashon.«

Vashon blickte Isaac ernst an. »Versprichst du es mir? Sie hat einen Verlobten in London. Sie sollte ihn heiraten und . . .« Seine Stimme schwankte. Nach einer Weile sagte er: ». . . und ein anständiges Leben führen.«

»Ich verspreche es dir, Vashon«, sagte Isaac ruhig.

»Gut.«

»Aber du wirst gewinnen. Denk an meine Worte. Du bist der bessere Mann. Peterborough hat nicht deine Stärke, auch nicht deine Gerissenheit. Er wird fallen. Männer wie er fallen immer.«

Vashon lachte zynisch. Er schlug Isaac auf den Rücken und wechselte das Thema. »Aber du hast mir nicht erzählt, was du danach machen wirst. Wird diese Witwe dich bis ans Ende der Welt verfolgen, oder wirst du sie am Ende um ihre Hand bitten?«

»Ich muß gestehen, das habe ich bereits getan.«

Vashon war sprachlos. »Du meinst . . .«

»Also, weißt du, ich war nie einer, der mal mit dieser und mal mit jener rumhuren konnte, nachdem ich Rachel verloren habe.«

»Und was ist geschehen?«

»Als ich endlich das alte Mädchen ruhig hatte, habe ich gemerkt, daß sie gar nicht so schlecht ist.«

Vashon warf seinen Kopf zurück und lachte schallend, so

daß Aurora es hörte. Sie winkte, und Vashon fing ihren Blick. Er lächelte ihr zu, dann verfiel er wieder in Melancholie.

Isaac wies mit dem Kopf zu Aurora. »Du könntest auch eine Frau brauchen, Vashon. Es würde dir guttun.«

»Ja.« Vashon stieß sich von der Reling ab. »Aber wann habe ich denn je etwas getan, was gut für mich war?« Er grinste und sagte: »Sind wir fertig?«

»Wie immer.«

Vashon blickte auf den Granitfelsen, St. Michaels Bluff genannt. »Dann laß uns den Stern holen.«

29

St. Michaels Bluff war ein steiler Aussichtspunkt und lag einer nackten Felsenküste gegenüber. Die einzigen Lebewesen hier schienen ein paar winzige, magere Schafe zu sein und die Möwen, die über ihnen flogen und schrien, was die Spannung der Männer auf dem Weg zur Bergspitze nur noch steigerte. Vorsichtig schritten sie voran, zerschmetterte Felsbrocken lagen tief unter ihnen an der Küste. Sie suchten, aber sie entdeckten nichts. Sie hofften vergeblich auf irgendein Zeichen. Aber auf einmal kam Leben unter die Leute. Ein Mann wies auf einen großen Stein, der über die Klippe ragte. Eine verwitterte Zinnkiste steckte zwischen dem Stein und dem Felsen, gut getarnt durch die salzzerfressene Oberfläche des Granits. Zwei Männer hatten den Mut, sich über den Abhang zu beugen und mit viel Geschick die Kiste hervorzuzerren.

Der Mann legte seine Hände auf die Kiste. Endlich! Er brach das kleine Schloß und öffnete sie. Die Kiste war leer – bis auf einen Zettel, auf dem geschrieben stand:

Nur meine Tochter wird ihn finden.
– Michael Seamus Dayne

Peterborough zerknüllte den Zettel in seiner Hand. Die Männer starrten ihn an. Er machte keinen Versuch, seine Wut zu verbergen. Er hob seine Faust und schrie seinen Zorn heraus.

»Bitte, nimm mich mit, Vashon. Ich will doch nur nach meinem Vater fragen. Wenn der Stein nun schon all die Jahre hier irgendwo auf dem Steilhang verborgen liegt, was machen da schon ein paar Stunden mehr?« Aurora umklammerte seinen Arm, als er mit ein paar Männern von Bord der Seabravery gehen wollte.

»Wenn ich weiß, daß keine Gefahr besteht, werde ich dich mitnehmen. Bis dahin mußt du warten.«

Bitter enttäuscht über seine Antwort, blickte sie zum Kai und zur einzigen Taverne, die es auf der Insel gab.

Vashon folgte ihrem Blick, dann schüttelte er den Kopf. »Du möchtest dorthin gehen und nach einem Mann fragen, der möglicherweise schon seit fünfzehn Jahren nicht mehr gesehen wurde?«

»Vashon, ich bitte dich, ich möchte ihn so gern finden. Wenn du nur wüßtest, wie sehr . . .« Ihr Blick wanderte wieder verzweifelt zur Taverne.

Er nahm sie in die Arme und zwang sie, ihn anzusehen. »Ich weiß, wie sehr. Ich sehe es dir doch an.« Er runzelte die Stirn. »Aber ich habe nicht vor, mich hier länger aufzuhalten, als es unbedingt erforderlich ist. Peterborough könnte schon auf der Insel sein. Die Merry Magdalene könnte sonstwo ankern, vielleicht sind sie sogar schon an Land. Bevor ich nicht den Stern gefunden habe, ist es äußerst unklug, nach Michael Dayne zu suchen.«

»Ich verstehe das ja. Aber was ist, wenn du den Stern nicht findest? Ich muß nach meinem Vater suchen.«

Er streichelte ihre Wangen. »Wenn der Stern da draußen

ist, finde ich ihn. Und dann, das verspreche ich, werden wir deinen Vater suchen.«

»Aber, Vashon, ich habe Angst um dich. Wenn Peterborough auf der Insel ist, darfst du keine Zeit verlieren. Laß mich nach meinem Vater suchen, während du versuchst, den Smaragd zu finden.«

»Wenn ich den Stern gefunden habe, suchen wir.« Er gab Aurora einen zärtlichen Kuß. Dann ging er mit seinen ausgewählten Männern an Land.

Schweigend sah sie Vashon nach, ihr Herz hin und her gerissen zwischen dem Wunsch, ihn zu schützen und ihren Vater zu finden.

»Der Captain bittet Sie unter Deck, Miss.«

Aurora drehte sich um. Neben ihr stand Benny mit Koonga um den Hals und sah sie besorgt an. Sie lächelte ängstlich. »Wo ist Isaac?«

»Er ist bei der Witwe, Miss, und trinkt Tee. Die Witwe bittet Sie, dazuzukommen.«

Aurora warf einen sehnsuchtsvollen Blick zur Taverne und wandte sich Benny zu. »Vashon kann keine Minute länger als nötig hierbleiben. Ich darf ihn mit der Suche nach meinem Vater nicht aufhalten. Deshalb muß ich mich jetzt umsehen, während er auf der Suche nach dem Stern ist.«

»Miss, Sie können jetzt nicht gehen! Vashon reißt mir den Kopf ab.«

»Benny, ich muß. Ich muß einfach!«

»Nein, Miss«, begann Benny, aber sie machte sich bereits auf den Weg zur Gangway.

»Benny, ich bin bestimmt lange vor Vashon wieder zurück.«

»Nein, Miss!« rief er. Aber da war sie schon auf dem Kai und lief zur Taverne. Er hatte gar keine andere Wahl. Er mußte ihr folgen.

Aurora war vorher noch nie in einer Taverne gewesen. Das düstere Innere schüchterte sie ein, aber mehr noch die Männer, die an den aufgebockten Tischen saßen und ein

Bier nach dem anderen hinunterstürzten. Dennoch steuerte sie an den Männern vorbei auf einen zu, den sie für den Eigentümer hielt.

»Entschuldigen Sie mich, Sir, aber ich suche nach jemandem und dachte, daß man mir vielleicht hier helfen kann«, begann sie.

Der Mann beäugte sie mit Mißtrauen. Er wischte sich seine Knollennase mit dem Handrücken ab und lehnte sich gegen die Theke. »Hier is' keiner für dich, Liebchen. Wir haben mehr Iren hier, als wir brauchen können. Deshalb ham wir kein' Bedarf, daß ihr von 'n Schiffen geht.«

Aurora war überrascht, sie wußte gar nicht, was sie sagen sollte. Aber hinter ihr tauchte plötzlich Benny auf.

»Sie sprechen mit der vornehmen Lady Miss Aurora Dayne, Kerl. Und Sie täten besser daran, sie anständig zu behandeln. Sonst könnte sich nämlich der Besitzer der Seabravery genötigt sehen, Ihnen einen Besuch zu machen.«

Der Mann wollte gerade einen kräftigen Schluck aus seinem Krug nehmen, als Benny die Seabravery erwähnte. Als er diesen Namen hörte, hätte er sich vor Schreck fast verschluckt.

»Der Besitzer der Seabravery? Ich meine, der – der – der Drache selbst?« stotterte er schockiert.

Aurora warf Benny einen überraschten Blick zu. Sie hatte nie gewußt, wie bestimmt Benny auftreten konnte.

»Genau der«, bestätigte der Junge ruhig.

»J-j-a, also. Nach welchem Gentleman suchen Sie denn, meine Dame?« fragte der Besitzer der Taverne mit schmeichelnder Stimme. Er war nun auf äußerste Höflichkeit bedacht und wischte sich die ständig laufende Nase diesmal nicht mit der Hand, sondern mit der Schürze.

»Es ist mein Vater«, sagte Aurora schnell. »Er ist in Hugh Town geboren. Und ich glaube, er ist hierher zurückgekommen. Kennen Sie ihn vielleicht? Sein Name war Michael Dayne.«

»Dayne? Den Namen hab' ich nie gehört.«

Niedergeschlagen wollte Aurora dem Mann gerade danken, als er sagte: »Aber es lief hier mal so 'n Kerl rum. Vor ungefähr fünf Jahren.«

»Wie war sein Name?« fragte Aurora aufgeregt.

»Weiß ich nich'.«

Ihre Enttäuschung wuchs. »Wie kommen Sie dann aber auf diesen Mann?«

»Der Kerl hatte dasselbe rote Haar wie Sie, Lady.«

Aurora starrte den Mann an, als habe er ihr gerade den Heiligen Gral übergeben.

»Miss, wir müssen aufs Schiff zurück«, flüsterte Benny neben ihr. »Vashon wird mit dem Mann selbst sprechen, wenn er zurück ist. Aber im Moment ist es nicht sicher hier für Sie.«

»Nein, Benny, warte!« Aurora wandte sich wieder an den Mann. »Was geschah mit ihm?«

»Is' einfach verschwunden. Ungefähr fünf Jahre her. Und wir waren glücklich, daß wir ihn loswar'n, wa'n wir. Der Kerl war verrückt. Trank nur. Hat nie mit ein'm gesprochen. Is' mehr und mehr verbittert. Ham ihm gesagt, er soll sich an seine alte Gemeinde wenden. An die Kirche oder so. Aber er bestand drauf, daß 'a von hier is'.«

»Oh, mein Gott, das war er«, flüsterte sie. »Aber jetzt, sagen Sie, ist er fort?«

»Nein, schätze nich'. Schätze, er is' gestorb'n, Lady. Aber wir begrab'n keine Armen. Das muß die Kirche mach'n.«

»Aber er war kein Armer.«

»Mir kam'a so vor. Rannte rum und erzählte was von Sternen. War 'ne einsame Figur, war'a.«

Aurora hatte einen Kloß im Hals bei dem Gedanken an ihren Vater. Was war schiefgegangen? Obwohl es sie immer schmerzen würde, daß er ein Dieb gewesen war, hatte sie doch bei der Vorstellung Trost gefunden, daß er zumindest ein gutes Leben führte, wo er doch den Stein gefunden hatte. Auch wenn er sich dazu entschlossen hatte, nicht mit ihr zusammenzuleben. Wenn sie ihn schon niemals finden würde, wollte sie ihn doch zumindest glücklich, wollte sie sich doch vorstellen können, daß er aus dem vollen schöpfen konnte. Aber statt dessen schien es doch so, als habe er seine letzten Jahre wie ein Bettler verbracht. Die Leute hielten ihn für verrückt. Er war allein und einsam gewesen – Und der Gedanke, daß er in irgendeiner dunklen Ecke dieser Taverne hatte sitzen müssen, betrunken und elend, machte ihr das Herz unendlich schwer.

»Wo lebte er?« flüsterte sie endlich.

»Keiner weiß 's genau. Er kam aus dem Dickicht in der Nähe von Troy-fair. Ich glaub', der hat in ein'm von den Gräbern beim Irrgarten gehaust.«

»Welcher Irrgarten?« fragte Aurora.

»Der Druiden-Irrgarten, Mylady. Der große da oben.« Er wies mit seinem Finger hinter sich, in Richtung von St. Michaels Bluff.

»Haben Sie vielen Dank«, sagte sie wie betäubt. Sie drehte sich um und verließ die Taverne. Benny warf ein Geldstück in die Hand des Mannes und folgte ihr zurück zum Hafen.

»Danke!« rief der Mann, bevor Benny draußen war.

»Wohin gehen Sie, Miss? Wir müssen zum Schiff zurück!« rief Benny, denn Aurora hatte die andere Richtung eingeschlagen.

»Ich muß ihn finden. Auch wenn er tot ist. Und zwar jetzt. Ich will nicht Vashon noch zusätzlich in Gefahr bringen.«

»Aber – aber, Miss! Ich kann nicht mit Ihnen auf den Berg!«

Aurora blieb stehen und blickte sich nach Benny um. Koonga klammerte sich verzweifelt an dem Hals des Jungen fest, während dieser versuchte, mit ihr Schritt zu halten. »Es tut mir leid, Benny. Ich muß dorthin. Für mich, für Vashon. Lauf zurück zum Schiff. Wenn du nichts sagst, bin ich zurück, ehe irgendeiner überhaupt gemerkt hat, daß ich weg war.«

»Das kann ich doch nicht machen, Miss! Ich kann Sie nicht hier allein lassen!«

»Du mußt!« preßte sie hervor. Und sie haßte sich dafür, daß sie den armen Jungen in diese Situation brachte. Sie warf ihm einen entschuldigenden Blick zu, dann raffte sie ihre Röcke und rannte los. Seine Rufe hörte sie nicht mehr.

Der Mann von der Seabravery erklomm St. Michaels Bluff und rief laut auf französisch. Vashon stand oben, Daynes zerknüllten Zettel in der Faust. Peterborough war nirgends zu sehen. Vashon und der Franzose wechselten ein paar Worte. Dann wandte sich Vashon an Isaac.

»Aurora hat das Schiff verlassen und sucht nach ihrem Vater.« Vashon rieb sich das Kinn, tiefe Sorgenfalten im Gesicht. »Ich werde sie suchen. Benny weiß, wohin sie gelaufen ist. Nimm die Männer wieder mit zurück. Vielleicht könnt ihr herausfinden, wo Peterborough gesehen worden ist. Wir wissen ja nun, daß er auf der Insel ist.«

Isaac nickte, aber anstatt sofort die Männer zusammenzurufen, blickte er Vashon besorgt an.

»Denk nicht zuviel an Aurora, Vashon«, sagte er nach einer Weile.

Diese Bemerkung schien Vashon zu überraschen. »Was willst du damit sagen?«

»Ich will damit sagen, paß auf dich auf. Sei nicht abgelenkt, und wir werden in dieser Schlacht die Sieger bleiben. Es scheint, du mußt dich in erster Linie um Auroras Sicherheit kümmern, aber wenn du das nicht tust, bist du besser dran. Achte auf deinen Rücken, Vashon, wie du es immer getan hast. Das ist vielleicht die einzige Chance, dich selbst und auch Aurora zu retten.« Isaac wandte verschämt seinen Blick ab und schaute hinunter auf den Hafen von Hugh Town. »Es war dumm, was sie getan hat. Ich bete zu Gott, daß sie noch nicht tot ist.«

Vashons Augen füllten sich mit Haß und Angst. »Wenn sie es ist, dann wird er mich auch holen.«

Er ging ohne Abschied.

30

Der Troy-fair-Irrgarten bestand aus großen Steinen, die in konzentrischen Kreisen oben auf dem Berg angeordnet waren. Nirgends sah Aurora irgendwelche Gräber. Sie kletterte weiter durch Felder rotblühenden Klees und weißer Grasnelken. Als sie aufblickte, entdeckte sie eine bröcklige Steineinfriedung um ein erbärmliches Dickicht von Ulmen.

Sie stieg auf den öden Gebirgskamm und betrachtete die alten, bröckelnden Mauern, unsicher, wohin sie nun gehen sollte. Die Ulmen hatten etwas Beängstigendes, wirkten irgendwie gespenstisch, wie Geisterbäume. Sie konnte sich gar nicht vorstellen, daß ihr Vater an solch einem eigenartigen Ort gelebt haben sollte. Aber sie schob ihre Ängste und Zweifel beiseite und ging weiter. Obwohl sie fürchtete, ihren Vater tot aufzufinden, wußte sie doch, daß es noch weit schlimmer sein würde, überhaupt nichts zu finden. Sie mußte nun einfach wissen, was aus ihm geworden war.

Sie holte tief Luft und betrat die mit aufgeschichteten Steinen ummauerte Anlage. Der rötlichbraune Braunwurz wucherte hier derartig, daß bis auf die knorrigen Ulmen alles davon bedeckt war. Alles wirkte so dunkel und unwirklich, und Aurora war unheimlich zumute, noch viel mehr, als sie feststellte, daß die überwucherten Höcker, die überall aus der Erde zu sprießen schienen, eigentlich große keltische Gräber waren.

Sie nahm all ihren Mut zusammen und trat auf einen Hügel zu. Sie zog den überwucherten Pflanzenvorhang beiseite. Das Grab schien seit Anbeginn der Menschheit hier gestanden zu haben. Sie ging leise zu einem anderen. Und plötzlich hörte sie ein Geräusch. Sie fuhr zitternd zusammen. Aber es war nur ein schwarzes Kaninchen, das sie aufgeschreckt hatte. Aurora lächelte über ihre schreckhafte

Reaktion, aber als sie weiter in das Gestrüpp hineintrat, ging ihr Atem schneller, und ihr Herz begann heftig zu klopfen.

Sie duckte sich unter einer Ulme und merkte, wie dunkel es unter den tiefhängenden knorrigen Ästen geworden war. Sie ging weiter, die Ulmen standen dichter, und sie kam an ein großes, heruntergebrochenes Grab, das geheimnisvoll zwischen wildem Liguster verborgen lag. Das Grab war das größte von allen. Bestimmt konnte ein Mann Schutz darin finden. Sie biß sich vor Aufregung auf die Unterlippe und legte den überwucherten Eingang frei. Plötzlich stolperte sie. Sie blickte auf den Boden, der von Laubwerk überwachsen war, und sah, worüber sie beinahe gefallen wäre. Und da machte sie eine schreckliche Entdeckung – ein Paar Stiefel, die ganz bestimmt noch einem Mann anhafteten, einem Mann, der nicht mehr war als Knochen und zerrissene Kleidung.

Keuchend trat Aurora zurück. Der Tote mußte ihr Vater sein. Aber wie sollte sie so viel Mut aufbringen, seinen Körper aufzudecken? – Verzweifelt sehnte sie sich nach Vashon. Und sie beschloß, zum Schiff zurückzukehren, aber zwei Hände griffen nach ihr, bevor sie sich umwenden konnte.

»Wie kannst du es wagen, mir ungehorsam zu sein?«

Sie schrie auf, dann lachte sie fast vor Erleichterung, denn sie erkannte seine Stimme. Sie wirbelte herum und warf ihre Arme um Vashon. Er hielt sie fest, aber nur einen Moment, dann zog er sich zurück.

»Das nächste Mal werde ich dich an die Galionsfigur ketten, Aurora. Ich schwöre dir, ich bringe dich um, wenn ich sehe, daß du etwas so Dummes noch einmal tust.«

Seine groben Worte schockierten sie. Sie blickte ihn an. Und nun sah sie, wie mitgenommen er war, seine Blässe, die Falten in seinem Gesicht. Er sah aus, als habe ihm gerade jemand gesagt, daß er alles, was er liebte, verloren hatte.

»Aber ich habe ihn gefunden, Vashon. Endlich.« Ihr Blick fiel widerwillig auf die Stelle, wo sie die Stiefel entdeckt hatte. »Ich glaube es jedenfalls.«

Sein Blick folgte ihrem. Er ging zu der Stelle und befreite die Leiche von dem Laub. Als er sich über sie beugte, hatte sein Gesicht einen eigenartigen Ausdruck, es spiegelte gleichzeitig Freude, düsteren Triumph und böse Vorahnung wider. Er nahm aus den Skelettfingern eine verschlissene Tasche. Er öffnete sie, und als er sich wieder aufrichtete, sah sie den Smaragd. Es verschlug ihr den Atem. Der Stern von Aran war einzigartig, leuchtete hell, sogar im Dämmerlicht unter den Ulmen, er war fast so groß wie Vashons Handfläche und verstrahlte ein grünbläuliches Feuer.

»Er ist es«, sagte sie.

»Nur meine Tochter wird ihn finden«, zitierte Vashon und sah sie an.

»Was sagst du da?« flüsterte sie mit Tränen in den Augen.

»Er wußte, daß du ihn suchen würdest. Dayne rechnete damit. Du hast bewiesen, daß du eine gute Tochter bist, Aurora.«

»Aber ich habe ihn nicht lebend gefunden . . .« Ihre Worte waren kaum wahrnehmbar. Plötzlich überkam sie tiefe Trauer, und sie begann zu schluchzen. Sie hatte gar nicht gemerkt, wie verzweifelt sie ihren Vater zurückhaben wollte. Nun war ihre Hoffnung zerstört, und sie konnte das kaum ertragen.

»Er würde nicht wollen, daß du so leidest, mein Liebes«, flüsterte Vashon in ihr Haar, er hielt sie fest in seinen Armen.

»Aber er hat ein so unwürdiges Ende gefunden. Und ich wollte ihn so gern finden. Jetzt habe ich nichts mehr.« Sie weinte.

»Nein.« Er streichelte ihr Haar und drückte ihr den Smaragd in die Hand. Sie wollte ihre Hand zurückziehen, weil der Stein kein Trost für ihr einsames Herz war. Aber er ließ es nicht zu. Als sie ihn mit Tränen in den Augen ansah und ihre Blicke verschmolzen, flüsterte er: »Du wirst immer mich haben.«

Sie starrte ihn an, unfähig, seinen Worten zu glauben.

Aber als sich seine Lippen auf ihre preßten, wußte sie, daß es wahr war. All ihre Ängste, daß er sie verlassen oder fortschicken würde, fielen mit diesem Kuß von ihr. Und zum ersten Mal, seit sie ihm begegnet war, fühlte sie plötzlich, daß der Drache am Ende doch gezähmt werden konnte.

»Aurora«, flüsterte er nach einer Weile. »Wir müssen jetzt zum Schiff zurück.« Er wischte ihr die Tränen von den Wangen. »Dein Vater hat das für dich hinterlassen, glaube ich. Lies es, wenn wir wieder auf der Seabravery sind.« Er reichte ihr einen Brief, den er in der Tasche gefunden hatte.

»Warte. Ich muß ihn jetzt lesen«, bat sie, und er brachte es nicht über sich, ihr diesen Wunsch zu verwehren. Sie überflog den Brief, und als sie alles gelesen hatte, kehrte Frieden in ihr Herz.

»Was hat er geschrieben, mon Aurora?« fragte Vashon.

»Er sagt, er konnte nicht zu mir kommen und mich holen, weil er zu große Angst vor Peterborough hatte. Er war der Meinung, daß ich sicherer im Heim untergebracht war, als ständig mit ihm auf der Flucht zu sein. Er sagt, er liebte mich, Vashon.« Plötzlich begann sie wieder zu weinen, und er hielt sie in seinen Armen, bis sie keine Tränen mehr hatte.

»Komm. Wir müssen zurück«, sagte er widerwillig, als sie sich etwas erholt hatte. Er streckte seine Hand aus, und sie nahm sie. Eine eigenartige Mischung aus Freude und Trauer erfüllte sie.

»Wie kann ich fortgehen, ehe er nicht ein anständiges Begräbnis bekommt?« fragte sie.

»Ich werde ein paar Männer herschicken, um seine Überreste zu holen. Wir werden ihn mit aufs Schiff nehmen und im Meer begraben.«

»Was ist mit ihm geschehen? Warum mußte er sich so quälen? Warum hat er ein so elendes Ende gefunden?«

Er hielt sie fest. »Ich vermute, er kam zu dem Ergebnis, daß er einen großen Fehler begangen hatte. Er sah ein, daß er zwar den Stern hatte, dafür aber etwas viel Wertvolleres opfern mußte.«

»Aber was war das? Das Medaillon?« fragte Aurora verwirrt.

»Nein«, gab er zurück und blickte sie dabei unverwandt an. »Dich.«

Sie wischte sich eine Träne aus dem Gesicht.

»Wir müssen zurück. Peterborough ist hier. Er war schon vor uns auf der Klippe.«

Aurora blickte ihn entsetzt an. »Warum bist du mir dann nachgekommen? Alles ist meine Schuld«, murmelte sie. »Das Medaillon hat ihn hergeführt, und jetzt habe ich dich wieder in Gefahr gebracht. Ich verliere dich womöglich auch . . .«

»Nein.« Er legte zwei Finger auf ihre Lippen. »Sag das nicht. Du verlierst mich nicht.«

Sie zog ihn an sich. »Oh, mein Liebster, bitte, er darf nicht gewinnen.«

»Aber er hat schon gewonnen«, ertönte da eine drohende Stimme aus nächster Nähe.

Vashon zwang sie hinter sich, und sie starrte den Mann an, der vor ihnen am Eingang zu den Gräbern stand. Er sah aus wie Vashon, war fast sein Ebenbild. Der einzige Unterschied war, daß dieser Mann sich offensichtlich die größte Mühe gab, wie ein Gentleman auszusehen. Er war wirklich tadellos gekleidet, sein Haar trug er kurzgeschnitten, wie es modern war, etwas Grau an den Schläfen zeichnete ihn als den älteren aus. Er sah aus wie ein Lord und wirkte sehr kultiviert. Aurora starrte Peterborough an und konnte nicht glauben, daß dieser gutaussehende, in höchstem Maße zivilisiert scheinende Mann wirklich so viel Angst und Verzweiflung über so viele Menschen gebracht hatte.

»Mein lieber Bruder, nun hast du uns am Ende doch gefunden.« Vashon nahm ihre zitternde Hand und ging gleichgültig auf den Eingang zu. Aurora folgte ihm, unsicher, was Vashon als nächstes tun würde.

»Die Merry Magdalene ankert bei Porthmellon. Wir hörten in dem Gasthaus, daß Aurora hier oben ist. Natürlich konnte ich es kaum erwarten, sie kennenzulernen.« Peterborough blickte sie lächelnd an. Seine Augen waren wie die seines Bruders, wunderschön und grün. Aber Josiahs Augen strahlten eine Kälte aus, wie Aurora sie noch nie an Vashon gesehen hatte. Sie fragte sich, wie zwei Menschen einander so ähnlich sehen und doch so vollkommen unterschiedlich sein konnten.

»Wie reizend, Sie kennenzulernen, Miss Dayne«, fuhr er fort. »Sie sehen aus wie Ihr Vater, wissen Sie, aber ich wage zu behaupten, er hat sich nicht vorstellen können, daß seine Tochter so eine Schönheit werden würde.« Josiah lächelte wieder. Nach seiner Heiterkeit zu urteilen, sollte man nicht meinen, daß es hier um Leben oder Tod ging.

»Ich gehe davon aus, du hast die Notiz von Dayne gefunden«, sagte Vashon und drückte Aurora beruhigend die zitternde Hand.

»Ja, und ich fürchte, Aurora wird mir viele Fragen beantworten müssen.« Peterborough wies mit dem Kopf hinter sich, wo ein wahrhaftes Bataillon von Männern mit gezückten Pistolen stand. Ein Mann mit vernarbtem Gesicht trat nach vorn. Offensichtlich war es der Pirat Fontien, jedenfalls dem Rubin nach in seinem Ohrläppchen zu urteilen. Er wollte Aurora mitnehmen, aber Vashon zog sie weiter hinter sich.

»Du willst den Smaragd, Josiah?« fragte Vashon. Als Peterborough lachte, öffnete Vashon seine Hand. Der Anblick des Edelsteins ließ das Herz eines jeden schneller schlagen. »›Wer auch immer den Stern von Aran besitzt, der wird seine Feinde sterben sehen.‹ Ist es nicht das, was in der Chronik steht, mein lieber Bruder?«

Peterborough wurde kreideweiß. Er brauchte einen Moment, um sich zu sammeln. »Wir sind in der Überzahl, Vashon. Ich glaube an das, was in den Chroniken von Crom Dubh steht, aber in diesem Augenblick kann ich mir beim besten Willen nicht vorstellen, wie du gewinnen willst.«

»Vielleicht, aber ich werde dir sowieso einen Handel vorschlagen. Laß Aurora gehen, und ich gebe dir den Smaragd.«

»Nein!« schrie Aurora auf.

»Vashon, du mußt verrückt sein, mir zu vertrauen.« Peterborough lächelte.

»Ich traue dir nicht. Aber ich will Aurora aus der Sache raushalten. Sie soll nicht in unseren ganz persönlichen Konflikt mit hineingezogen werden.«

»Mir scheint, die kleine Miss Dayne bedeutet dir eine Menge, Vashon.«

»Vashon, tu das nicht! Wie kann ich gehen, wenn ich weiß . . .«

»Aurora, du wirst tun, was ich dir sage.« Vashon trat weiter vor und hielt Peterborough den Smaragd hin. »Nimm ihn, Bruder. Für ihre Freiheit kannst du den Stern haben.«

»Was hast du vor, Vashon?« Josiah zog mißtrauisch seine Augen zusammen.

»Ich möchte, daß ihr kein Haar gekrümmt wird.«

»Du hast mein Leben zur Hölle gemacht – hast mich bestohlen, hast mein Eigentum einfach freigelassen – weißt du, wieviel ein gesunder männlicher Sklave kostet, Vashon?«

»Ja, aber ich habe Geld, und was immer es auch kostet, ich werde es zahlen, damit Aurora nichts passiert.«

»Ich will, daß du leidest, Vashon, wie ich in den letzten Jahren gelitten habe.«

»Und ich habe nicht gelitten?« Vashon verlor fast die Kontrolle. Er trat vor, dann besann er sich eines Besseren. Er ging wieder zurück und sagte: »Laß sie gehen, Josiah. Dies hier betrifft uns, nicht sie.«

Peterborough nickte. »Dann gib mir den Smaragd, und ich werde über dein Ersuchen nachdenken.«

»Wenn Aurora auf der Seabravery ist.«

»Also gut.« Josiah wandte sich an einen schlanken Mann, den einzigen anderen Gentleman in der Gruppe. »Asher, bring Miss Dayne nach Hugh Town.« Er drehte sich wieder zu Vashon um. »Ist es so recht?«

»Wenn ich sehe, daß sie geht.«

Aurora stand stumm da und ließ es zu, daß der junge Mann ihren Arm nahm. Sie wollte ihren Protest laut herausschreien, aber sie wußte, sie konnte Vashon nicht umstimmen. Offensichtlich hatte er einen Plan. Sie wünschte nur, sie hätte ihn gekannt.

»Ich sehe dich dann auf dem Schiff, Liebes«, sagte er, als sie an ihm vorbeigingen. Sie versuchte, seinen Blick zu erhaschen, aber er schaute weg, als sei es zu schmerzvoll für ihn. Sie waren ein Stück gegangen, als sie plötzlich die grauenhafte Angst überkam, daß sein Plan gewesen war, sich für sie zu opfern. Als sie sich umdrehte, blickte er sie immer noch nicht an, und sie wurde fast verrückt vor Entsetzen.

»Lassen Sie mich los!« schrie sie den blonden jungen Mann an. Sie kämpfte, aber er hielt sie fest. »Loslassen! Vashon, tu das nicht!« flehte sie, aber es nützte nichts. Als sie zu kratzen begann, lachte Peterborough nur.

Er trat auf die beiden zu und sagte zu dem jungen Mann: »Du kannst sie töten, wie immer du willst.« Dann berührte er Auroras weiche Wangen. »Sie sind reizend, Miss Dayne. Ich bedaure, daß ich gezwungen bin, Sie an Asher hier zu vergeuden. Er wird sie nicht so sehr zu schätzen wissen, wie ich es getan hätte.«

»Oh, aber ich schätze sie, Josiah«, antwortete der Mann namens Asher kalt. »In der Tat, ich schätze Miss Dayne so sehr, daß ich jemanden mit der Nachricht zur Seabravery geschickt habe, daß du hier heraufkommst. Ich habe dich betrogen, Josiah. Wie gefällt dir das?«

»Du betrügst mich!« keuchte Peterborough.

»Du hast mich auf Mirage betrogen! Du hättest mich erschossen, um ihn zu bekommen!« Asher nahm seine Pistole mit zitternder Hand und zielte auf Peterborough. »Ich hätte dich sehr gern gehabt, Josiah, aber du hast mich schlecht behandelt, und das werde ich dir nie vergeben.«

»Du schwuler Feigling!« tobte Peterborough. »Dafür wirst du sterben!«

Wie der Blitz sprang Peterborough vor und riß dem Mann die Waffe aus der Hand. Josiah zielte, offensichtlich kümmerte es ihn nicht besonders, ob Asher oder Aurora zuerst getötet wurde. Als Vashon das sah, stürzte er sich in mörderischer Wut auf Peterborough.

Aurora schrie auf und sah voller Entsetzen, wie Vashon und Peterborough miteinander kämpften und zu Boden stürzten. Kopflos und nur von dem einen Wunsch beseelt, Vashon zu helfen, rannte sie zu ihnen. Die anderen Piraten von der Merry Magdalene kamen Peterborough zu Hilfe. Vashon und Aurora hatten gegen so viele keine Chance. Aber da endlich erschienen die Männer von der Seabravery.

Die Piraten kämpften, bald ertönten die Schreie der Verwundeten, Schüsse, das Klirren der Stiletts. Aurora und Asher klammerten sich in diesem Kampfgetümmel fast aneinander. Es war grauenhaft. Die Männer der Seabravery – das sah Aurora jetzt – verstanden ihre Sache genauso gut wie Fontiens Leute, allerdings waren sie disziplinierter. Der Kampf schien nie mehr aufhören zu wollen. Aber tatsächlich dauerte es nur Minuten, bis die verwundeten, blutüberströmten Piraten der Merry Magdalene sich zurückzogen und ihre toten Kameraden mit sich nahmen. Die Männer der Seabravery zogen hinter ihnen her.

Es blieb nur Peterborough.

Vashon und Peterborough kämpften um die Pistole. In der verzweifelten Hoffnung, helfen zu können, lief Aurora zu ihnen, aber sie wurde von Isaac wieder fortgezogen. »Es ist ihr Kampf. Laß sie!« sagte er nur.

Aurora wandte sich wieder dem grauenhaften Kampf zu. Der Smaragd lag auf dem Sand unter ihnen, ein glitzerndes Symbol von allem, um das sie stritten.

Aurora schien es eine Ewigkeit zu dauern, bis Vashon endlich die Pistole in der Hand hielt und Peterborough zurücktrat.

»Ich sollte dich töten«, sagte Vashon.

»Tu's doch, Vashon. Davon hast du doch immer geträumt«, zischte Peterborough. »Töte mich, so wie ich es mit dir getan hätte.«

Aurora konnte den Kampf widerstreitender Gefühle, der sich auf Vashons Gesicht widerspiegelte, kaum mit ansehen. Er wollte Peterborough töten, sie wußte das, aber etwas hielt ihn zurück. Die gute, edle Seite in ihm schien es ihm zu verbieten, seinen eigenen Bruder umzubringen. Instinktiv trat sie näher, um ihm zu helfen, aber Isaac zog sie wieder zurück.

»Komm schon, Vashon. Schieß. Töte deinen Bruder wie so viele andere davor.«

Vashon keuchte. Er hob die Pistole höher, sein Gesicht war eine wilde Maske aus Zorn und Haß. Er war kaum eine Haaresbreite davon entfernt zu schießen, aber dann blickte er Aurora an.

Ihre Blicke trafen sich, und er schien bewegt von den Gefühlen, die so deutlich auf ihrem Gesicht geschrieben standen. Liebe, Grauen und Scham drückten sich darin aus, aber das größte und stärkste Gefühl war die Liebe. Mit diesem einen Blick, in der Stunde der Wahrheit, schien Vashon sich plötzlich zu verändern. Es war, als ob ihm jetzt etwas anderes wichtiger geworden war als seine Mordlust dem Halbbruder gegenüber und sein Wunsch, sich an ihm zu rächen. Aurora konnte es kaum glauben. Aber der Drache schien endlich gezähmt.

Schwer atmend senkte Vashon die Waffe. Er starrte Peterborough an. »Ich kann meinen eigenen Bruder nicht töten.«

Peterborough hatte offensichtlich den Grund für Vashons Verhalten erkannt. Er starrte Aurora an, dann griff er wie ein Verrückter nach Vashons Pistole. »Wenn ich dich schon nicht töten kann, Vashon, dann werde ich dich wenigstens da treffen, wo du am verletzlichsten bist!« Josiah zielte auf Aurora.

Isaac warf sie zurück, aber es gab nichts, wo sie hätte in Deckung gehen können. Der Captain zückte seine Pistole, aber bevor er schießen konnte, befanden sich die Männer wieder in einem tödlichen Konflikt. Voller Wut und Schrecken kämpfte Vashon mit Josiah, um ihm die Waffe abzunehmen. Um Aurora zu schützen, blieb er absichtlich vor dem Pistolenlauf. Bevor irgend jemand ihn davon abhalten konnte, hatte Peterborough endlich doch seine Revanche. Er feuerte, Vashon stolperte und brach zusammen.

Der Viscount hob den Smaragd auf. Er schien die Szene, die sich vor ihm abspielte, regelrecht zu genießen.

Vashon lag zusammengekrümmt auf dem Boden und nahm seine Hand vom Bauch. Sie war blutüberströmt. Aurora schrie auf, und Isaac zielte mit seiner Pistole auf Peterborough.

Ein wilder Schimmer erschien in Vashons Augen, und bevor Isaac den Viscount töten konnte, streckte Vashon seinem ärgsten Feind die Hand hin.

»Nimm meine Hand, Josiah«, sagte er. »Hab keine Angst. Dieses Blut ist dein Blut, Bruder.«

Peterborough erbleichte.

»Nimm sie, Josiah«, keuchte Vashon, den der Schmerz zu überwältigen schien. »Nimm sie als meine Sühne für alles Vergangene.«

»Bleib mir fern, Vashon!«

»Ich sagte, nimm sie, Bruder!« Vashon schob sich vorwärts.

Erschrocken trat Peterborough einen Schritt zurück, an den Rand der Klippe. Tief unter ihm lag die Küste. Josiah rutschte aus und verlor das Gleichgewicht. Verzweifelt griff er nach einer verkrüppelten Bergulme, die aus der Klippe hervorragte. Vashon konnte ihm nicht helfen. Isaac löste sich von Auroras Seite und lief an den Klippenrand.

»Hilf mir«, bettelte Peterborough und klammerte sich verzweifelt an einen verkümmerten Ast der Ulme.

»Wissen Sie, wer ich bin, Viscount?« fragte Isaac mit monotoner Stimme.

»Hilf mir, du Idiot! Ich sehe doch, du bist ein Captain! Mit meinem Smaragd kann ich dir tausend Schiffe kaufen. Hilf mir doch!«

Isaac beugte sich vor. »Ich bin der Captain der Leviathan, Lord Peterborough. Ich werde Ihnen meine Hand reichen, damit sie heraufkommen können.« Isaac streckte seine Hand aus, die Hand, die Peterborough selbst einst verstümmelt hatte. Peterborough griff danach. Es ging um sein nacktes Leben.

So blieben die Männer einen Moment in der Schwebe: Isaac, der Peterborough nicht retten wollte, es aber auch nicht fertigbrachte, ihn zu Tode zu stürzen, und Peterborough, der verzweifelt um Mitleid und Hilfe bettelte.

Am Ende entschied das Schicksal. Isaac versuchte, ihn zu retten, aber mit nur zwei Fingern war ein fester Griff so gut wie unmöglich.

»Ich habe keinen Halt mehr«, schrie Josiah, der Stück für Stück dem tödlichen Abgrund näher kam.

Als er schließlich fiel, waren Isaacs einzige Worte: »Du hättest den Halt haben können.«

Peterborough fand sein Ende auf dem felsigen Boden.

Voller Grauen standen sie oben am Klippenrand und sahen hinunter auf Peterborough, der tief unter ihnen reglos lag. Auch Vashon hatte sich mühsam aufgerichtet, um seinen Bruder zu sehen. Als ob er sich nicht anders helfen könne, flüsterte er: »Wer immer den Stern von Aran besitzt, wird seine Feinde sterben sehen.« Mit diesen Worten brach er zusammen.

»Mein Liebster, mein Liebster«, weinte Aurora leise über Vashon, aus dessen Hemd das Blut strömte. Isaac sah, daß sein Zustand sehr ernst war.

»Mein Liebster, es wird alles wieder gut«, flüsterte Aurora weinend. Sie blickte ihn unverwandt an. »Es muß, es muß.«

»Isaac«, wisperte Vashon mit schmerzverzerrtem Gesicht.

»Ich bin da, Vashon.« Isaac beugte sich zu ihm und legte den Arm um Auroras Schultern.

»Du entsinnst dich deines Versprechens auf der Seabravery?«

»Vashon, tu das nicht.« Isaacs Stimme zitterte.

»Jetzt ist der Moment gekommen. Du hast mir dein Wort gegeben. Willst du es jetzt zurücknehmen?«

Isaac weinte fast, so groß war sein Widerwillen und die Erschütterung.

»Nein, Vashon.«

»Dann wirst du es tun?«

»Ich werde mein Wort halten.«

»Gut. Aurora?« Man konnte ihn kaum noch verstehen.

»Hier bin ich, Liebster. Wir holen den Sanitäter . . .«

Vashon strich ihr schwach übers Gesicht. Seine Finger wurden naß von ihren Tränen. »Auch wenn die Worte nie gesprochen wurden, du bist meine Frau, Aurora.«

»Nein, Vashon, nein. Wir werden diese Worte sprechen. Eines Tages. Ich schwöre es.«

»Das« – er griff nach dem Schlüssel, der an ihrer Kette hing – »ist alles, was dir von mir bleibt. Geh dorthin.«

»Vashon, sag so etwas nicht.«

Er wandte seinen Blick von ihr ab, und sie sah, daß ihm eine Träne über die Wange lief. Und das berührte sie mehr als alles andere. Er hatte Angst davor gehabt, daß sie ihn verwundbar machen würde und daß ihre Prophezeiung wahr werden könnte. Endlich liebte er sie, und es war diese Liebe, die ihn gezwungen hatte, ihr Leben zu retten und dafür sein eigenes hinzugeben. Sie begann, wie wild zu schluchzen, bis Isaac sie schließlich von ihm wegzog. Der Sanitäter kam endlich und kümmerte sich um Vashons Verletzung. Andere liefen hinzu, um auch zu helfen, und bald war Aurora in diesem Inferno wie verloren.

»Komm mit, Aurora«, sagte Isaac wie betäubt. »Ich muß dich nach London zurückbringen.«

»Nein, ich kann nicht fort«, schrie sie und sah zu, wie Vashons Wunde verbunden, wie ihm das Hemd ausgezogen und unter den Kopf gelegt wurde.

»Ich muß dich mitnehmen. Ich mußte es ihm versprechen. Laß uns jetzt gehen.«

»Nein.«

Isaac griff nach ihrem Arm. »Siehst du denn nicht, daß er stirbt? Merkst du denn nicht, daß er nicht will, daß du ihn so siehst?«

»Aber ich muß doch bei ihm sein. Ich liebe ihn«, schluchzte sie.

Ihre Tränen machten ihn weich, aber er stand zu seinem Wort. »Es ist das, was er wünscht, Aurora. Tu, was er wünscht.« Er zog sie fort.

»Bitte, laß mich bei ihm sein, wenn er von uns geht. Laß mich ihn halten. Ich habe nichts außer ihm.« Sie weinte bitterlich und wehrte sich gegen seinen festen Griff. Aber sie konnte gegen Isaac nichts ausrichten. Mit eisernem Willen stand er zu seinem Versprechen. Überall waren jetzt die Männer der Seabravery auf dem Kliff zu sehen. Isaac gab ein paar Ankommenden den Befehl, unverzüglich zum Schiff zurückzukehren und die Segel zu setzen.

»Ich bitte dich, Isaac. Töte mich lieber, als daß du mich von ihm fort zwingst!« Wie eine Wilde zerrte sie an seinem Arm.

»Ich habe ihm mein Wort gegeben, Aurora.«

»Ich habe nichts, wohin ich zurückkehren könnte. Ich habe nichts, wofür ich leben kann«, weinte sie. »Tu mir das nicht an!«

»Er wollte, daß du weiterlebst. Und du wirst weiterleben.«

»Tu mir das nicht an«, weinte sie. »Zwing mich nicht, ohne ihn zu leben.«

»Mein Kind.« Isaac war selbst am Ende. Tränen strömten ihm übers Gesicht. Er zog sie an seine stämmige Brust. Sie weinte in seinen Armen, und er sagte die grausamsten Worte, die er je gezwungen war, auszusprechen: »Du mußt.«

Der gezähmte Drache

31

Aurora stand an der Tür zu Peterboroughs früherem Wohnsitz, Blackwell House, das Londoner Herrenhaus der Blackwells. Sie war blaß, ihre Augen verschwollen, als weinte sie immer noch viel. Isaac kam es so vor, als sähe sie immer noch genauso tragisch und untröstlich aus wie an jenem Nachmittag, als sie Hugh Town und Vashon hinter sich ließen.

Aber als Isaac die junge Frau an diesem Tag betrachtete, wie sie da vor der gewaltigen, holzgetäfelten Tür des Herrenhauses stand, fiel ihm die feine Veränderung in ihrem Gesicht auf. Fort war der steife Panzer der Anständigkeit, mit dem sie sich auf ihrer Reise so häufig umgeben hatte, fort war auch dieses Flair von beleidigter Unschuld, die Vashon einerseits so gereizt und andererseits so an ihr gestört hatte.

Isaac war schon immer der Meinung gewesen, daß Aurora eine schöne Frau sei, aber heute wühlte ihn ihre Schönheit auf. Ihr Gesicht war von einer Weichheit, die er nie zuvor gesehen hatte, und von einer Stärke, die so gewaltig war, daß selbst eine Flutwelle sie nicht hätte brechen können. Isaac betrachtete sich selbst als einen verhärteten, abgebrühten Juden, viel zu abgestumpft durch das harte Männerleben, das er führte, um die edleren Dinge wie Schönheit und Charme wirklich schätzen zu können. Aber er hatte die Eingebung, daß beides, die Weichheit dieser jungen Frau und auch ihre große Kraft, durch die Liebe zu einem Mann wie Vashon gewachsen waren, durch einen Mann, so hart und brutal und wild wie Vashon.

»Nimm den Schlüssel«, sagte er leise.

Aurora starrte ihn an, dann nahm sie impulsiv seine Hand. In ihrem gemeinsamen Schmerz um Vashon war er der Vater für sie geworden, den sie nie gehabt hatte. Er lächelte ihr aufmunternd zu und drückte ihre Hand. Endlich fand sie den Mut, den großen Schlüssel von der Kette zu nehmen. Sie hielt den Atem an und schob den Schlüssel ins Schloß.

Isaac öffnete die Türen und führte sie in eine riesige Marmorhalle mit einer breiten Treppe. Es war dunkel im Haus, die Läden waren geschlossen.

Schweigend schlenderten sie durch einen großen Salon, ganz in Rot und Gold gehalten. Die Möbel wirkten gespenstisch mit ihren staubigen, übergeworfenen Leinentüchern. Sie gingen von Raum zu Raum, jeder eleganter als der vorige.

Das Haus bedrückte Aurora. Es gab keine Diener, die die Fenster weit geöffnet hätten, um die frische Luft einzulassen, keine Lüster, wenn der Abend kam. Das Haus war das kostbarste, was sie je gesehen hatte, aber sie konnte sich nicht vorstellen, hier zu leben. Hier gab es keine Drachen auf den Teppichen, die Betten waren nicht mit Musselin bedeckt, sondern mit edlem feinen Seidenbrokat.

Nichts war hier von Vashon zu finden. Sie konnte ihn sich hier nicht vorstellen, nicht im Salon, nicht beim Frühstück im Wedgwood-Frühstückszimmer, nicht in der ägyptisch inspirierten Bibliothek beim Lesen. Er war nicht hier. Hier war nur Peterborough.

Sie hatte genug gesehen und wollte gerade umkehren, als sie an eine kleine Mahagonitür kamen, die in ein kleines Mansardenzimmer führte. Um ihre Neugier zu befriedigen, hob sie ihren Rock, stieg die Treppe hinauf und stand in einem alten, verwahrlosten Kinderzimmer. Dicker Staub überzog alles, von den zerschlissenen Spitzenvorhängen an den Fenstern bis zum Holzfußboden, der einmal blau gestrichen worden war. Dahinter lag ein Schulzimmer, und sie wollte gerade hineingehen, als ihr Rock an etwas hängenblieb. Sie blickte nach unten.

Es war ein kleines Holzschaukelpferd, ein hübsches kleines Spielzeug, offensichtlich viel benutzt und heißgeliebt. Sie wischte den Staub weg und entdeckte, daß es eine echte Mähne und einen echten Schweif hatte. Entzückt versuchte sie, das Tier in Bewegung zu setzen, aber eins von den Rädern war kaputt, und es rührte sich nicht.

Sie versuchte, nicht an den kleinen Jungen zu denken, der auf seinem Schaukelpferd im Kinderzimmer ritt und seine Nanny mit seinem Talent beeindruckte. Sie versuchte verzweifelt, nicht an ihn zu denken, aber als ihre Hand liebevoll über den alten Ledersattel fuhr und sie den Namen ›Vashon‹ in Goldbuchstaben las, konnte sie nicht verhindern, daß eine einsame Träne ihre Wange hinunterlief. In ihrem Schmerz wollte sie das kleine Pferdchen umarmen, sich in eine Ecke setzen und bis in alle Ewigkeit dort verweilen. Und einen wilden, kopflosen Moment lang dachte sie, daß sie das wirklich tun würde, aber Isaac nahm sie an der Hand und führte sie weiter.

»Es gibt noch mehr hinter diesem Raum zu sehen«, sagte er.

Sie schüttelte ihren Kopf. »Ich möchte nichts mehr sehen. Ich kann ihn nicht finden, Isaac. Er ist nicht hier«, sagte sie mit fester Stimme.

Vashon war nicht hier. Sie konnte ihn sich nur in Mirage vorstellen, wie er in der Brandung am Strand entlanglief oder süße, exotische Früchte unter einem Baum naschte. Und wie er sie mit diesem berauschenden, gefährlichen Lächeln ansah. Dieser Mann mit seinem langen, schwarzen Haar und dem sündigen Ohrring paßte nicht in dieses aristokratische Herrenhaus. Und selbst der kleine Junge, der einst das Schaukelpferd besessen hatte, war fort, denn dieses unschuldige Kind hatte lange vor Vashon in den Straßen von Algier existiert.

Mit einem letzten Blick auf das Pferd bat sie: »Würde es dir etwas ausmachen, mich zum Phipps-Bluefield-Heim zu bringen, Isaac?«

»Warum dorthin, Aurora?«

»Ich gehe zurück«, sagte sie mit einer Endgültigkeit, die sie selbst überraschte. »Es ist das, was er für mich wollte, nicht wahr, daß ich in mein früheres Leben zurückkehre.«

»Vashon wollte das, sinngemäß, aber nicht wörtlich. Ich glaube, er wollte, daß du hier lebst, Aurora.«

»Das könnte ich nicht.«

»Wenn es das Finanzielle ist, worüber du dir Sorgen machst . . .«

»Nein, mein Platz ist im Heim. Dort brauchen sie mich, und ich muß etwas zu tun haben.«

Isaac schwieg respektvoll.

Sie holte tief Luft, um sich zu sammeln. Es fiel ihr sehr schwer zu sprechen. »Wie eigenartig das Leben spielt. Als ich das Heim verließ, Isaac, dachte ich, daß die Leere in mir entstanden sei, weil ich nicht herausfinden konnte, wer das kleine Mädchen, das Michael Dayne im Heim abgab, eigentlich war. Aber jetzt, wo ich sie gefunden habe, empfinde ich immer noch diese Leere. Und sie war nur in der Zeit fort, als . . .« Tränen traten ihr in die Augen. Und sie schüttelte den Kopf. Sie wollte nicht weitersprechen.

»Komm mit Flossie und mir nach St. George. Bleib nicht hier in London, wo du keine Freunde hast, Kind.«

Sie blickte zu ihm auf und merkte mit einemmal, wie lieb ihr Isaac und Flossie mit der Zeit geworden waren. Aber sie mußte sein Angebot ablehnen. Die beiden würden heiraten und hatten selbst eine ziemlich aufregende Beziehung. Sie brauchten nicht sie noch mittendrin.

»Nein, vielen Dank. Das Heim wartet auf mich.«

»Du hast ihn nicht getötet. Das weißt du, Aurora, ja?«

Sie wandte sich ab. Ihr Gesicht hatte allen Ausdruck verloren. »Ich glaubte tief in meinem Herzen, daß ein Leben ohne Mitgefühl und Liebe nicht lebenswert sei. Ich habe ihn gezwungen, das zu empfinden, was er nicht empfinden wollte.« Ihre Stimme war kaum mehr als ein Hauch. »Er bat mich, ihn nicht zu lieben.«

»Du hast ihn nicht getötet.«

Sie blickte kurz Isaac an und wandte dann wieder die Augen von ihm ab. Ihre Stimme schwankte. »Ich bitte dich, bring mich von hier weg. Ich kann es hier keine Minute länger aushalten.« Sie lief die Stufen hinunter in die große Marmorhalle. Sie floh förmlich. Sie hatte den Messingschlüssel auf eine vergoldete Konsole fallenlassen und war draußen, bevor Isaac sie aufhalten konnte.

»Er ist so schlechter Laune, seit du zurück bist. Ich wage nicht, ihn um mehr Geld zu bitten. Aber, o Aurora, könntest du ihn nicht fragen? Wir müssen mehr Milch haben. Ich weiß nicht, wie es den Kindern ergehen wird, wenn es kälter wird und wir nicht genug haben.« Faith streckte bittend ihre Hände aus, und Aurora legte die Feder beiseite.

Ein Monat war vergangen, seit sie Hugh Town verlassen hatte. John hatte sie wieder im Heim aufgenommen. Eigentlich hätte doch nun alles besser laufen müssen, aber es war schlimmer geworden. Es war, als ob John wußte, was geschehen war. Das war natürlich unmöglich. Sie wußte das. Aber irgend etwas mußte sie verraten haben. Vielleicht lag es daran, daß sie vor einer Auseinandersetzung mit ihm jetzt nicht mehr zurückschreckte oder an der sachlichen, kühlen, wissenden Art, wie sie ihm in die Augen sah, wenn er mit ihr sprach. Sie war nicht mehr dieselbe, und das haßte er. Wenn er vorher schon leicht gereizt war, dann war er jetzt regelrecht streitsüchtig.

»Ich werde mit ihm sprechen.« Sie nickte. »Hast du Nachricht von Queenhithe?«

»Kein einziges Schiff heute. Die einzigen Schiffe, die angelegt haben, sind die Tenacious und die Sleeping Beauty.«

Aurora sprang auf, als sie den letztgenannten Namen hörte. Eine Flut bittersüßer Erinnerungen überwältigte sie, aber sie drängte sie beiseite und zwang sich, sich auf ihre Arbeit zu konzentrieren. Sie dachte tagsüber nicht an Vashon. Das war für die Nacht reserviert, wenn es dunkel und sie allein war. Dann sah sie ihn vor sich wie am ersten Tag auf der Seabravery, mit schwarzem Umhang, die Augen kalt und erschreckend und irgendwie mysteriös. Sie hatte damals so wenig über ihn gewußt, nur daß er gefährlich war. Nun war sie an ihrer Liebe zu ihm gewachsen. Sie mußte oft an diesen letzten Blick von ihm denken, kurz bevor er seine Pistole von Peterborough abgewendet hatte. Sie bewahrte das Bild daran, denn es zeigte all seine Liebe für sie, aber es gab auch Nächte, in denen sie die Erinnerung daran als so schmerzlich empfand, daß sie sich fragte, ob ihre Liebe sie nicht noch zerstören würde.

Faith starrte sie an und wirkte niedergeschlagen, ihre Freundin in Gedanken so weit fort zu sehen. »Das Schiff, auf das du wartest, wird eines Tages kommen, ich weiß es«, flüsterte sie.

Aurora versuchte ein Lächeln. Sie wußte, sie war verrückt, daß sie überhaupt an eine Rückkehr der Seabravery dachte. Aber aus irgendeinem Grund konnte sie diese quälende Hoffnung nicht aufgeben. Sie hatte noch eine andere Hoffnung, aber die war so schmerzvoll und so dumm, daß sie sie sich nicht einmal eingestehen wollte.

»Ich werde jetzt gleich mit John sprechen.«

Faith seufzte unglücklich. »Es wurde immer schlimmer mit ihm, seit du fort warst. Und jetzt redet er andauernd über Afrika, und daß er dorthin muß, um den Heiden die Botschaft zu bringen. Es tut mir leid, daß ich zu feige bin, um selbst mit ihm zu sprechen. Ich kann es einfach heute morgen nicht.«

»Wenn wir ihm das Heim nur abkaufen könnten. Was für ein Segen wäre es – außer für die armen Heiden – wenn er seiner Berufung folgt.« Aurora verdrehte ihre Augen.

Faith kicherte. »Wie bin ich glücklich, daß du zurückgekommen bist. Aurora, es war schrecklich ohne dich, ganz schrecklich.«

Aurora lächelte.

»Oh, ich vergaß!« Faith blickte sie mit großen Augen an.

»Während du mit den Kindern fort warst, ist ein Gentleman gekommen, der dich sprechen wollte. Er war . . .«

Aurora schüttelte die Freundin fast. »Hatte er schwarzes, langes Haar? Oder einen Ring im Ohr? Sah er furchterregend aus?«

Faith blickte Aurora verblüfft an. All diese komischen Fragen. – Schockiert stotterte sie: »Nein, Aurora.«

Aurora sackte auf ihrem Stuhl zusammen. Sie glaubte, allmählich verrückt zu werden, so sehr sehnte sie sich danach, Vashon wiederzusehen.

»Er sagte, er kommt um drei zurück, um etwas mit dir zu besprechen. Nach seinem Aussehen zu urteilen, könnte ich mir vorstellen, er ist adlig. Er war sehr vornehm angezogen und äußerst zurückhaltend. Sie senkte ihre Stimme. »Ich denke, er ist aus demselben Grund hier wie so viele andere vornehme Gentlemen. Seine Geliebte hat ihm mit einem Kind Unannehmlichkeiten bereitet.«

»Ach so«, gab Aurora wie betäubt zurück. »Dann sag doch dem Herrn, wenn er kommt, er soll im Wohnzimmer auf mich warten.«

»Gut.« Faith betrachtete sie. »Geht es dir gut, Aurora? Seit du zurück bist, erscheinst du mir so anders und so traurig.«

Aurora drückte Faiths Hände. Irgendwann mußte sie es ihr gestehen. Warum nicht gleich? – »Im Gegenteil, in mir ist eine große Freude. Wenn du die Umstände kennst, wirst du vielleicht nicht verstehen, warum ich das so empfinde. Ich werde ein Baby haben. Und obwohl die Zukunft so ungewiß ist, bitte ich dich, sei mit mir glücklich darüber.«

Faith keuchte.

Aurora lächelte still. »Bringe ich Schande über dich?«

»Das könntest du nie!« protestierte Faith.

»Ich vermute, es wird für mich bedeuten, daß ich gehen muß. Wenn John es herausfindet, wird er gar nicht erfreut sein.«

»Du weißt, daß ich außer meinem Bett und einem Bücherbrett nichts habe. Aber was ich habe, ist dein, ist für dich und das Baby.«

»Nein, nein. Ich habe Freunde, die mir bestimmt helfen. Aber sie sind nicht in London. Ich verlasse das Heim nur sehr ungern. Wenn John mich bleiben läßt, werde ich gern hier bleiben.«

»Oh, mich schaudert bei dem Gedanken, wie Mr. Phipps es aufnehmen wird.«

Aurora öffnete die Tür. »Heute nachmittag wird er es erfahren. Wünsche mir Glück.«

Faith blickte ihr schweigend nach.

Sie war müde und tief erschöpft.

Aurora ging die Stufen zu ihrer Dachstube hinauf und fragte sich, was aus ihr werden würde und aus dem Heim und aus Faith. Sie hatte keine Gelegenheit gehabt, John von dem Baby zu erzählen. Nachdem sie ihn um das Geld gebeten hatte, redete er die ganze Zeit nur über die Lehren des Paulus. Und sie hatte gewußt, dies war nicht der Moment, um ihren Zustand zu erwähnen.

Aber John sprach erstmals ihr gegenüber auch von seiner Reise nach Afrika und seinen Plänen, das Heim zu verkaufen. Sie war schockiert darüber. Denn obwohl John seine Fehler hatte, war er doch weit besser als viele andere. Und sie machte sich die allergrößten Sorgen um das Schicksal des Heims. Sie war sicher, John würde sie wieder bitten, ihn zu heiraten. Er wollte sie mit sich nach Afrika nehmen, aber er hatte es noch nicht direkt ausgesprochen. Und sie wußte, nun war sie erst recht gezwungen, nach St. George zu fliehen, und zwar viel früher, als sie gedacht hatte.

Sie machte es sich auf ihrem Bett bequem und zog eine leichte Decke über sich. Sie war viel zu erschöpft, um all ihre Probleme auf einmal zu lösen. Aber die Lage war ernst. Wenn sie nach St. George reiste, wer würde sich dann um Faith und die Kinder kümmern? Würde der neue Besitzer freundlich sein? Und wenn er es nicht war, wer würde sich ihm dann widersetzen und um die Rechte der Kinder kämpfen?

Sie drehte sich zur Seite und schloß die Augen. Etwas würde sie tun müssen. Das war ihr letzter Gedanke, bevor sie in einen tiefen, traumlosen Schlaf fiel.

»Wach auf, Aurora! Der Gentleman ist da. Er will dich sehen!«

Aurora öffnete die Augen und setzte sich auf. Faith stand mit aufgeregtem Gesicht auf der Türschwelle. Aurora dachte, sie habe nur kurz die Augen geschlossen. Aber offensichtlich hatte sie Stunden geschlafen.

»Sag ihm, daß ich sofort komme«, rief sie und stand auf, um sich zurechtzumachen.

Es war so schwierig, mit dem Adel umzugehen. Sie haßte es, so tun zu müssen, als seien sie nicht die Widerlinge, die sie doch waren. Sie lieferten ihre Nachkommen derartig gefühllos ab, als seien sie irgendein Abfallprodukt. Aber sie mußte ihr Temperament zügeln. Schießlich zahlten diese Männer, und das Geld brauchte sie nötig, um die anderen Kinder von der Straße holen zu können, die sonst verhungert wären.

Sie zwang sich also zu einem Lächeln und trat an die verschlossene Wohnzimmertür. Sie würde das Baby des Mannes aufnehmen, und sie würde sich bei ihm auch noch dafür bedanken. Er würde niemals wissen, wie sehr sie ihn verabscheute.

»Guten Tag, Sir«, sagte sie und rauschte ins Wohnzimmer. Der Mann stand mit dem Rücken zu ihr und blickte aus dem rußverschmierten Fenster. Er war wirklich ein gutangezogener Mann. Seine blaue Jacke aus edelstem Stoff saß wie angegossen. Er war groß mit breiten Schultern, aber schlank, schlanker als Vashon es gewesen war. Und sein Haar war natürlich nicht lang und im Nacken zusammengebunden. Es war zwar auch schwarz, aber modisch kurzgeschnitten.

»Haben Sie ein Kind, Sir, für das Sie einen Platz benötigen?« fragte sie, aber der Mann drehte sich noch immer nicht um.

Allmählich machte er sie neugierig. Daß er so grabesruhig dastand und sich umzudrehen weigerte, gab ihr zu denken. »Sir, wie kann ich Ihnen helfen?« flüsterte sie, und plötzlich überkam sie ein wildes, süßes Sehnen.

Der Mann hob seine Hand, und sie sah etwas darin – einen Messingschlüssel, genau wie der Schlüssel, den sie in der Halle des Hauses liegengelassen hatte.

Sie lehnte sich an die Tür.

Er konnte es nicht sein. Was bildete sie sich nur wieder ein . . .?

Da drehte er sich um. Es gab keinen Zweifel. Es war Vashon.

Zitternd und ungläubig, wollte sie sich selbst überzeugen, daß es nur eine Fata Morgana war. Aber so sehr sie es auch versuchte, es blieb immer der Mann, den sie liebte. Manche hätten vielleicht gedacht, es sei sein Bruder, denn er sah genau aus wie Peterborough, gezähmt und zivilisiert. Aber sie wußte, es konnte niemals Josiah sein. Diese Augen spiegelten eine Freude und eine Wärme wider, die nur Vashon haben konnte.

Es war Vashon.

Ihre Blicke trafen sich, und seine Augen sprachen beredter, als es mit Worten möglich gewesen wäre, von seiner Sehnsucht und von seiner Liebe zu ihr.

Die ersten Schritte fielen ihr am schwersten. Sie mußte sich zwingen, an diese Vision zu glauben, an einen Geist, der nur aus ihrer verzweifelten Sehnsucht heraufbeschworen worden war. Aber je näher sie kam, desto genauer wußte sie, es war wahr. Und dann warf sie sich in seine Arme, und sie fühlte, wie sehr er am Leben war. Er umarmte sie so fest, als könne nichts auf der ganzen Welt sie je wieder voneinander trennen.

»Mein Gott, ich dachte, ich hätte dich für immer verloren. Ich habe dich doch getötet«, weinte sie plötzlich und konnte ihren Blick nicht von ihm lassen. »Also bist du ein Engel, gekommen, um mich in den Himmel zu bringen?«

»Du hast mich nicht getötet«, sagte er.

»Ich habe doch gesehen, wie Peterborough schoß. Ich sah das Blut.«

»Und, sieht man es mir nicht noch an?«

Sie starrte ihn an, Freude, Hoffnung und Angst mischten sich. Sie konnte ihren Blick nicht von seinem Gesicht abwenden aus Sorge, er könne wieder für immer aus ihrem Leben verschwinden. Und wenn das noch einmal geschehen würde, das wußte sie, würde sie es nicht überleben. Ihre einzige Hoffnung wäre dann, ihm zu folgen.

»Sieh mich an, Liebes. Ich bin nur zu sterblich, kein Geist.«

Er sah wirklich schlecht aus. Er war viel zu dünn, sein Gesicht hager, und er war nicht mehr braun. Sie fuhr mit ihrer Hand über seine Brust. Sie war fest und warm, und sie spürte seinen Herzschlg. Sie lachte und weinte zugleich. »Wie konnte das Schicksal es nur so gut mit mir meinen?«

»Ich mußte doch überleben, verstehst du das denn nicht?« Er nahm ihr Gesicht in seine Hände.

Sie schüttelte den Kopf, und ihre Tränen rannen über seine Hände.

»Ich hatte doch endlich etwas, wofür ich leben mußte.«

Sie schloß ihre Augen. Sie legte ihre Wange an seine Brust, und sie wußte, in ihrem ganzen Leben würde sie nichts anderes wollen als nur ihn.

Als sie endlich aufgehört hatte zu weinen, schob er sie ein wenig von sich und betrachtete sie mit derselben Eindringlichkeit, mit der sie ihn vorher angeschaut hatte. Es war, als könne er nicht ertragen, auch nur die kleinste Einzelheit zu übersehen. Aber auf einmal, wie aus heiterem Himmel, warf er seinen Kopf zurück und lachte. Es war ein wunderbares Lachen.

»Und worüber lachen Sie, gnädiger Herr?« fragte sie.

»Als Isaac wieder nach Hugh Town kam und mir erzählte,

daß du darauf bestanden hast, wieder hierher zu kommen, erwartete ich dich in einem ziemlich erbärmlichen Zustand. Aber wenn ich dich jetzt so ansehe, kann ich kaum glauben, daß du mich je vermißt hast. Du hast sogar ganz schön zugenommen.«

Sie blickte ihn an. In ihren Augen lag ein feines Zögern, aber das allein sprach Bände.

Er holte tief Luft. Verstehen zeigte sich auf seinem Gesicht.

Sie brauchte kaum noch mehr zu sagen. »Ich fürchte, es sind nicht die üblichen Umstände, die mich dicker werden lassen.«

Er trat zurück und lehnte sich an John Phipps Schreibtisch. Er verschränkte die Arme über der Brust. »Und wie sollen wir das Baby nennen? Ist es ein Junge oder ein Mädchen?«

»Das kann ich Ihnen jetzt noch nicht sagen, Sir.« Sie lächelte leise. »Aber dennoch habe ich schon einen Namen ausgewählt. Ich hoffe sehr, daß er Ihnen angenehm ist.«

»Und welcher Name ist das?« fragte er verwirrt.

»Ich würde es sehr gerne sehen, daß der Name des Kindes Blackwell ist. Denn sein Vater ist der Viscount, müssen Sie wissen.«

Er streckte seine Arme nach ihr aus. Als sie wieder ganz nahe bei ihm war, flüsterte er: »Ich mag diesen Namen.« Er blickte sie an, sein Gesicht das liebste und schönste auf der ganzen Welt. »Ich sagte dir, was ich an der Klippe empfand, Aurora. Die Worte sind nie ausgesprochen worden. Aber das werden sie jetzt, klar und deutlich. Wir werden in der Kathedrale deiner Wahl heiraten, und alle sollen dabeisein. Flossie, Isaac, auch der Prinzregent, wenn du es wünschst.«

»Der Prinzregent! Er will deinen Kopf.«

Er blickte sie ernst an. »Im Gegenteil! Ich bin voll rehabilitiert. Das schuldete er mir, mindestens, nach allem, was ich für ihn getan habe. Und ich bin jetzt ganz offiziell der Viscount Blackwell. Gleichzeitig hat er sich von Josiahs üblen Verbrechen distanziert und sie verdammt. Ich verspreche dir, von nun an werden wir ein ruhiges Leben hier in London führen. Und ich werde der biederste Adlige der ganzen Stadt werden.«

»Gütiger Himmel! Das kann ich mir nicht vorstellen!«

»Aber du mußt es dir vorstellen. Alles wird jetzt anders werden. Der Pirat Vashon ist tot.«

»Aber den Drachen wirst du nicht mehr los«, sagte sie und strich zärtlich über seinen Rücken. »Der bleibt immer, Vashon, und in Zukunft, wenn ich dich bei Festen oder höchst kultivierten Abendessen in der feinsten Gesellschaft ansehe, werde ich wissen, daß er da ist, nur für meine Augen.«

»Der Drache wird das einzige sein, was vom alten Vashon bleibt.«

»Aber wir müssen Mirage haben. Wir können Mirage doch nicht aufgeben.«

»Mirage wird auch bleiben. Wenn du es so willst.«

»Und Isaac soll uns an Bord der Seabravery trauen, wenn wir nach Hause zurückkehren. Ich könnte es nicht ertragen, dich in London unglücklich zu sehen, mein Lord. Du gehörst, wir gehören zu Dragonard.«

»Gibt es sonst noch etwas, was du wünschst, meine unersättliche Viscountess?« lachte er.

»Ja. Noch einen letzten Wunsch habe ich. Ich bitte dich, kaufe mir das Heim als Hochzeitsgeschenk. Und erlaube mir, es einfach ›Das Bluefield-Heim für Kleine Wanderer‹ zu nennen.«

»Dein Wunsch ist mir Befehl. Aber was ist aus deinem erlauchten Phipps geworden?«

»Höre ich da so etwas wie Eifersucht in deiner Stimme?« Aurora lächelte. »Ich vermute, John wird nun derjenige sein, vor dem ein Abenteuer liegt. Besonders wenn er von meiner bevorstehenden Hochzeit hört.«

Vashon grinste, dann küßte er sie mit einer Leidenschaft, die ihr den Atem nahm. So verharrten sie eine Zeitlang. Aber dann schüttelte Vashon den Kopf. »Ich fürchte, noch etwas hat sich geändert. Die Seabravery gibt es nicht mehr.

Sie ist jetzt die Sleeping Beauty – die schlafende Schönheit.«

Deshalb hatte sie nichts von seiner Ankunft erfahren können. Sie lachte und umarmte ihn. Sie wollte, daß er sie nie wieder losließe.

Er streichelte ihr Haar. »Ich liebe dich, mon Aurora. Als du am allerersten Tag auf mein Schiff kamst, dachte ich, ich wäre derjenige, der dich gefangengenommen hat. Aber jetzt sehe ich, es war genau umgekehrt.«

Aurora blickte ihn ungläubig an. »Was hat du gesagt?« flüsterte sie.

»Ich sagte, ich liebe dich. Du glaubst, du hast mich gezwungen, das zu empfinden, aber so ist es nicht. Am Ende sah ich, daß ich nicht anders konnte.« Er streichelte ihre Wange. »Als am Kliff der Tod kam, um mich abzuholen, war das einzige, was ihn aufhalten konnte, meine Liebe zu dir. Und bei diesem Tauziehen, diesem Kampf zwischen Gevatter Tod und mir, erkannte ich plötzlich, was mich wahrhaft stark machte.«

»Und was war das, Liebster?«

Er hielt sie fest in seinen Armen. »Du.«